ENCYCLOPÉDIE-RORET

RELIEUR

EN VENTE A LA MÊME LIBF

Manuel du fabricant de Cadres, P. Châssis, Encadrements, suivi de la resta tableaux et du nettoyage des gravures, esta par J. Saulo et de Saint-Victor. Édition en refondue, par E.-E. Stahl. 1 vol. orné de 27 tions.

— **Chamoiseur, Maroquinier, Mégiss turier en peaux, Fabricant de Cuirs v cheminier et Gantier,** traitant de l'ou main, des machines nouvelles, et des procé récents en usage dans ces diverses indu MM. Julia-Fontenelle, Maigne et Villon. 1 figures.

— **Graveur,** ou Traité complet de la creux et en relief, Eau-forte, Taille-dou vure, Gravure sur bois et sur métal, Similigravure, Procédés divers, Clichage en plomb et en galvanoplastie, Fabrication des à jouer, Gravure de la musique, etc., par V. 2 volumes ornés de figures.

— **Lithographe** (Imprimeur et Dessinateur). tant de l'Autographie, la Lithographie mécaniq Chromolithographie, la Lithophotographie, la Z graphie, et des procédés nouveaux en usage dans industrie, par Villon. 2 vol. et Atlas in-18.

— **Typographie** (de). Historique. Compos Règles orthographiques. Imposition. Travaux de Journaux. Tableaux. Algèbre. Langues étran. Musique et plain-chant. Machines. Papier. Stéréo Illustration. Par Émile Leclerc, de la *Revue des graphiques*, ancien directeur de l'École professio Lahure, préface de Paul Bluysen. 1 vol. orné d figures dans le texte.

— **Vernis (Fabricant de),** contenant les formu les plus usitées de vernis de toute espèce, à l'éther, l'alcool, à l'essence, vernis gras, etc., par A. Romain. 1 vol. orné de figures. 3 fr. 50

Coulommiers. — Imp. Paul BRODARD. — 259-1900.

ANUELS-RORET

NOUVEAU MANUEL COMPLET

DU

ELIEUR

EN TOUS GENRES

CONTENANT

…S DE L'ASSEMBLEUR, DU SATINEUR, DU BROCHEUR
…, DU CARTONNEUR, DU MARBREUR SUR TRANCHES
…U DOREUR SUR TRANCHES ET SUR CUIR

Par SÉB. LENORMAND

NOUVELLE ÉDITION

entièrement refondue et considérablement augmentée

Par MAIGNE

Ouvrage orné de figures et accompagné de quatre planches

PARIS

ENCYCLOPÉDIE-RORET

L. MULO, LIBRAIRE-ÉDITEUR

12, RUE HAUTEFEUILLE, 12

1900

AVIS

PRÉFACE

Dans son *Essai sur la Reliure des Livres chez les anciens,* qui a paru en 1834, M. Peignot s'exprimait ainsi :

« L'art de la reliure a pris de nos jours un tel accroissement de luxe, un tel degré de fraicheur et « d'éclat, que ses riches produits le disputent souvent au mérite ou à la rareté des ouvrages, et « même quelquefois leur sont préférés. Nous n'osons cependant pas dire un tel degré de perfection ; car quels que soient les talents très-remarquables des plus habiles relieurs modernes, il « faut convenir que l'on n'a point encore surpassé en « solidité et même en beauté ces fameuses reliures « dont les Grollier et les de Thou ont, au XVIe siècle, enrichi leurs bibliothèques. On peut en juger « à l'aspect de ces chefs-d'œuvre dont la Bibliothèque impériale et quelques cabinets d'amateurs « conservent de précieux débris. D'ailleurs n'est-ce « pas à une infinité d'anciennes reliures qui remontent au règne de Henri II, et qui ont été exécutées par « ce prince lui-même, et plus haut encore, que l'on a « emprunté ces compartiments admirables, ces fleurons élégants, ces gaufrures délicates qui font les « délices des amateurs ? Non, disons-le franchement ; « la reliure n'est point perfectionnée ; mais on a eu « le bon esprit de recourir, avec beaucoup d'art et « de talent, aux errements de nos anciens artistes ; « et en les imitant, on a donné à la reliure moderne

« un air de nouveauté bien fait pour séduire par le « goût avec lequel ces antiques ornements sont dis- « posés ; et l'on peut dire, sous ce rapport, que c'est « une heureuse découverte. »

Depuis un demi-siècle, l'art a fait de véritables et réels progrès, et les reliures modernes ne le cèdent en rien à celles produites par les plus célèbres artistes des siècles précédents. C'est aux développements des arts mécaniques, à ceux qu'a pris dans ces derniers temps la chimie, aux arts du dessin plus répandus, plus étudiés qu'autrefois, et enfin au bon goût qui s'est perfectionné (ces artistes ayant sans cesse sous les yeux d'immortels chefs-d'œuvre), qu'on doit attribuer les perfectionnements qu'on peut à juste titre imputer à tous les arts industriels et auxquels celui de la reliure a largement participé.

C'est pour exposer les principes de cet art et ces perfectionnements que ce manuel a été rédigé, et nous espérons qu'il contribuera encore à former de nouveaux artistes recommandables par l'élégance, la grâce et la solidité de leurs œuvres.

La nouvelle édition du *Manuel du Relieur*, que nous publions aujourd'hui, a été corrigée dans ses plus petits détails et augmentée des nouveaux procédés que l'ancienne ne contenait pas. Afin de ne pas trop grossir notre volume nous avons supprimé, quelquefois bien à regret, les anciens procédés qui ne sont plus en usage dans les grands ateliers de Paris. Si quelques-uns de nos lecteurs voulaient y revenir pour un motif quelconque, ils devraient recourir à l'édition de 1867, dans laquelle ils les retrouveraient. En effet, il arrive souvent, dans l'industrie, que des méthodes abandonnées servent de point de départ à des procédés nouveaux, par suite de modifications et de tours de main perfectionnés.

Quoique notre volume traite spécialement de l'Art de la Reliure, nous avons jugé utile de conserver, avec quelques modifications, la description des Arts qui s'y rattachent si intimement qu'aucun relieur voulant connaître à fond son métier, ne peut les ignorer. Tels sont : l'*Assemblage,* le *Brochage* et le *Cartonnage,* industries exploitées dans les grands centres industriels, comme Paris, par des ouvriers spéciaux, mais que les petites maisons de reliure exercent journellement. Ces industries sont réunies dans la première partie de notre ouvrage.

La seconde partie traite spécialement de la Reliure ; elle renferme la marbrure et la dorure des tranches, ainsi que l'ornementation des dos et des plats ; industries qui emploient souvent des ouvriers spéciaux et des artistes d'un mérite incontestable. C'est cette partie de notre ouvrage qui a subi les modifications les plus importantes. Nous avons dû y introduire les méthodes nouvelles employées dans les principaux ateliers, et surtout les machines récentes qui ont si profondément changé l'art de la Reliure.

Pour ne parler que d'un détail, nous avons fait représenter les *petits fers,* qui servent à l'ornementation des reliures riches, et nous les avons classés par styles, en n'admettant que ceux d'une authenticité incontestable. Ces gravures seront de la plus grande utilité aux industriels qui sont éloignés des centres où ils peuvent recourir aux artistes en renom, et qui sont obligés d'exécuter par eux-mêmes des travaux qu'ils ne connaissent pas ou desquels ils n'ont qu'une idée imparfaite. De là ces erreurs grossières que l'on rencontre trop souvent sur des reliures coûteuses, peu en rapport avec les ouvrages qu'elles habillent. Nous espérons que nos lecteurs ne tomberont plus à l'avenir dans ce défaut.

Nous publions donc aujourd'hui avec confiance cette nouvelle édition d'un ouvrage déjà estimé, persuadé que nous sommes que le public nous saura gré des efforts que nous avons faits pour l'améliorer et le rendre digne de la faveur dont il a joui jusqu'à ce jour.

NOUVEAU MANUEL COMPLET

DU

RELIEUR

PREMIÈRE PARTIE

BROCHAGE

Brocher un volume, c'est en disposer les feuilles dans un certain ordre, puis, pour les empêcher de se séparer, les réunir par quelques points de couture et coller par-dessus une couverture de papier.

Ce travail est précédé de trois opérations que la feuille imprimée reçoit au sortir de la presse · le *séchage*, le *satinage* et l'*assemblage*. Les opérations de la brochure proprement dite sont la *pliure*, le *collectionnage* et la *couture* des feuilles.

Lorsque les feuilles d'un ouvrage les ont reçues, on met le volume sous presse entre des ais bien plats pour en rendre le dos plus carré et pour l'amincir; on le *couvre* avec une couverture de papier imprimé ou uni, puis on *ébarbe* les feuilles qui dépassent les *témoins* ou marges régulières des feuilles pliées, ou bien on *rogne* le volume broché.

Les imprimeurs livrent habituellement au brocheur les feuilles séchées, lorsqu'elles ont été trempées avant l'impression ; lorsqu'ils tirent à sec, ils ne laissent les feuilles étendues que le temps nécessaire pour que l'encre sèche bien et ne macule pas. Le *satinage,* qui fait disparaître le foulage de l'impression, et le *glaçage,* qui donne une surface lisse et polie au papier, sont aussi exécutés dans la plupart des imprimeries, lorsque les locaux affectés à ces travaux sont assez importants.

Mais ces dernières opérations sont aussi du ressort des brocheurs, lorsqu'elles n'ont pas été exécutées à l'imprimerie ; pour cela, ils doivent disposer de locaux vastes et bien aérés, dans lesquels ils font leur *étendage* jusqu'à complète siccité du papier.

Avant donc de parler des opérations qui sont spécialement du ressort du brocheur, il ne sera pas inutile que nous décrivions celles du *séchage,* de *l'assemblage; de glaçage,* du *satinage* et du *pliage.* Elles se font toutes chez le brocheur, mais dans des ateliers distincts; en outre, elles sont généralement confiées à des ouvriers spéciaux.

CHAPITRE Ier.

Séchage.

Ainsi que nous venons de le dire, le SÉCHAGE ou ÉTENDAGE ont pour but d'enlever au papier toute l'humidité qu'il contient, afin qu'il se conserve à l'abri de toute avarie ultérieure, et de faire sécher l'encre d'imprimerie pour qu'elle ne se *reporte* pas d'une feuille sur l'autre et qu'elle ne *macule* ou salisse pas les cartes à satiner que l'on emploie pour effacer les reliefs donnés au papier par les caractères typographiques.

Pour opérer, il faut choisir un local bien aéré, pourvu de tuyaux chauffés à la vapeur, de préférence aux tuyaux de poêles, qui ont le grave inconvénient de causer des incendies, ou chauffé à l'air chaud par des bouches de calorifère.

On fait encore usage de fours ou chambres à air chaud ou froid, que l'on introduit alternativement au moyen de ventilateurs, ce qui permet de passer au laminoir ou à la calendre, au bout de quelques heures, les feuilles ainsi séchées. Cette opération exige une grande prudence, afin de ne pas faire durcir les papiers jusqu'à les rendre cassants.

A une certaine distance du plafond, on dispose parallèlement des cordes ou des tringles en bois blanc, destinées à recevoir les feuilles de papier.

Les cordes ont le grave défaut de tordre les feuilles de papier en les déformant plus ou moins.

Si l'on se sert de tringles en bois, il faut donner la préférence au peuplier, qui a l'avantage de ne pas tacher le papier. On dispose sur champ ces tringles, qui ont de 5 à 6 centimètres de hauteur sur 1 à 2 centimètres d'épaisseur et dont le dessus doit être arrondi, afin de ne pas laisser de pli sur la feuille de papier. Elles doivent être rigides, et ne pas avoir une portée trop grande ; on peut donc, suivant les exigences du local, les soutenir par une autre tringle transversale de 4 à 5 centimètres carrés.

Avant d'étendre les feuilles, on commence par les placer sur une table dans un certain ordre. Pour cela, après avoir pris l'une d'elles, on la pose à plat sur cette table, de façon que la signature touche cette dernière, sur la gauche de l'ouvrier, puis, sur cette feuille et de la même manière, on met, les unes sur les autres, pour en former une *pile*, toutes les feuilles semblables, c'est-à-dire qui portent la même signature.

Ces préparatifs terminés, on procède à l'étendage. Pour cela, l'ouvrier prend ce qu'on appelle une *pincée* de feuilles, c'est-à-dire une poignée de cinq ou six feuilles, d'une demi-main au plus, mais composée d'une ou deux feuilles seulement si le séchage doit être fait rapidement. Il tire un peu vers lui cette pincée, applique dessus, vers le milieu, un instrument de bois que l'on nomme *ferlet* ou *étendoir*, couche l'excédant de la feuille par-dessus, puis pose cette première pincée à cheval sur l'une des cordes ou des tringles. Moyennant cette disposition, la signature se trouve en dehors, et l'on peut la retrouver facilement et la lire, si l'on en a besoin. On remplit ainsi successivement toute l'étendue de la première corde ou de la première tringle, après quoi on passe aux suivantes; mais il faut toujours avoir soin que l'extrémité de chaque poignée porte d'environ 4 à 5 centimètres sur la précédente, ce qui, tout en économisant l'espace, permet, quand le papier est sec, de faire glisser plusieurs poignées sur une seule et abrége ainsi l'opération du *détendage*, qu'on nomme encore *relevage*.

Lorsqu'on est arrivé à la dernière pincée de la pile ou de la feuille dont on s'occupe, on a soin, avant de la poser sur la corde, de la couvrir d'une maculature, en d'autres termes, d'une feuille de gros papier commun. Cette maculature sert à indiquer la fin de chaque feuille, et à annoncer le commencement de la suivante. On distingue de la même manière les différentes sortes de papiers, par des maculatures de couleur ou de nature différente.

On ne doit pas oublier, quand on étend les feuilles, de les bien redresser. Il faut surtout se garder de les mêler et avoir soin de les tourner toutes dans le même sens. Enfin, on ne doit pas perdre de vue que le papier épais et sans colle sèche moins vite que le papier mince et collé, et qu'en général, quelle que soit la température du séchoir, il est bon que les feuilles restent sur les cordes au moins six heures et, de préférence, dix à douze heures, si cela est possible.

Lorsque les feuilles sont suffisamment sèches, l'ouvrier, toujours muni du ferlet, fait glisser plusieurs pincées l'une sur l'autre, pour en former une *poignée*, qu'il enlève et bat sur la table, pour les bien égaliser. Enfin, il réunit en un seul tas, ou *pile*, toutes celles d'une même signature, ou par séries de 100 ou au-dessus, au moyen d'une marque quelconque.

CHAPITRE II.

Assemblage.

Assembler les feuilles imprimées, c'est les réunir et les mettre en ordre pour en former des volumes. Cette opération se fait toujours après le séchage.

Pour effectuer son travail, l'assembleur a besoin d'une table étroite, mais suffisamment longue pour qu'on puisse y placer à plat et à la file une quinzaine de piles ou tas de feuilles, les feuilles de chaque tas portant toutes la même signature.

Si le volume a moins de quinze feuilles, on l'assemble en une seule fois; s'il en a davantage, l'opération a lieu en deux ou trois reprises. Dans tous les cas, on compose les paquets, ou *formes*, d'un égal nombre de feuilles, celles de chaque tas ayant naturellement la même signature.

Avant de commencer son travail, l'assembleur doit s'assurer si, en empaquetant les feuilles après le séchage, l'imprimeur n'a commis aucune erreur. Pour cela, si l'ouvrage n'a qu'un volume, il examine si les feuilles de chaque paquet portent bien la même signature. Un coup d'œil jeté sur le titre courant lui apprend si les feuilles, qui ont la signature convenable, appartiennent bien au même ouvrage. Enfin quand l'ouvrage est en plusieurs volumes, un chiffre ou une réclame, qui se voit sur la gauche de la ligne de pied, dont la signature occupe la droite, lui indique le volume.

On distingue deux sortes d'assemblages: l'*assemblage à l'allemande* et l'*assemblage à la française.* Nous ne nous occuperons que du premier, parce qu'il est le plus sûr, le plus rapide et le plus employé.

Supposons que le nombre des feuilles soit inférieur à quinze. L'assembleur divise celles de chaque signatures en paquets qui en contiennent une quantité déterminée, comme 500, 1000, etc.; et qu'on appelle *formes*, après quoi il range ces paquets sur la table, en suivant l'ordre des signatures et allant de gauche à droite. En outre, il les dispose de façon que les signatures soient à sa gauche. De cette manière, la première forme à gauche renferme les feuilles marquées 1 ou A. Elle a à sa droite la forme dont les feuilles sont signées 2 ou B, de même que celle-ci a également à sa droite la forme contenant les feuilles 3 ou C, et ainsi de suite.

Ces préparatifs achevés, l'assembleur se place devant le premier paquet. Il appuie la main gauche sur le milieu du bord des feuilles, puis, avec le pouce de la main droite, qu'il a très-légèrement mouillé, il soulève la première feuille par l'angle du côté où se trouve la signature, et la transporte sur le second paquet.

Il soulève de même la première feuille de ce paquet et la transporte, avec celle qu'il y a posée, sur le troisième paquet, où il prend encore une feuille, pour la transporter, avec les deux précédentes, sur le quatrième. Il continue ainsi jusqu'à ce qu'il ait pris une feuille sur tous les paquets.

En procédant de cette manière, la feuille 1 ou A se trouve nécessairement sur la feuille 2 ou B, de même que les deux feuilles 1 et 2 se trouvent sur la feuille 3 ou C, les feuilles 1, 2 et 3 sur la feuille 4 ou D, les feuilles 1, 2, 3 et 4 sur la feuille 5 ou E, etc. Quand l'assembleur a terminé de lever ce qu'il appelle une *pincée* de feuilles, il les bat par les bouts sur l'extrémité de la table et, en même temps, il les manipule dans tous les sens, afin de les dresser en faisant rentrer celles qui dépassent les autres. Enfin, il les plie en deux dans le sens des pointures produites au tirage, et il met à part l'espèce de cahier qu'elles forment, et qu'on désigne sous le nom de *partie*.

La première partie étant faite, on en forme une seconde, puis une troisième, une quatrième, une cinquième, etc., jusqu'à épuisement des paquets, et, à mesure qu'elles sont terminées, on les met les unes sur les autres, en les tournant *barbes* et *dos*, de dix en dix, disposition qui a principalement pour objet de donner de la stabilité aux piles et qui, de plus, en affaissant le papier, communique un aspect plus agréable à l'impression quand, pour une raison quelconque, on a cru devoir se dispenser du glaçage et du satinage.

En procédant comme il vient d'être dit, chaque partie forme un volume complet. Il n'en est plus de même quand le volume se compose d'un très-grand nombre de feuilles, comme vingt, trente, quarante, etc. Dans ce cas, si l'on voulait assembler toutes les feuilles en une fois, il faudrait une table et, par suite un bâtiment d'une longueur trop considérable. On y supplée en divisant les feuilles en trois portions égales ou à peu près, et l'on assemble ces portions l'une après l'autre, ce qui rend plus que suffisante la table employée pour les volumes de moins de quinze feuilles.

Supposons que les feuilles soient groupées par dix On s'occupe d'abord de l'assemblage des dix premières formes, de celles par conséquent, qui renferment les dix premières feuilles, depuis la signature 1 ou A jusqu'à la signature 10 ou J. On les range sur la table, en suivant l'ordre des signatures, et allant de gauche à droite, absolument comme ci-dessus, puis, également comme ci-dessus, on enlève les feuilles pour en faire des parties.

Les dix premiers paquets étant épuisés, on passe aux dix suivants, lesquels se composent des feuilles qui vont depuis la signature 11 ou K, jusqu'à la signature 20 ou T inclusivement, et l'on répète pour eux les opérations que l'on a faites pour les précédents.

L'assemblage des autres paquets s'effectuant comme celui des vingt premiers, il est inutile que nous nous y arrêtions.

Quand toutes les feuilles sont groupées en cahiers ou parties, il faut les réunir pour en former des volumes. Il suffit pour cela d'assembler les parties de la même manière qu'on a assemblé les feuilles. C'est ce qu'on appelle *mettre les parties en corps* ou simplement *mettre en corps*. On range donc sur la table, en allant de gauche à droite, d'abord la pile des dix premières feuilles, puis celle des dix suivantes etc., et, lorsque toutes les petites piles sont placées, on enlève un cahier à chacune d'elles, en opérant comme nous l'avons dit ci-dessus pour les feuilles. Enfin, on empile les volumes en les tournant, de dix en dix, *barbes* et *dos,* en sens contraire.

Que l'ouvrage se compose d'un seul volume ou de plusieurs, le travail de l'assembleur ne varie en rien. Dans le cas de plusieurs, on assemble nécessairement les volumes l'un après l'autre.

Mais on n'assemble pas seulement les feuilles de texte; on en fait autant pour les planches tirées à part. Toutefois, l'opération est ici plus simple. En effet, au lieu de grouper les planches en cahiers, on se contente de les placer les unes sur les autres en suivant l'ordre des numéros, et l'on sépare celles qui appartiennent à chaque volume au moyen d'une bande de papier, ordinairement de couleur, que l'on pose en travers et que l'on choisit assez longue pour dépasser un peu le paquet.

En exécutant son travail, l'assembleur a deux précautions importantes à prendre. Il doit :

1° Faire en sorte de ne pas lever plus d'une feuille à la fois sur chaque forme, parce qu'alors le volume aurait plusieurs feuilles de la même signature, ce qui décompléterait autant d'exemplaires ;

2° S'arrêter immédiatement si, en arrivant vers la fin d'une série de paquets, il s'aperçoit qu'il lui manque quelque feuille. Il faut alors collationner toutes les parties déjà faites, c'est-à-dire en compter les feuilles et, en même temps, en vérifier les signatures. Si une erreur a été commise, la seule manière de la réparer consiste naturellement à extraire la feuille du cahier où elle a été introduite en trop, et à l'ajouter au cahier où elle manque.

Après qu'on a assemblé toutes les feuilles imprimées, il en reste toujours un certain nombre dont l'ensemble ne pourrait pas former des volumes complets, parce que, pour une cause quelconque, celles de plusieurs signatures manquent. Ces feuilles constituent ce qu'on nomme des *défets*. Il faut plier avec soin toutes celles qui portent la même signature, puis les classer par ordre les unes sur les autres, et enfin en faire un paquet particulier. On est plus tard fort heureux de les trouver pour compléter des volumes dont une feuille a été déchirée ou maculée en totalité ou en partie.

Quand les volumes ont été entièrement assemblés, et qu'on a livré au brocheur ou au relieur les exemplaires dont on a besoin pour le moment, toutes les parties d'assemblage sont mises en ballot, de façon qu'elles représentent la valeur de huit à dix rames, suivant la force du papier. Pour égaliser chaque ballot, on alterne dans le placement la barbe et le dos. De plus, on en garantit les extrémités avec de fortes maculatures, c'est-à-dire des feuilles d'un papier commun, mais très-solide, et on le serre avec des cordes au moyen d'une espèce de gros bâton qu'on appelle *loup*. Enfin, on colle sur chaque maculature une étiquette portant le titre de l'ouvrage et le nombre d'exemplaires ou de parties d'exemplaires contenu dans le ballot. Il n'y a plus alors qu'à empiler les ballots dans un endroit sec et bien abrité de l'humidité.

Cette manière d'opérer, qui est généralement usitée, est certainement la plus commode et la plus sûre pour garantir à l'imprimeur et surtout à l'éditeur le nombre d'exemplaires complets que les tirages ont produit; mais elle n'est pas avantageuse pour le brocheur.

L'ouvrière, qui reçoit à la pliure un volume ainsi assemblé, se trouve en présence d'autant de points de repère à chercher qu'il y a de feuilles dans l'ouvrage; de là et quelle que soit son habileté, des inégalités de pliure. Il ne saurait en être autrement: les premiers volumes pliés donnent lieu à des recherches continuelles pour asseoir les points de repère, ce qui est long et difficile. Et pourtant, il faut débiter beaucoup de travail, car le temps passe, et l'ouvrière risque fort de n'avoir gagné que peu de chose à la fin de sa journée. Il en est tout autrement quand elle reçoit une quantité de feuilles de la même signature : la première suffit à établir les points de repère et les autres se font couramment, le repérage étant toujours le même. D'un autre côté, si l'ouvrage doit contenir des planches ou, ce qui arrive souvent, s'il contient des feuillets où il faut remplacer des pages fautives, appelées *cartons*, le brocheur ou le relieur est forcé de désassembler pour intercaler dans les feuilles pliées les planches ou les cartons, sous peine de décupler son travail et de le rendre presque impossible si le volume doit renfermer un grand nombre de gravures. Même lorsqu'il n'en contient pas, le désassemblage s'impose pour la reliure, quand, au premier et au dernier cahiers, on place au préalable des gardes et des sauve-gardes, travail dont nous parlerons plus loin en temps et lieu.

Il serait donc préférable, à notre avis de faire des

paquets séparés des feuilles de même signature, après les avoir vérifiées et comptées avec soin, et d'opérer l'assemblage après la pliure pour les ouvrages sans planches, ou après le placement de celles-ci dès que l'ouvrage doit en contenir.

Pour faire cette opération et quel que soit le nombre de cahiers dont se compose un livre, on place sur une table assez longue, ou une table autour de laquelle on puisse circuler, les feuilles 1 à fin, en les étalant à la suite l'une de l'autre, la première pile contenant toutes les feuilles 1, la deuxième toutes les feuilles 2, et ainsi de suite. L'ouvrière prend de sa main droite, par le haut, la première feuille et la place dans sa main gauche, avec laquelle elle la retient ; elle passe ensuite la deuxième feuille, la troisième, puis les autres et les retient entre le pouce et l'index. Mais cette méthode est assez fatigante, si le volume contient un certain nombre de feuilles. Pour obvier à cet inconvénient, nous conseillons de commencer par la dernière feuille, dont on fait glisser le ou les cahiers sur la main gauche étendue à plat, et ainsi de suite jusqu'à la première feuille; de la sorte, la dernière feuille se trouve en dessous et la première en dessus. Alors on prend des deux mains tous les cahiers qui composent le volume; on les *secoue* en les faisant tomber à plusieurs reprises sur le dos, puis sur la tête, pour que les cahiers se trouvent parfaitement à la même hauteur. Ceci fait, on pose sur la table le volume secoué et égalisé.

On opère de même pour un autre volume et on le place sur le premier, mais en le *bêchevêtant*, c'est-à-dire en les plaçant tous les deux tête-bêche; les barbes du second volume sur le dos du premier, pour bien asseoir et bien équilibrer les piles de volumes.

CHAPITRE III.

Glaçage et Satinage.

Le *glaçage* et le *satinage* ont le même objet, qui est de rendre la surface du papier aussi unie que possible ; mais le premier se fait avant le tirage et le second après. Ils rendent, l'un et l'autre, plus prompte et moins pénible celle des opérations du relieur que l'on nomme *battage*. Toutefois, comme ils augmentent sensiblement la dépense, on les supprime complétement pour les ouvrages communs, on en supprime un pour les ouvrages ordinaires, et l'on n'a recours à tous les deux que pour les ouvrages de luxe.

§ 1. — GLAÇAGE.

Le papier d'impression est loin d'être aussi uni qu'il le paraît. Il présente toujours des milliers de petites rugosités, souvent microscopiques, qui proviennent des empreintes laissées par les toiles métalliques sur lesquelles on a reçu la pâte, et que l'apprêt donné par le fabricant n'a pu détruire.

Ces rugosités, forment ce qu'on appelle le *grain* du papier. On les fait disparaître, pour les ouvrages qui demandent des soins particuliers, afin de disposer le papier à une impression parfaitement égale, où les moindres finesses de la lettre et de la gravure se montreront avec toutes leurs délicatesses. C'est l'opération destinée à produire cet effet qui porte le nom de GLAÇAGE. Elle s'effectue généralement chez l'imprimeur; néanmoins, dans les très-grands ateliers typographiques, on juge économique de s'en dispenser et on la confie à des industriels spéciaux : c'est pour ce motif que nous avons cru devoir en faire l'objet d'une notice particulière.

Le papier que l'on veut glacer doit être mouillé modérément; s'il l'était trop, les feuilles seraient difficiles à manier et l'opération deviendrait presque impraticable.

Pour procéder au glaçage, on *encarte* le papier, c'est-à-dire qu'on intercale chacune de ses feuilles entre deux plaques de zinc parfaitement polies et dressées. La grandeur de ces plaques varie nécessairement suivant le format des papiers et il est nécessaire qu'elles débordent de 2 centimètres au moins, sur tous les sens, les feuilles à la préparation desquelles elles doivent servir. Dans tous les cas, quand on a formé un paquet, ou *jeu*, de vingt-cinq feuilles environ, on les met en presse, et on leur donne un nombre plus ou moins grand de pressions, selon la qualité du tirage que l'on veut faire, suivant aussi l'épaisseur et la résistance du papier.

La presse qu'emploie le glaceur, et qu'on appelle *presse à glacer*, n'est autre chose qu'une sorte de laminoir à deux cylindres en fonte, placés l'un au-dessus de l'autre, dans le même plan vertical, et qui peuvent être écartés ou rapprochés à volonté au moyen d'un régulateur approprié. Le mouvement est donné directement au cylindre supérieur à l'aide d'une manivelle ou d'un moulinet actionné par un ou deux hommes, et des engrenages le transmettent au cylindre inférieur. Aussitôt que le jeu de feuilles et de plaques est engagé entre les cylindres, il est entraîné par ceux-ci, qui tournent en sens contraire, et il glisse sur l'inférieur en même temps qu'il est pressé par le supérieur. Quant il est arrivé de l'autre côté de la machine et qu'il ne s'y trouve pris que d'une très-petite quantité, on imprime un mouvement en sens contraire pour le ramener à son point de départ. On le fait ainsi passer et repasser autant de fois qu'on le juge nécessaire.

Les plaques de zinc doivent être essuyées très-souvent, à cause de l'oxydation qu'y produit le contact du papier humide. Autrement, les feuilles en sortiraient tachées ou tout au moins revêtues d'une teinte grisâtre qui dénaturerait leur couleur naturelle.

La presse que nous venons de décrire très-sommairement a été modifiée de différentes manières. Au lieu de fatiguer les hommes à tourner un moulinet ou une manivelle, plusieurs inventeurs ont eu l'idée de donner le mouvement à l'aide d'une courroie de transmission et d'un embrayage à double sens, et, en outre, de faire opérer par la machine elle-même l'écartement ou le rapprochement des cylindres, opération qui doit être exécutée très-souvent.

MM. Claye et Derniane ont réalisé ce double perfectionnement pour les divers cas où le papier doit recevoir plusieurs pressions. Au lieu d'un seul laminoir, ils en emploient deux, qui sont placés l'un derrière l'autre; les cylindres du second laminoir, plus rapprochés que ceux du premier, servent à donner la seconde passe par un seul et même mouvement. Une fois qu'ils sont convenablement réglés, les deux jeux de cylindres produisent un glaçage parfait avec beaucoup de rapidité, et les choses se passent de telle sorte qu'une seule machine peut remplacer trois ou quatre laminoirs ordinaires, c'est-à-dire à mouvement alternatif.

Les fig. 1 et 2 (planche 1re) représentent deux vues de la presse à glacer de MM. Claye et Derniane; la première en est une élévation de face, en partie coupée; la seconde, une élévation par bout.

« La machine comprend deux bâtis CC, assemblés par des entretoises fortement boulonnées. La partie supérieure de chacun de ces bâtis est munie d'une double annexe AA, ayant pour objet de recevoir les tourillons des cylindres supérieurs de pression.

« Ces supports reçoivent les coussinets dans lesquels s'engagent les arbres des cylindres; à cet effet, ils présentent sur leurs faces latérales intérieures des coulisses dans lesquelles glissent les coussinets, et ces coussinets *o* peuvent monter ou descendre, et être fixés à demeure au moyen de vis de pression *b* et *b'*.

« Les glissières des supports-annexes A sont divisées, ainsi que la vis de calage, de manière à permettre un serrage de règlement en rapport avec le serrage des premiers cylindres BB.

« Les vis supérieures des supports-annexes A', sont d'ailleurs garnies de contre-écrous pour obvier au desserrage des coussinets.

« A l'avant des deux cylindres presseurs BB, sont disposés des petits rouleaux *cc* montés sur leurs axes. C'est sur ces rouleaux que sont placés les paquets de papier enveloppés dans les feuilles de zinc. Ils passent sous les cylindres BB convenablement rapprochés; puis, à leur sortie de ces premiers cylindres, ils sont saisis par les seconds cylindres B'B' qui, à leur tour, leur font subir l'opération du pressage, et sortent enfin de l'appareil en glissant sur les cylindres ou rouleaux $c'c'$, qui les conduisent sur la table de service.

« Pour produire les divers mouvements de transmission, un arbre L porte les deux poulies D et D', l'une folle pour permettre le désembrayage, la seconde fixe. Sur ce même arbre sont calés une roue dentée F, et un volant régulateur E.

« Les deux cylindres inférieurs des presseurs sont munis de pigeons *d*, actionnés par une roue intermédiaire G en relation avec la roue dentée F.

« L'arbre moteur L peut être mis en mouvement, soit à la main par l'effet d'une manivelle, soit par un moteur quelconque et l'intermédiaire des courroies de transmission. Les rouleaux d'arrière $c'c'$, reçoivent à leur circonférence une courroie ou toile sans fin *e e*, qui vient envelopper une poulie calée sur l'arbre du rouleau inférieur B'.

« Cette courroie peut être convenablement tendue par une poulie additionnelle *f*, disposée à l'extrémité d'un tendeur *i*, pouvant monter et descendre dans une rainure pratiquée sur l'aminci A du bâti.

« Pour opérer une chasse plus rapide des paquets soumis à l'action de la machine, on a disposé les rouleaux c' sur une ligne légèrement inclinée vers l'arrière du bâti.

« On se rend parfaitement compte du service de cette machine d'après la description qui vient d'en être faite, et surtout de la célérité et de l'énergie des pressions auxquelles sont soumis les paquets; la double action ayant lieu pour ainsi dire instantanément, puisque, à peine les premiers cylindres presseurs finissent-ils d'opérer, que les seconds ont déjà commencé leur service. ».

§ 2. — SATINAGE.

On vient de voir que le glaçage se fait sur le papier blanc pour le préparer à recevoir l'impression, en abattant les aspérités provenant de la fabrication. Au contraire, comme nous l'avons dit, le SATINAGE a lieu après le tirage, par conséquent sur le papier imprimé : il a pour objet de détruire les petits reliefs produits, par l'action de la presse sur les formes, ce qu'on nomme *foulage*, sur le revers des feuilles, si elles ne sont imprimées que d'un côté, et sur leurs deux faces à la fois, si elles sont imprimées des deux côtés.

Si les livres n'étaient mis dans le commerce qu'après avoir été reliés, on pourrait, à la rigueur, supprimer le satinage, parce que le marteau du relieur produirait le même effet; mais, comme il n'en est point ainsi, la plupart des ouvrages étant vendus simplement brochés, cette opération est devenue habituelle pour toutes les publications un peu soignées. Elle donne au papier un aspect uni et brillant, qui fait mieux ressortir la délicatesse des lettres et des vignettes, et rend l'impression plus nette, plus lisible et plus agréable à l'œil.

Pratiquement parlant, le travail du satineur ressemble beaucoup à celui du glaceur. Seulement, au lieu de plaques de zinc, on emploie des cartons minces qu'un cylindrage énergique a rendu parfaitement denses et lisses. En outre, on a besoin de presses plus puissantes.

De même que les plaques, les cartons doivent être un peu plus grands que les feuilles afin de pouvoir les contenir plus facilement. Ainsi, par exemple, on leur donne la dimension du grand-raisin pour le carré, celle du jésus pour le grand-raisin, etc.

Le papier que l'on veut satiner doit être parfaitement sec. On peut faire l'opération avant ou après l'assemblage. Néanmoins, en général, on préfère l'effectuer après, et cela pour trois raisons :

1° Parce qu'il est rare qu'on fasse satiner à la fois toute une édition ;

2° Parce que si l'on satinait avant d'avoir assemblé, on s'exposerait à donner cette façon à des exemplaires incomplets, ce qui serait du temps perdu, puisqu'on ne s'apercevrait des feuilles manquantes que lorsque le travail serait entièrement achevé ;

3° Parce qu'un satinage récent est plus agréable à l'œil qu'un ancien, le papier perdant avec le temps, par suite de son hygrométricité, l'espèce de lustre qu'on lui a donné. On n'ignore pas que par *hygrométricité*, on entend la propriété que possèdent certains corps d'absorber l'humidité avec plus ou moins de facilité.

1. Satinage des feuilles de texte.

Voyons maintenant comment procède le satineur. Il se place devant une longue table, ayant à sa gauche les cahiers qui doivent former le volume, et à sa droite une pile de cartons bien secs. Après avoir ouvert par le milieu le premier cahier, il en fait l'encartage. Pour cela, il pose devant lui l'un des cartons, et il met par dessus la première feuille du cahier, en ayant soin qu'elle ne fasse aucun pli. Sur cette feuille, il pose un carton, qu'il couvre avec une autre feuille, et il continue ainsi, plaçant alternativement un carton et une feuille, jusqu'à ce qu'il ait forme une pile comprenant un nombre déterminé d'exemplaires. Il porte alors cette pile dans la presse en la soutenant, de distance en distance, par des plateaux.

La *presse à glacer* ordinaire est une presse à vis de construction fort simple, que l'on scelle généralement dans le sol, ou dans le plancher, et dans la muraille. Le plus souvent, le plateau mobile est fixé à une vis normale à ce plateau, et qui passe dans un écrou relié d'une manière invariable au plateau fixe. Lors donc qu'on fait tourner la vis, elle fait mouvoir le plateau mobile dans un sens ou dans l'autre, et les choses sont disposées de telle sorte qu'elle lui imprime seulement un mouvement rectiligne. On se sert pour cela, quelquefois d'un levier, le plus fréquemment d'un moulinet, assez rarement de la vapeur. Cette presse peut varier beaucoup quant aux détails. Dans les ateliers très-importants, il y a de grands avantages à la remplacer par une presse hydraulique : on obtient ainsi des pressions infiniment plus fortes et, par suite, un satinage plus parfait.

On estime que le papier doit rester en presse de dix à douze heures au moins. Au bout de ce temps, le satineur transporte la pile sur la table, pour la défaire. A cet effet, il enlève alternativement un carton et une feuille, et place les feuilles à sa gauche, l'une sur l'autre, les cartons à sa droite, également l'un sur l'autre. En procédant ainsi, les feuilles se trouvent exactement dans l'ordre où elles étaient au commencement, et l'assemblage n'éprouve aucun dérangement.

2. Entretien des cartons.

Quand l'impression est récente, ou que l'encre, de mauvaise qualité, n'a pas eu le temps de sécher suffisamment, les cartons finissent par se salir, et alors, si l'on n'y prend garde, ils ne manquent pas de maculer les feuilles qu'on satine plus tard. Il est donc nécessaire, pour prévenir cet inconvénient, de les nettoyer fréquemment, et l'on obtient des résultats convenables en les frottant vivement, avec des tampons de papier sans colle, jusqu'à ce qu'on en a fait disparaître toutes les taches.

A force de servir, les cartons deviennent toujours un peu humides, en sorte qu'on est obligé de les faire sécher, sans quoi ils ne pourraient servir de nouveau. On les place, pour cela, sur l'une de leurs tranches, dans des casiers dont les séparations sont formées par des tringles de bois ou par de simples ficelles.

Ces meubles peuvent recevoir un assez grand nombre de dispositions particulières, mais il faut toujours que les cartons puissent y être bien séparés les uns des autres. Quant à l'emplacement qu'on leur assigne, c'est généralement contre les murs et, ce qui économise l'espace, à une hauteur un peu supérieure à celle d'un homme de grande taille, où on les fixe, au moyen de supports en bois ou en métal, ou de ferrures appropriées. Quelquefois cependant, on les suspend au-dessus de la table sur laquelle on fait l'encartage ou mise en cartons du papier. Dans ce cas, afin de les rendre plus légers, on les compose de deux cadres horizontaux, qui, longs de 4 à 5 mètres et larges d'environ un mètre, sont réunis à leurs quatre angles, à tenons et à mortaises, par des liteaux verticaux de 50 centimètres de haut. Des trous, percés de trois centimètres en trois centimètres dans les grands côtés de ces cadres, et bien en regard les uns des autres, reçoivent de grosses ficelles fortement tendues. On a ainsi une espèce de cage rectangulaire dont les barreaux sont formés par les ficelles, et c'est dans l'intervalle situé entre les ficelles consécutives que l'on glisse les cartons à faire sécher.

3. Satinage des planches, gravures, etc.

Le satineur n'opère pas seulement sur les feuilles de texte. Il s'occupe également des gravures en taille-douce, des planches lithographiques, des papiers à dessin. La manutention de chacun de ces produits, exige souvent des précautions particulières qu'aucune description ne saurait faire connaître, et qui ne peuvent s'apprendre que par la pratique. Aussi nous bornerons-nous aux indications suivantes :

1° Les gravures en taille-douce ne demandent et n'exigent pas d'autres précautions que les feuilles imprimées. Les manipulations sont donc les mêmes. En outre, on satine à sec.

2° Les planches lithographiées se traitent différemment. Le râteau qui frotte sur la pierre pour imprimer le dessin, tend à allonger le papier dans toute la partie où il frotte; par conséquent, le milieu de celui-ci gode lorsque les marges sont unies, ce qui produit un mauvais effet. Pour obvier à ce défaut, le satineur mouille les bords de l'estampe avec une éponge et de l'eau propre, ce qui en fait allonger les bords, et il place les planches, ainsi mouillées par les bords, entre les cartons, comme il le fait pour les feuilles d'impression à sec. Moyennant cette précaution, les planches entières, en sortant de sous la presse, se trouvent également étendues partout.

3° Les feuilles de papier à dessin étant ordinairement pliées par le milieu, il s'agit de faire disparaître ce pli, afin de les bien étendre. Pour cela, on les mouille bien partout, on les met, entre des cartons épais, lisses mais mats, qui boivent promptement l'eau; enfin, on les presse fortement, et lorsque les feuilles sont sèches, on les place entre des cartons polis, et l'on donne une forte pression. On procède de même pour les lithographies.

Observations.

1° Le mode de satinage que nous venons de décrire n'est pas le seul qui soit en usage. On s'est servi aussi pour cet objet d'un appareil établi sur le système des laminoirs, et à l'aide duquel on fait passer les feuilles entre des cylindres en métal, parfaitement tournés et polis, qui leur donnent le glacé convenable.

Ce laminage peut se donner à froid, mais on construit quelquefois des cylindres creux et l'on y fait arriver de la vapeur. L'opération est alors dite *satinage à chaud* pour le distinguer de l'autre.

Le satinage à chaud est plus dangereux encore que celui à froid, quand l'encre n'est pas parfaitement sèche; il redonne de la fluidité à l'huile qui entre dans sa composition, et cette huile, en s'étalant, environne chaque caractère d'une auréole jaunâtre qui dépare complétement l'impression.

2° On pourrait très-bien satiner le papier par un procédé analogue à celui dont se servent quelques industries qui se rattachent à la fabrication des tissus, c'est-à-dire en se servant de rouleaux en papier, qu'on fabrique en enfilant un nombre considérable de feuilles de papier sur un arbre où on les comprime ensuite entre deux bases avec une force considérable, qui leur donne une densité presque égale à celle des bois tendres; puis on arrondit et l'on régularise le cylindre sur le tour, et on le polit à la pierre ponce jusqu'à ce qu'il ait acquis une surface parfaitement lisse. En cet état il serait très-propre à satiner le papier.

CHAPITRE IV.

Pliage.

Après l'assemblage, les feuilles doivent être *pliées* de telle sorte que leurs pages se suivent exactement d'après l'ordre indiqué par leurs folios. Ce travail, qu'on nomme PLIAGE, est généralement exécuté par des femmes appelées *plieuses*. Il exige, de la part de ces ouvrières, beaucoup de soin et d'attention, sans quoi il pourrait en résulter des transpositions qui obligeraient à interrompre la lecture, ou des omissions qui la rendraient impossible. D'ailleurs, un pliage négligé déprécie l'ouvrage le plus splendidement relié. Heureusement, il n'est pas difficile d'éviter ces divers inconvénients. Il faut pour cela que la plieuse, à mesure qu'elle travaille, examine si l'assembleur n'a commis aucune des fautes que nous avons indiquées. En conséquence, en pliant chaque feuille, elle ne doit perdre de vue aucune des recommandations suivantes :

1° Lire la signature, pour s'assurer que les feuilles se suivent exactement ;

2° Si l'ouvrage ne comprend qu'un volume, jeter un coup d'œil sur les titres courants, pour voir si toutes les feuilles lui appartiennent bien ;

3° Si l'ouvrage a plusieurs volumes, examiner aussi la réclame qui est sur la gauche de la signature, à la ligne de pied, et qui indique le volume, afin de s'assurer que toutes les feuilles appartiennent réellement au volume dont elle s'occupe.

Chaque format ayant une imposition différente, a aussi un pliage différent. Nous allons dire comment il convient de procéder pour tous les formats usuels, depuis l'in-folio jusqu'à l'in-12. On n'emploie d'autre outil qu'une espèce de couteau à deux tranchants, qu'on nomme *plioir,* et qui peut être en bois, en os ou en ivoire.

1° *In-folio.*

L'in-folio s'imprime de deux manières, ou en une seule feuille, ou en deux feuilles. Les journaux seuls s'impriment en une feuille; tous les autres ouvrages s'impriment en deux feuilles, lesquelles, étant placées l'une dans l'autre, forment un petit cahier de 8 pages. La première de ces deux feuilles porte pour signature A ou 1 sur le recto, et les chiffres de sa pagination sont 1, 2, 7 et 8. Quant à la seconde, qui, ainsi qu'il vient d'être dit, s'intercale dans la précédente elle porte pour signature A 2; ou 1, et les chiffres de sa pagination sont 3, 4, 5 et 6.

La plieuse commence par placer devant elle, sur une grande table, de manière que les lettres soient à rebours, et les signatures du côté de la table, à la droite en haut, l'un des paquets remis par l'assembleur. Cela fait, elle ouvre le paquet et passe dessus deux ou trois coups de plioir pour en bien étendre les feuilles.

Cette manœuvre du plioir n'est pas seulement nécessaire pour étendre les feuilles, elle est encore indispensable pour les faire glisser l'une sur l'autre, afin de pouvoir les prendre une à une avec plus de facilité. Pour obtenir ce dernier résultat, il suffit d'appuyer légèrement l'instrument sur le tas ; aussitôt la première feuille se détache et se porte un peu sur la droite.

Après avoir pris son plioir de la main droite, vers le milieu de sa longueur, l'ouvrière saisit la feuille avec la main gauche, par l'angle supérieur, qui est à sa droite, et porte cet angle sur l'angle inférieur du même côté, en ayant bien soin de placer les deux chiffres de la pagination l'un sur l'autre. Alors, appuyant l'index sur le dos du plioir, elle passe l'instrument sur la feuille, en montant diagonalement de bas en haut, en sorte que, tout à la fois, elle efface les plis qui ont pu se former et détermine celui que la feuille doit conserver. Ce double résultat obtenu, elle fait pirouetter le plioir d'un demi-tour, et le passe de nouveau sur la feuille, mais en sens inverse, c'est-à-dire diagonalement de haut en bas. Si, dans ce second mouvement, le plioir était dirigé dans le même sens que dans le premier, outre qu'il pourrait déchirer le papier, il changerait le pli que la feuille doit avoir.

Quand le pliage de la première moitié de la feuille est achevé, on passe à la seconde. On la plie comme on vient de faire de la première, et on l'intercale dans celle-ci, en observant que les signatures soient toujours l'une sur l'autre. Cette dernière opération se nomme *encartation*, la feuille intercalaire s'appelle *encart*, et l'action se désigne par le mot *encarter*.

La plieuse forme donc ainsi des petits cahiers de deux feuilles, qu'elle place l'une sur l'autre au-devant d'elle, et au-dehors du cahier sur lequel elle travaille, en ayant soin de renverser le petit cahier de manière que la première page touche la table.

Lorsqu'on plie un in-folio imprimé à une seule

feuille, tel qu'un journal quotidien, on suit la même marche, avec cette seule différence que l'on n'encarte aucune feuille, et que les feuilles sont toutes séparées.

2° *In-quarto.*

Après avoir ouvert devant elle le paquet qu'elle a reçu de l'assembleur, de manière que les trous des pointures se trouvent dans une direction perpendiculaire au bord de la table devant laquelle elle est placée, la plieuse passe dessus deux ou trois coups de plioir pour bien étendre les feuilles. Elle tourne le cahier de telle sorte que la bonne lettre, ou, ce qui est la même chose, la signature, soit à sa gauche, en haut, la face contre la table, et qu'elle voie devant elle, et en travers, les chiffres de pagination 2, 3, 7, 6. L'ouvrière plie d'abord, comme nous l'avons dit pour l'in-folio, la feuille selon la ligne des pointures, en ayant soin de placer la première lettre de la dernière ligne de la page 6, sur la dernière lettre de la dernière ligne de la page 7, si ces deux lignes sont pleines.

Il faut bien observer cependant qu'il peut arriver plusieurs cas :

1° Que la dernière ligne de la page 6 soit un commencement d'alinéa ; alors comme le premier mot rentre dans la ligne, si elle se fixait sur cette première lettre, elle plierait mal, et la page irait de travers ;

2° Que cette page 6 finisse un chapitre, et alors il y aurait un blanc qui ne pourrait pas la diriger ;

3° Que la dernière ligne de la page 7 ne soit pas pleine, ou qu'elle présente une lacune, parce qu'un chapitre se serait terminé avant la dernière ligne.

Dans tous ces cas, la plieuse ne pouvant pas avoir recours aux chiffres de la pagination, parce qu'ils sont cachés, se guide, ou par les lignes supérieures, pourvu qu'elles ne soient pas trop rapprochées de la tête, ou bien par la justification, ou enfin par la vue, qui lui indique si la page est droite ou ne l'est pas. L'habitude la dirige mieux que toutes les règles que l'on pourrait prescrire. Nous ne répéterons plus cette observation, qui se renouvelle dans toutes les opérations du pliage.

Après avoir fixé le premier pli selon la ligne des pointures, et sans déranger la feuille, l'ouvrière la plie une seconde fois, en faisant tomber le chiffre 4 sur le chiffre 5, et elle la place au-devant d'elle, comme nous l'avons dit pour l'in-folio, le chiffre 1 sur la table. Elle forme ainsi autant de cahiers qu'il y a de feuilles; mais elle n'en *encarte* aucun.

Les journaux quotidiens in-quarto s'impriment parfois par demi-feuille; alors on les plie comme s'il s'agissait d'un in-folio.

L'in-quarto s'imprime quelquefois oblong; dans ce cas, il se plie différemment. Le premier pli se fait sur la longueur du papier, entre les têtes des pages, dans une ligne perpendiculaire à celle des pointures, et le second pli dans la ligne des pointures.

3° *In-octavo.*

La plieuse dispose sa feuille de manière que la signature se trouve à sa gauche en bas, la face contre la table. Alors elle voit devant elle, dans une ligne horizontale, dans le sens naturel, les chiffres 2, 15, 14, 3, et au-dessus, à rebours et dans le même ordre, c'est-à-dire en lisant de gauche à droite, les pages 7, 10, 11, 6.

Elle plie suivant la ligne des pointures, en faisant tomber 3 sur 2, et 6 sur 7; elle voit alors dans le sens naturel les chiffres 4 et 13 et à rebours 5 et 12. Sans déranger la feuille, elle rabat de la main gauche le haut de la feuille sur la partie inférieure, en faisant bien tomber le chiffre 5 sur le 4 ; par ce moyen, 12 doit tomber sur 13 : elle s'aide de son plioir afin de ne pas faire de faux plis, en dirigeant le pli à l'endroit où il doit se trouver.

La feuille pliée de cette manière, l'ouvrière voit les pages 8 et 9 ; alors elle prend avec la main gauche la feuille au chiffre 9, elle le place sur le chiffre 8 et forme le troisième pli, en l'assujétissant avec le plioir.

On imprime quelquefois l'in-octavo par demi-feuille. Dans ce cas, on fait de chaque feuille deux cahiers, on coupe chaque feuille dans la ligne des pointures, ce qui fait deux demi-feuilles qu'on plie séparément, comme nous l'avons indiqué pour l'in-quarto.

On imprime aussi quelquefois l'in-octavo oblong. Quand les choses sont ainsi, le premier pli se fait par son milieu dans la ligne des pointures ; le second, dans le même sens, entre les têtes des pages ; et le troisième, sur la longueur du papier.

4° *In-douze.*

Jusqu'ici la plieuse n'a eu besoin de couper aucune bande de sa feuille pour la plier ; mais, pour l'in-douze et les formats qui suivent, cette mesure est presque toujours indispensable.

La feuille in-douze contient 24 pages ou 12 feuillets. Il n'a pas été possible, en l'imprimant, de disposer les pages de manière que, par de simples plis, comme on le fait pour l'in-octavo, on puisse plier la feuille en entier. On est donc obligé de couper une bande qui contient huit pages, de la plier à part, et d'en former un cahier qu'on appelle *petit cahier*. Le reste de la feuille se plie comme l'in-octavo, et forme un second cahier qui contient 16 pages, et qu'on nomme *gros cahier*.

Il y a deux manières d'imposer la feuille in-douze : ou bien le petit cahier doit être encarté dans le gros, ou il doit former un cahier à part ; la signature indique toujours cette disposition.

Lorsque le cahier doit être encarté, la signature qui se trouve au bas de la 17e page est la même que celle qui se trouve à la 1re page du gros cahier ; elle est seulement différenciée par des points ou étoile, de sorte que si la signature est 1, l'encart porte 1, ou 1* ; si la signature est A, l'encart porte A 1, et ainsi de suite.

Quand le cahier ne doit pas être encarté, chaque cahier porte une signature différente, et selon l'ordre numérique ou alphabétique. Ainsi le gros cahier de la 1re feuille porte 1 ou A, et le petit cahier de la même feuille porte 2 ou B. Le volume a, par conséquent, le double de cahiers qu'il n'a de feuilles ; c'est ce qu'on appelle *mettre le feuilleton en dehors*.

Après avoir ouvert son cahier devant elle, de manière que la signature soit en haut, la face contre la table, et qu'elle voie en travers devant elle les pages 2, 7, 11 ; 23, 18, 14 ; 22, 19, 15 ; 3, 6, 10, la plieuse aperçoit sur la droite les pages 11, 14, 15, 10, séparées des autres huit pages à la gauche par une grande marge, au milieu de laquelle sont ou des pointures, ou mieux des lignes droites imprimées qui indiquent l'endroit où l'on doit couper. Elle plie la feuille selon ces traits, ou selon les pointures, et elle détache cette bande, qu'elle plie en plaçant 11 sur 10 ; elle fait un pli, puis elle place 13 sur 12 ; et alors la signature qui est à la page 9 se trouve en dehors : son encart est plié.

Cela fait, elle revient au restant de la feuille qui doit former son gros cahier : elle prend de la main gauche la partie inférieure de la feuille, en plaçant 3 sur 2, et 6 sur 7 : elle plie. Elle fait un second pli en mettant 20 sur 21 et 5 sur 4. Enfin, elle forme un troisième pli en mettant 8 sur 17, et son gros cahier est plié, la signature en dessus; elle encarte le petit cahier, et sa feuille est pliée.

Lorsque la feuille d'impression est disposée de manière que le feuilleton ne s'encarte pas, c'est-à-dire que le petit cahier se place à la suite du gros, les chiffres qui indiquent la pagination ne sont plus disposés dans le même ordre que dans le cas précédent. On place la feuille sur la table de la même manière que nous l'avons dit ; on coupe le feuilleton, que l'on plie en deux fois, d'abord par le milieu, puis encore dans le milieu, en observant de mettre la signature en dehors; on le met à part, et l'on plie immédiatement le gros cahier.

Ce cahier se plie de la même manière que la feuille dans laquelle le petit cahier doit être encarté. On plie : 1° 3 sur 2, et 6 sur 7; 2° 12 sur 13, et 5 sur 4; et 3° 8 sur 9; la feuille est alors pliée. On met en tas ce gros cahier et le petit dessus.

L'in-douze s'imprime quelquefois en format oblong. Dans ce cas, on coupe la bande dans la longueur du papier, et non dans sa largeur, comme dans les exemples précédents : la coupure est toujours indiquée par des traits imprimés. Elle se plie de même que nous l'avons indiqué, et le gros cahier se plie comme l'in-octavo ; le petit cahier s'encarte ou ne s'encarte pas, selon que l'indique la signature.

5° *In-seize.*

L'in-seize s'imprime toujours par demi-feuille, c'est-à-dire que chaque feuille contient deux fois le même texte. La moitié de la feuille sert pour un exemplaire, et l'autre moitié sert pour un autre exemplaire du même ouvrage.

Chaque demi-feuille se plie séparément comme dans l'in-octavo, et l'on en fait deux tas séparés, de sorte que, lorsqu'on a plié la dernière feuille, on a deux exemplaires pour un.

6° *In-dix-huit.*

La feuille de l'in-dix-huit est formée de trois cahiers, composés chacun d'un gros cahier de huit pages, et d'un *encart* de quatre pages.

La feuille bien étendue, la signature en haut, à droite, la face contre la table, on plie la bande de la main droite sur celle du milieu, dans le sens de la ligne perpendiculaire au bord de la table devant laquelle on se trouve placé, en faisant tomber les chiffres 2, 3 et 7 sur les chiffres 23, 22 et 18, ce qui met à découvert la signature et la réclame de la page 12 ; on coupe cette bande, et on la met à part sur la table, la signature en dessus.

On plie de même la bande du milieu, en faisant tomber les chiffres 14, 15 et 19 sur ceux des pages 35, 34, 30 ; alors on aperçoit la seconde signature 2 ou B ; on coupe encore cette bande, et par ce moyen la feuille est partagée en trois bandes égales. On place la bande qui porte la seconde signature sur la première, et la troisième sur la seconde, la signature en dessus. On prend les trois bandes à la fois, on les porte devant soi, en les renversant sens dessus dessous, de sorte que les signatures sont du côté de la table, à gauche. On coupe l'encart selon la ligne tracée, on le plie la signature en dehors ; on plie le restant en deux, en ramenant les deux pages à droite sur les deux pages à gauche, les chiffres les uns sur les autres ; on fait un second pli, la signature toujours en dehors, et le gros cahier est plié. On met l'encart en dedans, et l'on couche ce cahier devant soi, la signature contre la table.

On plie de même la seconde et la troisième bande, et la première feuille est pliée en trois cahiers ; on opère de même pour les feuilles suivantes.

Il arrive quelquefois que l'in-dix-huit n'a que deux cahiers : alors on opère comme pour l'in-douze ; on enlève une bande pour former le feuilleton, on plie le gros cahier comme la feuille in-octavo, et l'on encarte le feuilleton dans le gros cahier.

L'in-dix-huit s'imprime quelquefois en deux exemplaires sur la même feuille, comme l'in-seize. On en fait alors deux tas, comme pour ce dernier.

7° *In-vingt.*

Ce format, dont les pages sont presque carrées, est peu en usage ; il s'imprime par demi-feuille, comme nous l'avons dit pour l'in-seize.

Ce format sert pour les alphabets, les catéchismes ou les almanachs communs. Après avoir coupé la bande des quatre pages, on la place au milieu des seize autres pages, pliées en deux feuilles in-quarto en un seul cahier.

8° *In-vingt-quatre.*

L'in-vingt-quatre s'imprime par demi-feuille comme l'in-seize et l'in-vingt.

Chaque demi-feuille est composée de deux cahiers qui s'encartent ou ne s'encartent pas. Dans tous les cas, chaque demi-feuille peut être considérée comme une feuille in-douze ; on détache le feuilleton, on le plie comme le petit cahier de l'in-douze, la signature en dehors ; on plie ensuite le gros-cahier comme celui de l'in-douze, la signature en dehors.

Si les deux signatures sont les mêmes, on encarte le feuilleton ; mais si elles se suivent dans l'ordre numérique ou alphabétique, on n'encarte pas le petit cahier.

Quelquefois on imprime l'in-vingt-quatre en deux exemplaires sur la même feuille. Quand ce cas se présente, la plieuse opère comme nous l'avons dit pour l'in-seize.

9° *In-trente-deux.*

Ce format s'impose et s'imprime de deux manières : ou par demi-feuille, alors chaque feuille sert pour deux exemplaires, et est composée de deux cahiers, portant chacun une signature différente ; ou bien chaque feuille ne sert que pour un exemplaire, et alors elle forme quatre cahiers, qui ont chacun une signature particulière, en suivant toujours l'ordre numérique ou alphabétique.

Dans le premier cas, c'est-à-dire lorsque la feuille sert pour deux exemplaires, on plie la feuille selon les pointures, et on la coupe dans le pli. On met à part, en réserve, la demi-feuille supérieure pour le second exemplaire. On tourne la demi-feuille en travers devant soi, la signature à droite, à découvert, sur la table en haut, et l'autre signature à gauche, aussi en haut, mais tournée vers la table. On plie de la droite sur la gauche en faisant tomber la signature à droite sur le verso de la signature à gauche, les chiffres de la pagination les uns sur les autres, et l'on coupe encore dans ce pli. Cette demi-feuille se trouve alors divisée en deux parties, chacune de 8 feuillets ou 16 pages ; on plie chacun de ces quarts de feuille comme l'in-octavo, et l'on place, les uns sur les autres, ces cahiers, qui ne s'encartent jamais. Lorsqu'un exemplaire est entièrement plié, on plie le second de la même manière.

Dans le second cas, c'est-à-dire lorsque la feuille entière sert pour un seul exemplaire, on la coupe en quatre comme dans le cas précédent, et l'on plie de suite les quatre cahiers, chacun comme l'on plie l'in-octavo.

L'in-trente-deux s'imprime parfois en deux exemplaires sur la même feuille, comme l'in-seize. On procède alors comme nous l'avons dit pour ce dernier.

10° *In-trente-six.*

En regardant une feuille in-trente-six, bien étendue sur la table dans sa longueur, c'est-à-dire la ligne des pointures à gauche et perpendiculaire au bord de la table qu'on a devant soi, la première signature à gauche en haut, et la troisième à droite en bas, l'une et l'autre à découvert, on s'aperçoit qu'elle est divisée en trois bandes égales : 1° par la ligne des pointures à gauche ; 2° par des traits imprimés qui indiquent une ligne parallèle à celle des pointures vers la droite.

Cette imposition indique qu'on doit former trois bandes de chaque feuille. Pour cela, on plie d'abord selon la ligne parallèle à celle des pointures, et l'on coupe ; ensuite on plie selon la ligne des pointures et l'on coupe une seconde fois. Alors chaque bande présente autant de feuillets que la feuille entière in-douze, dont quatre sont séparés des huit autres par un trait imprimé au milieu des marges. On plie chaque bande de la même manière qu'on plie la feuille in-douze, c'est-à-dire qu'on coupe d'abord le feuilleton, qu'on plie la signature en dehors, pour en former un petit cahier qu'on met à part; ensuite on plie le restant qui forme le gros cahier, la signature en dehors.

Si les signatures indiquent, comme nous l'avons fait observer pour l'in-douze, que le feuilleton doit être encarté, on l'encarte, sinon on place le feuilleton au-dessus du gros cahier, ainsi qu'on la vu dans la manière de plier l'in-douze.

On voit que la feuille in-trente-six n'est autre chose que la feuille in-douze répétée trois fois dans la même feuille; on la divise en trois bandes, qui sont considérées chacune comme une feuille in-douze, et qu'on plie comme cette dernière.

Si l'on examine avec attention l'in-trente-six, on verra que de la manière dont on coupe la feuille en bandes, on réduit chaque bande à un nombre de feuillets ou de pages égal à celui que présente la feuille in-octavo, qu'on plie comme ce dernier, et dont on fait autant de cahiers que donne le quotient de la division du nombre 32 par 8, si l'on compte par feuillets; ou bien si l'on compte par pages, du nombre 64 par 16, et ce quotient, dans les deux cas, est toujours 4. Pour l'in-trente-six, il en est de même, chaque feuille de ce format a 72 pages, divisez ce nombre par 24, qui est le nombre des pages de l'in-douze, vous aurez pour quotient 3.

C'est donc trois bandes qu'on doit faire de chaque

feuille, et comme le diviseur a été 24, nombre de pages de l'in-douze, on doit couper le feuilleton et plier comme l'in-douze.

11° *Formats plus petits que l'in-trente-six.*

La règle dont l'exposition termine le paragraphe précédent, est générale, et nous pourrions nous dispenser de parler de quelques formats peu usités, mais nous sommes bien aise, afin de rendre cet ouvrage plus complet, de donner deux exemples qui mettront l'ouvrier en état de résoudre facilement toutes les difficultés qui pourraient se présenter.

Tous les formats au-dessus de l'in-trente-six ont un plus grand nombre de pages que ce dernier ; mais ce nombre de pages est toujours divisible par 16 ou par 24, et le quotient donne toujours le nombre de cahiers, et par conséquent celui des bandes qu'il faut former dans chaque demi-feuille; car ces formats s'impriment toujours par demi-feuilles, soit que chaque demi-feuille appartienne à un exemplaire particulier, soit que les deux demi-feuilles appartiennent au même exemplaire.

Ainsi, dans l'*in-soixante-quatre*; 64 feuillets donnent 128 pages divisibles exactement par 16, et l'on a 8 pour quotient. Divisant d'abord la feuille en deux, selon la ligne des pointures, puis chaque demi-feuille en quatre, suivant les lignes imprimées, parallèles et perpendiculaires à la ligne des pointures, on obtient quatre petites feuilles pour chaque demi-feuille, ce qui fait huit pour la feuille entière. On plie chacune de ces petites feuilles comme l'in-octavo, la signature en dessus, et l'on a huit cahiers égaux pour chaque feuille, lesquels portent chacun une signature particulière.

Il en est de même de l'*in-soixante-douze*. En effet, 72 feuillets donnent 144 pages, divisibles exactement par 24, nombre de pages de l'in-douze, et l'on a 6 au quotient. On divise chaque demi-feuille en trois bandes, suivant les lignes qu'indiquent les traits imprimés, puis on sépare le *petit cahier*, désigné sur chacune par d'autres traits également imprimés. On plie le petit cahier et le gros cahier comme nous l'avons indiqué pour l'in-douze, et l'on encarte ou n'encarte pas le petit cahier, suivant que l'indiquent les signatures.

CHAPITRE V.

Brochage.

Comme nous l'avons dit, *brocher* un livre, c'est en disposer les feuilles dans un ordre convenable pour que la lecture n'en puisse éprouver aucune interruption, aucune lacune ; puis les empêcher de se séparer en les réunissant par quelques points de couture ; enfin, autant pour compléter leur réunion que pour garantir le livre de la poussière, coller par dessus une couverture en papier de couleur.

Il est évident qu'avant de passer entre les mains du brocheur, les feuilles ont été assemblées et pliées.

§ 1. — COLLATIONNEMENT.

Le premier travail du brocheur doit consister à vérifier :

1° Si toutes les feuilles sont placées les unes sur

les autres, dans l'ordre voulu par la signature et les réclames ;

2° Si toutes les feuilles appartiennent au même volume et au même ouvrage.

Cette double vérification, ou COLLATIONNEMENT, se fait très-facilement et très-vite, car la signature doit se trouver au bas de la première page de chaque feuille. Si elle ne s'y trouvait pas, sur une ou plusieurs feuilles, cela prouverait que ces feuilles ont été mal pliées ; on les plierait de nouveau, et, de plus, on les placerait dans l'ordre convenable si elles n'y étaient pas. Pour effectuer ce travail, on prend de la main droite, et par l'angle supérieur du côté opposé au dos, les feuilles qui doivent composer le volume, puis de la main gauche, on les ouvre du côté du dos, en les soulevant assez pour pouvoir lire la signature et commençant par la première ; on laisse aller successivement les feuilles l'une après l'autre et, en même temps, on lit les signatures dans l'ordre naturel alphabétique ou numéral 1, 2, 3, 4, 5, 6, etc., jusqu'à la dernière.

§ 2. — TRAVAIL DU BROCHEUR.

Ce sont des femmes, appelées *brocheuses*, qui sont chargées ordinairement de la vérification et de la couture.

Les feuilles du volume étant vérifiées, l'ouvrière les pose en tas, la première en dessus, sur la table devant laquelle elle est assise, mais à sa gauche. Aussitôt après, elle prend, de la main gauche, cette première feuille, la couvre d'une *garde*, et la renverse sur la table, c'est-à-dire de manière que la garde touche la table et que la première page de la feuille se trouve immédiatement au-dessus d'elle.

On appelle *garde* un feuillet de papier un peu plus large que le format d'un livre, et que l'on replie dans toute sa longueur d'une quantité moindre que la largeur de la marge intérieure, afin qu'elle ne couvre pas l'impression. Ce feuillet est indispensable pour faire adhérer solidement au volume la feuille de papier de couleur qui doit servir de couverture, comme on le verra plus loin. On place un feuillet semblable sur la dernière feuille, pour la même raison.

Pour faire la couture, la brocheuse se sert d'une grande aiguille courbe, qu'elle charge d'une longue aiguillée de fil. Après avoir percé la feuille de dehors en dedans, au tiers environ de sa longueur, elle tire le fil en en laissant déborder environ 5 centimètres. Aussitôt après, elle fait un second point au-dessous, à une distance de 3 à 5 centimètres du premier, selon la grandeur du format, mais de dedans en dehors, et tire le fil en dehors, sans déranger le bout qui passe. Alors elle pose la seconde feuille sur la première, en la retournant sens dessus dessous comme elle a fait pour celle-ci, en ayant soin qu'elles concordent bien toutes les deux par la tête. Les deux feuilles étant ainsi disposées, l'ouvrière pique son aiguille, d'abord de dehors en dedans, dans la seconde, vis-à-vis du trou inférieur de la première, puis, de dedans en dehors, vis-à-vis du trou qu'elle vient de faire. Enfin, elle tend le fil et le noue solidement avec le bout qu'elle a laissé déborder en commençant.

Les deux premières feuilles étant ainsi bien liées, la brocheuse pose la troisième sur la seconde, de la même manière que ci-dessus, et les faisant toujours bien concorder par la tête. Elle fait ses deux points comme pour la première feuille, et vis-à-vis des trous percés dans les deux premières, afin que la couture soit bien perpendiculaire sur la table, et non en zigzag.

Après avoir tendu son fil, l'ouvrière ne coud la quatrième feuille qu'après avoir passé son aiguille entre le point qui lie la première avec la seconde, afin de lier celle-ci avec les feuilles précédentes. Par ce moyen, il se forme un entrelacement que les brocheuses appellent *chaînette,* et qui donne de la solidité à l'ouvrage.

Le travail se continue ainsi jusqu'à ce qu'on soit arrivé à la dernière feuille. On ajoute à cette feuille une garde semblable à celle qu'on a mise sur la première, mais on la place en sens inverse.

Quand la couture est terminée, on passe avec un pinceau une première couche de colle de pâte sur le dos du volume. On en fait autant sur le papier de couleur destiné à former la couverture. Enfin, on donne une seconde couche sur le dos du volume. Posant alors à plat le dos de ce dernier sur le milieu de la couverture, encollée comme il vient d'être dit, on relève les deux côtés de cette couverture sur les gardes sans l'y appliquer bien fortement; mais on appuie avec force sur le dos pour faire coller le papier autant que possible.

Le collage de la couverture est presque toujours exécuté par des hommes. Quand elle est mise en place ainsi qu'il vient d'être dit, l'ouvrier pose le livre à plat sur la table, la tranche de son côté, et il tire vers lui la couverture avec les doigts, afin de la bien tendre sur le dos et sur les gardes, sans qu'elle fasse des plis. Il retourne ensuite le livre pour opérer de même sur l'autre côté. Enfin, il le fait sécher à l'air libre et sans le mettre à la presse; car il importe pour la vente de laisser au volume le plus d'épaisseur qu'il peut avoir, surtout lorsqu'il est mince.

Aussitôt qu'un volume est achevé, on passe à un second volume, qu'on place sur le premier, et ainsi de suite. Cette pression suffit pour empêcher les couvertures de se déformer pendant la dessiccation ; on met un poids sur le tas, afin que les livres prennent une belle forme.

Quand le volume est sec, la brocheuse ébarbe, avec de gros ciseaux à longues lames, ou avec des *cisailles*, les bords des feuilles qui dépassent les plis des feuilles intérieures, pour donner plus de grâce à son ouvrage ; et le brochage est terminé.

Nous avons dit que la brocheuse mettait d'abord dans son aiguille une longue aiguillée de fil ; ceci exige une explication : la longueur est d'environ 1m.20 ; elle serait embarrassante si on la faisait plus longue, et ne serait pas suffisante, même pour un volume d'une médiocre étendue. Lorsque son aiguillée est au moment de finir, la brocheuse en reprend une seconde, qu'elle noue à l'extrémité de la première, en faisant attention que le nœud se trouve dans l'intérieur du volume. On emploie le *nœud de tisserand*.

Quand le brochage a été fait avec soin, qu'on a employé de la colle de bonne qualité, et que le papier de la couverture a été choisi très-solide, le livre peut être impunément feuilleté pendant fort longtemps, sans qu'il ait besoin d'être relié. On obtient beaucoup mieux ce résultat en cousant les feuilles sur plusieurs ficelles, noyées dans des grecques, c'est-à-dire de la même manière que dans la reliure, puis remplaçant la colle de pâte par de la colle forte de bonne qualité.

Nous avons vu des ouvrages anglais brochés d'après ce système, qui ont supporté, pendant plusieurs mois, sans en être aucunement détériorés, des fatigues excessives qui les auraient mis en pièces dès les premières heures, si leur brochage avait été exécuté comme à l'ordinaire.

Dans certains pays, en Allemagne surtout, on a adopté, pour les ouvrages périodiques notamment, un mode de brochage excessivement simple, mais tout à fait défectueux. On ne coud pas les cahiers, on se contente de les assembler, de les battre, de les mettre dans une presse, d'en enduire le dos de colle forte et d'y appliquer la couverture sans gardes. Le livre se maintient bien tant qu'il n'est pas coupé, mais aussitôt qu'on coupe les feuilles, toutes celles de l'intérieur qui n'ont pas reçu de colle se détachent et ne tiennent plus à rien. Outre cet inconvénient pour un ouvrage usuel, on est obligé, quand on veut relier, d'enlever, à grande peine, cette colle sèche, au détriment des feuilles qui l'ont reçue et de la solidité de la reliure.

§ 3. — BROCHAGE MÉCANIQUE.

Le brochage des livres semble à première vue une industrie presque impossible à soustraire au travail manuel. Il n'en est rien cependant, et il existe des machines dont les unes plient et cousent tout à la fois, tandis que les autres ne font qu'une seule de ces opérations. Il y a donc des *machines à plier*, des *machines à coudre* et des *machines à plier et à coudre* ; ces dernières sont de véritables *brocheuses mécaniques*, puisqu'elles font tout ce que fait l'ouvrière.

1. Machines à plier.

Ces machines sont géneralement établies pour plier des formats déterminés ; mais elles peuvent, avec les modifications convenables, être également employées pour d'autres formats. Tel est notamment le cas de la *plieuse* de Black, d'Edimbourg, dont nous allons donner une description succincte, d'après le *Technologiste*.

« Les figures 3 à 8, planche première, sont destinées à donner une idée de la disposition générale et des organes essentiels de cette machine.

« La figure 3 en représente une élévation, vue par l'extrémité qui porte les pièces mécaniques.

« La figure 4 en est une autre élévation, vue sur un des côtés.

« La figure 5 en est un plan.

« A,A est une boîte qui constitue le bâti de la machine ; B, une plaque en métal qui en forme une des parois extrêmes et sert de base et d'appui à toutes les pièces mobiles qui s'y trouvent attachées ; C,C, l'arbre principal qui a ses points d'appui sur les potences D,D et qui, quand on le fait tourner, imprime le mouvement aux plioirs et aux rouleaux de la manière qui sera expliquée plus loin.

« E est le premier plioir qui a son axe sur les consoles F,F. On a représenté séparément ce plioir et ses pièces accessoires dans la figure 6. Sur les consoles F,F sont fixés des ressorts en spirale G,G, qui sont tournés autour de l'axe du plioir et disposés de manière à avoir une tendance à maintenir sa lame relevée dans la position où elle est représentée dans les figures 3, 4 et 5. H est un bras de levier fixé sur l'arbre principal et placé immédiatement à l'opposé du plioir E, de façon que quand cet arbre tourne, il vient frapper le petit bras J de ce plioir et lui fait prendre tout à coup la position indiquée en pointillé dans la figure 4. L'extrémité du petit bras J est munie d'un galet afin de permettre aux deux pièces H et J de glisser librement l'une sur l'autre.

« Le mouvement du plioir E qu'on vient d'expliquer produit le même pli de la feuille de papier, c'est-à-dire que ses deux moitiés sont rapprochées et repliées sur l'autre à l'aide des dispositions suivantes.

« Dans le haut de la boîte A et immédiatement au-dessous de la lame du plioir, il existe une fente oblongue K, K qui, au moyen de cloisons latérales, se prolonge jusque près du fond, de manière à former une chambre à peu près de la même profondeur et de la même longueur à l'intérieur que cette boîte, mais n'ayant que 7 millimètres de largeur.

« Le papier qu'on veut plier est placé sur la face supérieure de cette fente et sous le plioir E avec la ligne de pointures ou celle suivant laquelle il doit être plié sous la lame du plioir, et par conséquent sur la fente K, K, position dans laquelle il est maintenu, pendant l'intervalle de temps qui s'écoule entre l'instant où l'ouvrier l'abandonne et celui où le plioir s'abaisse, par deux appareils à pointe fine L, L qui s'élèvent d'un peu plus d'un millimètre et demi au-dessus de la surface de la boîte et sur lesquels le papier est légèrement pressé avec le doigt de l'ouvrier chargé d'alimenter la machine de feuilles.

« Ces deux appareils à pointe L, L se trouvent reliés à des leviers M, M, qui ont leurs centres de mouvement établis sur les parois latérales de la boîte. Les extrémités extérieures ou libres de ces leviers sont chargées de contre-poids N, N qui servent à les maintenir abaissés sur l'arbre principal sur lequel ils reposent, et à faire conserver aux pointes L, L leur position en saillie à la surface de la boîte A.

« Supposons qu'on place une feuille de papier dans la position qui a été indiquée et que l'arbre principal soit en mouvement; du moment que le plioir E s'abaisse sur le papier afin de le saisir, alors les deux excentriques O, O, placés sur l'arbre principal et immédiatement sous les extrémités des leviers M, M, relèvent ces extrémités et par conséquent font descendre au-dessous de la surface supérieure ou table de la boîte la portion en saillie des pointes L, L qui par suite abandonnent le papier qu'elles maintenaient.

« En cet état, la descente du plioir qui entre en action, contraint la feuille de pénétrer en se repliant moitié sur moitié dans la fente à l'intérieur de la boîte, puis au moment où le bras de levier H sur l'arbre principal cesse d'être en prise avec le bras J à l'extrémité du plioir, les ressorts en spirale G, G font remonter le plioir à sa première position en abandonnant la feuille de papier dans la fente de la boite; alors le premier pli étant terminé, les excentriques O, O ayant dépassé aussi les bouts des leviers M, M, les contre-poids N, N font relever les pointes L, L au-dessus de la table de la boite, toutes prêtes à recevoir une autre feuille.

« P est un arrêt à ressort ou un tampon qui sert à balancer le mouvement trop vif qui se produirait par l'élévation subite du plioir E sous l'action des ressorts montés sur son axe. Ce plioir ne doit s'élever ou s'abaisser qu'avec douceur, de manière à faire pénétrer la feuille dans la fente et à en sortir lui-même librement; seulement on a remarqué que lorsque le plioir était dentelé sur le bord à peu près comme la lame d'une scie fine, le pliage s'effectuait d'une manière bien plus exacte que lorsqu'il était tout-à-fait uni.

« La denture empêche la feuille de glisser, non-seulement horizontalement sur la lame, mais encore transversalement ; or, un glissement de quelques millimètres qui aurait lieu suivant l'une ou l'autre direction pendant le pliage, rendrait cette opération défectueuse soit pour la brochure ou la reliure, soit pour le pliage des journaux.

« On pourrait aussi avoir recours, pour assurer le registre exact des feuilles, à d'autres moyens que celui de l'emploi des pointes L, L, par exemple à des lignes placées en saillie sur la table de la boîte, sur les côtés du plioir et parallèles avec lui, mais tous ces moyens sont faciles à imaginer.

» Jusqu'à présent on n'a encore formé qu'un pli, et la feuille est toujours dans la chambre étroite de la boîte dans laquelle elle a été introduite par la fente K, K. Il s'agit de la plier une seconde fois. R, R^1 sont des couples de roues d'angle, les unes calées sur l'arbre principal, les autres sur un arbre vertical Q, et qui servent à rendre synchrones les mouvements de ces deux arbres. R^2 est une barre à faces parallèles qui glisse dans les colliers S, S et se relie par une articulation T au second plioir U, ainsi qu'on le voit dans la figure 6, et séparément avec les pièces qui en dépendent dans la figure 7. V est un bras fixé sur l'arbre vertical Q et qui, lorsque celui-ci tourne, vient frapper un autre bras W attaché à la barre R^2, la chasse en avant en la faisant avancer de la droite à la gauche de la machine, ce qui met en action le second plioir et le fait marcher d'un quart de cercle vers la droite.

« Le mouvement de ce plioir fait pénétrer la feuille de la chambre étroite, où elle était, dans une autre chambre étroite semblable, et horizontale, formée sur un des côtés de la première. Aussitôt que le bras V cesse d'être en prise avec le bras W, la barre R² et le plioir sont ramenés à leur première position par les ressorts en spirale X, X, et ce second pli terminé, la feuille est alors pliée en quatre; le plioir étant ramené à son tour, la feuille reste dans la seconde chambre étroite perpendiculaire à la première.

« La figure 8 est une vue détachée du troisième plioir *a* ; il a son axe ou ses appuis en *b*, *b* et se relie par une articulation *c* à une barre à faces parallèles *d* qui glisse de haut en bas dans les guides *e*, *e*. *f* est un bras du levier fixé sur l'arbre principal C et qui, lorsque celui-ci tourne, vient frapper contre le mentonnet *g* fixé sur la barre *d*, relève celle-ci, qui, par l'intervention de l'articulation *c*, fait marcher le plioir de haut en bas dans l'étendue d'un quart de cercle, de manière que la feuille, déjà pliée en quatre dans la seconde chambre étroite entre et pénètre dans une troisième chambre étroite, formée sur une des parois de la seconde. L'abattage de ce troisième plioir *a* amène la feuille pliée trois fois ou en huit feuillets entre la première paire de rouleaux *h*, *h*, que font tourner constamment deux roues d'angle *i*, *i'* qui ont des diamètres différents, de manière à pouvoir augmenter la vitesse des rouleaux et débarrasser plus promptement la machine du papier qui la traverse.

« Le mouvement est communiqué au premier rouleau *h'* sur l'axe duquel est placée une des roues d'angle, aux autres rouleaux, simplement par le frottement au contact des surfaces. Les deux rouleaux extérieurs sont recouverts de drap et pressés fortement l'un sur l'autre à l'aide de deux vis de calage *k*, *k*, tandis que ceux du couple intérieur sont maintenus à distance et sans se toucher. Au moyen de cette disposition, le couple intérieur saisit la feuille pliée sans pincer le plioir, et la transmet au couple extérieur où elle est plus ou moins pressée suivant que l'exige la nature du travail. Aussitôt que le bras *f* abandonne le mentonnet *g*, la barre *d* et le plioir *a* reviennent par l'effet du contre-poids *d'* à leur première position.

« Pendant l'intervalle de temps où les différents plis ont été effectués, une autre feuille est placée sur la machine par l'ouvrier, et c'est de cette manière que le pliage des feuilles se poursuit sans interruption, un seul ouvrier pouvant alimenter la machine au taux variable de un mille à deux mille feuilles par heure.

« On peut faire tourner l'arbre principal de la machine à la main ou par une force mécanique.

« Dans la marche qu'on vient de décrire, toutes les pièces qui effectuent les mouvements du premier et du second pliage sont fixes et exigent rarement qu'on les ajuste une fois qu'elles ont été mises en place ; mais le troisième plioir et les pièces qui le mettent immédiatement en action sont assemblés sur une plaque mobile *l* qui glisse dans deux guides *m*, *m*, et qu'on fait marcher à l'aide d'une vis et d'une manivelle *n*, de manière à faire avancer le plioir, les rouleaux, etc., vers la droite ou vers la gauche et régler ainsi la position de ce plioir, suivant la marge ou autre indication quelconque du papier qu'on veut plier.

« Au lieu de faire relever la lame ou plioir E qui

sert à donner le premier pli ou à plier le papier en deux par des ressorts pour l'amener dans une position haute toute prête à mettre une feuille dessous, on peut attacher un contre-poids au bras court J, ce qui produira le même effet que les ressorts. Le retour du second plioir peut aussi s'opérer avec une bande de caoutchouc vulcanisé ou tout autre ressort propre à remplacer le ressort en spirale indiqué dans les figures. »

Une autre machine anglaise, construite par Birchall, qui l'envoya à l'exposition de Londres de 1851, a longtemps servi à plier les feuilles de l'*Illustrated London news*. Dans cette machine, chaque pli est formé par une lame ou plioir en mouvement alternatif qui commence à plier le papier, et aussi par une couple de rouleaux qui complètent le pli. La feuille qu'il s'agit de plier est déposée sous le plioir alternatif qui, en descendant, la fait fléchir au milieu, rapproche ses deux moitiés et fait pénétrer le pli entre une couple de rouleaux horizontaux et tournants. Ces rouleaux la font descendre entre deux séries de rubans sans fin et en position convenable pour être saisie par un second plioir et une seconde couple de rouleaux qui lui donnent un pli à angle droit avec le premier. Le troisième pli se forme de la même manière.

D'autres machines analogues ont figuré aux différentes expositions universelles; mais nous ne sachions pas qu'aucune ait eu un succès pratique durable. Celles dont on a essayé de tirer parti n'ont guère pu être utilisées que par des éditeurs de journaux.

2. Machines à coudre.

Ces machines sont assez nombreuses. Il en sera question au chapitre relatif à la *Reliure* mécanique.

3. Brocheuses mécaniques.

Nous avons dit que ces machines plient et cousent. La plus ingénieuse est probablement celle de Sulzberg et Graf, de Frauenfeld, en Suisse, qu'on a vue à Londres en 1862.

« Par les moyens ordinaires de pliage et de brochage, une ouvrière habile, travaillant dix heures par jour, ne peut plier plus de 5,000 feuilles, et le même temps lui est nécessaire pour le brochage de ce même nombre de feuilles; de sorte qu'en somme c'est 2,500 feuilles qu'elle peut plier et brocher par jour.

« Au moyen de la machine en question, desservie par deux jeunes garçons, dont l'un donne le mouvement et dont l'autre alimente de feuilles à ployer, on arrive à plier et brocher, dans une journée, avec la plus grande exactitude, environ 10,000 feuilles.

« Cette machine est indiquée par les figures 9, 10 et 11, planche première.

« La figure 9 en est une vue en élévation, du côté de la transmission de mouvement; la figure 10, une vue de face; et la figure 11, un plan ou section horizontale faite à la hauteur de la ligne 1-2 de la figure 9.

« Elle se compose d'un bâti en fonte composé de deux flasques verticales A A, assemblées par des entretoises et des cintres de même métal et une table intermédiaire B. Au-dessus de cette première table est montée une table supérieure A' A' se raccordant avec la première par les montants extrêmes C C, et par deux montants intérieurs D, D, lesquels présentent une ouverture étroite verticale *d* pour le passage d'un couteau de pliage.

« La table supérieure A' A' est percée d'une ouverture longitudinale qui permet aussi le passage d'un second couteau de pliage. Ces deux couteaux manœuvrent dans des sens perpendiculaires.

« Enfin, après cette double opération, la feuille est amenée en regard et parallèlement à l'axe de deux cylindres, où elle reçoit l'action d'un troisième couteau qui achève la triple opération du pliage.

« Le premier couteau I, disposé au-dessus de la table A', agit verticalement en descendant. A cet effet, il est monté sur une douille *g* fixée par deux écrous sur une tige verticale I'. qui traverse des guides *i*.

« Cette tige, qui transmet le mouvement au couteau supérieur I, est reliée, d'une part, par une corde passant sur une poulie *g'*, à un ressort à boudin *b* fixé en un point du bâti, et, d'autre part, par une chaine b' qui s'enroule sur une poulie *c*, dont l'axe porte une roue dentée *e*.

« L'axe de cette roue porte un petit levier *o* qui appuie sur un ressort fixé au bâti ; ce levier empêche que la poulie ne cède au mouvement du ressort *b* qui tend à la faire tourner.

« On comprend déjà qu'un mouvement imprimé à la roue dentée *e* puisse faire enrouler la chaîne *b'* sur la poulie *c*, et transmettre un mouvement vertical de descente au couteau I, qui se relèvera ensuite sous l'effort du ressort *b*. Pour qu'il puisse opérer sa descente, la table A' est percée d'une ouverture convenable dans laquelle il s'engage et qui a pour objet aussi de maintenir verticale la feuille soumise à un premier pliage, afin qu'elle puisse recevoir l'action du deuxième couteau vertical I^2.

« Ce couteau est monté sur une crémaillère horizontale F se manœuvrant dans les coulisses de la table B. Cette crémaillère est actionnée par une roue *f*, dentée seulement sur une certaine partie de sa circonférence, afin que ses dents n'engrènent que pour faire avancer la crémaillère de gauche à droite et que celle-ci puisse revenir ensuite de droite à gauche, sous l'action du ressort à boudin *h*, réuni à la crémaillère par une corde passant sur la poulie *f'*. Le deuxième couteau est guidé dans son mouvement de va-et-vient par une rainure *d* ménagée dans l'épaisseur des montants D.

« Derrière ces montants sont disposés deux cylindres *m* et *m'*, garnis de feutre, qui sont animés d'un mouvement de rotation au moyen de roues dentées calées sur leurs axes, et qui reçoivent le mouvement des organes de la machine, ainsi que les roues *f* et *e*, comme on le verra ci-après.

« La roue *f* porte d'ailleurs, à sa circonférence, une rainure qui permet le passage de la crémaillère, afin que celle-ci puisse se mouvoir sans entraîner cette roue. La feuille, après son deuxième pliage, vient s'appliquer contre les cylindres *m* et *m'* et parallèlement à leurs axes, pour être soumise à l'action du troisième couteau I^2 monté, à la hauteur de la jonction des cylindres *m* et *m'*, sur une pièce horizontale glissant dans des coulisses.

« Cette pièce est munie d'un goujon sur lequel agit un excentrique calé sur un arbre vertical aussi actionné par les organes de la machine. Un ressort à boudin *h* enveloppe la tête du guide du troisième couteau et le sollicite toujours à revenir en arrière, après qu'il a été poussé en avant pour opérer le troisième pliage de la feuille s'engageant alors sous le cylindre qui accuse en définitive les pliures.

« Les divers mouvements pour la manœuvre de ces couteaux s'opèrent ainsi :

« Sur un arbre *r* est calé un volant *l* et un pignon *k* qui transmet son mouvement à une roue *q* calée sur un axe *v v* dont les extrémités portent des secteurs dentés q^1 et q^2, qui engrènent avec les roues *e, p* et *x*.

« Le secteur denté *q'* donne le mouvement à la roue *e*; la chaîne *b* s'enroule alors sur la poulie *c* et tirant à elle la tige à laquelle est fixé le couteau I, pour opérer la première pliure; le secteur quittant la roue *e*, le ressort *b* agit, soulève le couteau, et, à bout de course, le petit levier *o* maintient l'arrêt de la roue *e*.

« Après la manœuvre du secteur q^1, c'est le secteur q^2 qui agit pour donner le mouvement à la roue *p*, et, par suite, à celle *f*, qui actionne la crémaillère F munie du deuxième couteau I_2. L'action de ce couteau a lieu verticalement en avançant de gauche à droite (fig. 1), et son retour en sens inverse par l'influence du ressort *h*.

« Le troisième couteau est actionné par la roue *x*, qui donne le mouvement à une paire de roues d'angle *r'*; l'une d'elles est montée sur l'axe vertical *t*, muni de l'excentrique *y*, qui agit sur le goujon de tête de la glissière munie du troisième couteau, glissière également soumise à l'action du ressort *n*, qui en opère le retrait et, par conséquent, celui du couteau I^2.

« La roue *x* porte sur son axe le double système des roues coniques *z* et z^2 disposées comme la roue *f*, qui actionne la crémaillère F, c'est-à-dire accusant l'absence d'une partie de la denture pour en permettre le dégagement sous l'influence des ressorts actionnant les arbres qui en reçoivent le mouvement. La première engrène avec la roue w ; elle porte un creux interrompant les dents pour que son axe puisse faire un quart de tour sans entraîner la roue w. L'axe de cette roue porte à son extrémité une roue z^2 qui, là, aide des roues v^1 et v^2, donne le mouvement aux cylindres m et m'.

« Sur l'axe t, au-dessus de la plaque B, sont calés trois excentriques y, y^1, y^2, dans différentes positions les uns par rapport aux autres. Ces excentriques ont pour objet de faire mouvoir tour à tour :

« 1° Un guide o, à l'angle duquel sont placées les aiguilles qui doivent assembler les feuilles par des brins de fils ;

« 2° Le guide o^2 qui porte le couteau I^2 ;

« 3° Le guide o^3 portant la filière x^1, qui doit fournir le fil alimentaire pour le brochage.

« Avant que la feuille ait reçu le troisième pliage, elle est brochée, ce qui a lieu de la manière suivante :

« En actionnant le volant l, le segment q^2 donne le mouvement à la roue x et opère, par suite, les mouvements qui en dérivent.

« A la première demi-révolution de cette roue et de l'axe qui la porte, l'axe vertical t opère une révolution entière en communiquant ce mouvement aux trois excentriques y, y^1 et y^2.

« L'excentrique y atteint d'abord le point le plus élevé, et les aiguilles, qui ont été munies d'un bout de fil et disposées horizontalement dans un guide o, au-dessous de celui qui actionne le troisième couteau, traversent la feuille en entraînant les extrémités du fil.

« Cette opération a lieu un peu avant l'action du couteau I^2, qui vient ensuite; dans le retour de son guide, les aiguilles reviennent, mais le fil reste en arrière; l'excentrique y^2 fait avancer la filière x' vers une paire de ciseaux s^1, disposés pour s'ouvrir sous l'action des ressorts. Un anneau dont le mouvement s'opère par l'action de l'excentrique, ferme ces ciseaux, et le fil est coupé; la filière revient alors en arrière, sollicitée par un contre-poids s^2, dont la chaîne passe sur une poulie pour se rattacher aux guides de la filière x^1.

« Les bouts de fil qui dépassent la pliure se collent dans l'assemblage général d'un certain nombre de feuilles. »

En résumé, à mesure qu'elles sont pliées, piquées et satinées, les feuilles tombent dans une boîte, après quoi on les réunit en volume, au moyen d'un peu de colle-forte, qui colle sur le dos toutes les extrémités de fils qui sortent de chacune d'elles. Il ne reste plus, après le séchage, qu'à appliquer la couverture. On obtient ainsi une brochure d'une apparence satisfaisante, mais qui est loin d'être aussi solide que celle que donne le procédé ordinaire, où toutes les feuilles sont cousues avec le même fil.

MM. Koch et Cie, de Leipzig, sont également inventeurs d'une machine à plier, piquer et mettre en presse les brochures et les livres peu épais, et comme cette machine ressemble, dans beaucoup de ses détails, à celle de MM. Sulsberg et Graf, nous n'en ferons pas une description aussi étendue que pour la précédente.

« Cette brocheuse, qui est représentée en perspective dans la figure 12, même planche, est construite entièrement en fer et plie environ 1,000 feuilles à l'heure, les pique et les met en presse, est établie sur deux modèles, l'un pour être manœuvré à la main, l'autre par une force mécanique.

« La machine à plier se compose principalement de deux flasques A, A montées et retenues par des boulons et des écrous sur un patin robuste et rectangulaire B. C'est sur les traverses supérieures C qui complètent et relient les flasques entre elles que sont établis les divers appuis des excentriques, des engrenages, etc. Les traverses moyennes D, D portent la table de pliage ainsi que les organes pour le piquage et la pression.

« Voici maintenant comment s'opèrent le pliage, le piquage et la pression.

« L'ouvrier qui fait le service de la machine place la poignée de papier qu'il s'agit de travailler sur la table *a*, qui, pour plus de commodité, peut être relevée ou abaissée au moyen d'une vis *b*. Il pousse ensuite une à une les feuilles de la table *a* sur la table *c*, et si ce sont des journaux, peu importe que le pli soit opéré plus ou moins exactement, tandis que si ce sont des livres, surtout quand ils ont quelque valeur, il est indispensable que ce pli s'exécute correctement dans la pointure.

« Sur cette table *c c* règne une fente *d*, dans laquelle se meut en va-et-vient, par l'entremise de l'excentrique *f*, un couteau mousse ou plioir *e* qui descend sur la feuille en la pliant en deux jusqu'à la hauteur des traverses D. Arrivée en ce point, un second plioir à direction normale avec le premier, se meut entre les guides *g*, *g*, *h*, *h*, en pliant une seconde fois la feuille en deux. Le troisième plioir se meut d'avant en arrière dans les guides *i*, *i* et amène la feuille ainsi pliée sur le cousoir ou appareil de piqûre K ; un fil déroulé sur une petite navette et enfilé sur deux aiguilles, est tiré, coupé par des ciseaux, puis saisi par des cylindres qui le font passer à travers la brochure, laquelle tombe en *n* pliée, piquée et pressée.

« Un ouvrier peu exercé peut plier, piquer et presser ainsi avec facilité 1,000 feuilles par heure, et un ouvrier habile faire passer 1480 feuilles dans le même temps.

« Lorsque la machine est commandée par la vapeur, on n'a plus besoin du service d'un ouvrier : c'est une pompe à air qui est chargée de poser les feuilles. Une machine de ce modèle fournit par heure 2,800 à 3,000 feuilles très-correctement et carrément pliées, piquées et pressées en brochures de 3, 4 et 5 feuilles. »

§ 4. — TRAVAIL DU CARTONNEUR.

Outre les opérations proprement dites de sa profession, le brocheur est généralement chargé, dans les petites villes, de cartonner les livres à bas prix, de petit format ou de moyen format, tels que les ouvrages scolaires ou les recueils de prières et de cantiques. Il prend alors le nom de *cartonneur ;* mais, comme son travail n'est qu'un empiètement sur celui du relieur, c'est à l'un des chapitres consacrés à ce dernier que nous en parlerons.

A Paris et dans les grandes villes, le cartonneur est un industriel, qui reçoit de l'éditeur les ouvrages en feuilles, qui les broche et les cartonne, en papier ou en toile, et dont les attributions s'arrêtent à l'emploi de la peau, qui concerne exclusivement le relieur.

DEUXIÈME PARTIE

RELIURE

CONSIDÉRATIONS GÉNÉRALES

§ 1. — UTILITÉ ET IMPORTANCE DE LA RELIURE.

Aux yeux de certaines gens, la reliure est un métier de mince importance, qui mérite à peine de fixer l'attention des esprits sérieux. « Cependant, a dit avec raison un savant économiste, elle est digne à tous les égards d'échapper à cet injuste dédain, puisque, s'appliquant à conserver les manifestations les plus brillantes et les plus fécondes de la pensée, elle est le complément naturel de ces merveilleuses inventions qui réunissent dans un magnifique ensemble les efforts des générations, et qui nous rendent, pour ainsi dire, habitants de tous les pays, et contemporains de tous les âges. En effet, il ne suffit pas que l'écriture fixe les résultats des méditations ou des caprices de l'esprit, que le papier les recueille, que l'imprimerie les multiplie, il faut encore que les manuscrits et que les livres échappent à la destructive atteinte du temps, pour que, suivant la sublime expression de Pascal, l'humanité soit comme un seul homme qui vit et qui apprend toujours. Grâce aux feuilles dans lesquelles se reflète et se conserve le travail intellectuel, la meilleure partie de notre être ne meurt pas, alors que disparaît l'enveloppe matérielle destinée à une existence éphémère.

« Est-ce donc une faiblesse de s'appliquer à conserver avec un soin délicat, non-seulement le souvenir, mais la réalité même des plus nobles et des plus agréables sentiments? Rien de plus simple que de se plaire à garder et à parer les objets de notre affection. En est-il une plus pure et plus légitime que celle qui nous met en communication constante avec le rayonnement de la pensée humaine? »

L'art du relieur répond donc à l'un de nos besoins les plus vrais; il est aussi un de ceux qui exigent le plus d'habileté et d'intelligence. Pour se rendre compte de tout ce qu'il a fallu de labeur et d'adresse, de patience et de goût, pour produire une bonne et belle reliure, qui, très-simple en apparence, est le résultat de manipulations nombreuses et compliquées, il est nécessaire de la décomposer par la pensée, quand on ne veut pas la détruire en la disséquant. Alors on est surpris d'y rencontrer une création véritable, et l'art du relieur est d'autant plus parfait qu'il parvient mieux à déguiser les opérations successives qu'il exige. En outre, au lieu d'être uniforme dans les procédés et les résultats, il faut qu'il se plie aux exigences des temps et des productions. Rien de plus commun dans cette branche de travail que les dissonnances et les anachronismes; aucune n'exige autant de sens et de jugement, et c'est pour avoir manqué de l'un et de l'autre que l'on a vu trop souvent des artistes fort habiles, pratiquement parlant, appliquer d'anciennes formes de reliure peu en harmonie ou même sans aucune harmonie avec la nature actuelle des livres et la forme que ceux-ci sont destinés à occuper dans nos demeures. C'est ainsi qu'ils ont reproduit, sans toutefois les calquer servilement, des dispositions empruntées au moyen âge, qui répondaient fort bien aux exigences de manuscrits précieux ou de feuilles de vélin exposées à être gonflées par l'humidité de l'atmosphère, et la pensée ne leur est pas venue de se demander si les livres de notre époque, imprimés à prix réduit sur du papier plus ou moins solide, mais toujours identique, et appelés non à figurer sur des pupitres ou de riches étagères, mais à rencontrer, sur les rayons d'une bibliothèque, le contact immédiat d'autres livres rangés et pressés les uns contre les autres, se prêtaient à de semblables fantaisies d'ornementation et demandaient le même appareil de ferrures en saillie.

On l'a dit bien souvent, et on ne saurait trop le répéter, chaque forme de reliure a eu sa raison d'être : il n'y a qu'à la découvrir. Celui qui est véritablement artiste la trouve sans trop de peine, et il se met ainsi à l'abri de ces erreurs, presque toujours irréparables, qui ne servent qu'à mettre en évidence l'ignorance et le défaut de sens et de jugement de celui qui n'a pas su les éviter.

Avant l'invention de l'imprimerie, quand les livres étaient rares et fort chers, on les traitait comme des espèces de reliques. Aussi rien ne paraissait trop dispendieux pour les conserver. Aujourd'hui, les choses ont changé complétement. La multiplication des livres, leur bon marché relatif, enfin la tendance générale vers l'utile, imposent d'autres conditions. Il faut que le relieur arrive à une production courante qui soit au niveau des fortunes les plus divisées ; il faut qu'il sache donner aux exemplaires qu'on lui confie une forme à la fois simple, élégante et durable ; enfin, il faut que, sans cesser d'être un art, la reliure prenne les allures et crée les procédés d'une grande industrie. C'est pour cela qu'aujourd'hui, dans tous les pays, à côté des modestes ateliers dont le personnel se compose du patron et de quelques aides, souvent même du patron seul et d'un ou deux apprentis, se sont fondés de vastes établissements, véritables manufactures où, sous la direction d'un maître habile, de nombreux ouvriers, toujours chargés de la même opération et secondés, quand la chose est possible, par d'ingénieuses machines, font en fort peu de temps et très-économiquement ce que le travail manuel, tel qu'il a lieu dans les petites maisons, ne saurait produire qu'avec une extrême lenteur et une grande dépense.

§ 2. — DIFFÉRENTES SORTES DE RELIURES.

Les produits de l'art du relieur diffèrent entre eux d'après leur fabrication, qu'elle soit courante, soignée ou riche, l'usage auquel on les destine, le prix de revient et de vente, ainsi que celui qu'y attachent les bibliophiles et les amateurs. Les reliures d'art, que ces derniers recherchent, varient à l'infini, suivant le goût, le caprice et même la mode.

1° Relativement aux procédés, on distingue :

La reliure pleine,	La reliure à dos plein,
La demi-reliure,	La reliure à dos brisé,
La reliure à nerfs,	Le cartonnage ordinaire,
La reliure à la grecque,	Le cartonnage emboîté.

2° Relativement à l'exécution, on distingue :

La reliure d'art,	La reliure de bibliothèque,
La reliure d'amateur,	La reliure à bon marché,
La reliure de luxe,	Le cartonnage.

Nous nous proposons de décrire successivement ces diverses sortes de reliure, dans les articles suivants; nous le ferons aussi brièvement que possible en cherchant à être clair et concis.

1. Reliure pleine, demi-reliure.

La reliure est *pleine* quand elle est tout entière couverte en peau, basane, maroquin, veau, etc. La *demi-reliure* en diffère en ce que le dos seul est en peau; quant aux plats, ils sont en papier ou en toile.

La dorure en peau est antérieure à l'invention de l'imprimerie. Elle a régné exclusivement avec la *reliure en vélin*, jusque vers la fin du siècle dernier, époque à laquelle la demi-reliure, que l'on croit être d'origine allemande, a commencé à se répandre.

Nous venons de parler de la *reliure en vélin*. C'était une espèce d'emboîtage à dos brisé, dans lequel la solidité s'unissait à la légèreté. Les cahiers étaient cousus sur nerfs de parchemin; un carton très-mince supportait le vélin qui formait la couverture, et les pointes des nerfs, passées dans des charnières et collées sur le carton par dessous une bande de papier fort ou de parchemin que recouvraient les gardes, maintenaient le tout. Enfin, des attaches de parchemin fixées sur le dos, et dont les bouts se collaient aussi sous les gardes, ajoutaient encore à la solidité.

2. Reliure à nerfs, reliure à la grecque.

Ces deux reliures peuvent être pleines ou de simples demi-reliures. Ce qui les différencie, c'est que, dans la *reliure à nerfs*, les ficelles des nerfs font saillie sur le dos du volume, tandis que, dans la *reliure à la grecque*, ces mêmes ficelles sont logées dans des entailles appelées *grecques*, en sorte que le dos reste uni.

Dans le principe, on reliait tous les volumes *à nerfs apparents*, cousus sur véritables nerfs de bœuf ou sur cordes à boyaux ; plus tard, tant pour obtenir des dos plus souples que par économie, on remplaça les nerfs de bœuf par des cordes ou ficelles de lin ou de chanvre cablés. La reliure, dite *à la grecque*, paraît remonter à la fin du XVIIe siècle ou au commencement du siècle suivant. On la jugea si contraire à la bonne conservation des livres, que les règlements l'interdirent aux relieurs ; mais les défenses de l'administration tombèrent peu à peu en désuétude et, vers 1762, le grecquage se faisait publiquement.

3. Reliure à dos plein, reliure à dos brisé.

Dans la reliure *à dos plein*, soit qu'on fixe directement la peau sur les cahiers, soit que, pour donner plus de consistance au dos, on le garnisse entre les nerfs de bandes de vélin, la peau qui recouvre le dos du volume forme corps avec lui.

Au contraire, dans la reliure *à dos brisé*, la peau n'adhère pas aux cahiers, le dos étant garni d'une toile recouverte de papier, ou étant simplement garni de papier. Une carte unie ou garnie de nerfs simulés, que l'on nomme *faux dos*, est interposée, de manière que la peau qui recouvre la carte ne tient qu'aux cartons. Cette méthode permet au relieur d'exécuter son travail beaucoup plus rapidement.

Certains relieurs prétendent que cette dernière reliure permet au volume de s'ouvrir avec plus de facilité ; c'est une erreur. On fabrique, spécialement pour les ouvrages de liturgie, des reliures cousues sur nerfs, dont la peau de maroquin ou de chagrin, convenablement parée et grattée, puis directement collée sur les cahiers, laisse au dos une souplesse telle qu'aucune reliure à dos brisé ne pourrait l'atteindre.

4. Cartonnages, emboitages.

Les *cartonnages* et les *emboîtages* sont des reliures très légères et à un prix relativement peu élevé, que l'on applique aux ouvrages de consommation générale ou à ceux que l'on se propose de faire habiller plus tard d'une manière plus sérieuse. Toutefois, il existe une différence très sérieuse entre les uns et les autres. C'est que, dans les cartonnages, la couverture est réellement fixée au volume à la manière ordinaire, c'est-à-dire par des ficelles, tandis que dans les emboitages, la couverture ne tient au livre que par le collage des gardes, lesquelles sont en papier.

5. Reliure d'Art, reliure d'amateur.

L'Art en reliure consiste à reproduire, dans leur forme archaïque, les types admirables des anciens temps. Nos pères nous ont légué des œuvres merveilleusement appropriées aux sujets traités dans les volumes; chaque époque, depuis le premier siècle de l'imprimerie, a son cachet propre. C'est ainsi que nous avons les incunables, aux allures massives et puissantes, les merveilleux joyaux de la Renaissance, et les gracieux bijoux du XVIIe siècle. Jusqu'au milieu du siècle dernier, les artistes de chaque période se sont attachés à habiller le livre selon la forme et l'esprit dans lesquels l'auteur l'avait conçu.

Depuis, il y eut une époque de décadence bien désastreuse pour les beaux livres; mais, de nos jours, une phalange d'artistes, jaloux de leur art et travaillant consciencieusement à le relever, sont parvenus, par une exécution irréprochable et des études approfondies, à réveiller la passion longtemps endormie des amateurs.

A côté de la reliure d'*Art* proprement dite, se place la reliure d'*Amateur*. Cette dénomination générale s'applique à tous les genres de reliure, qu'elle soit simple ou riche, pourvu que l'exécution soit irréprochable, tant sous le rapport du fini et de la solidité que sous celui du goût qui doit présider aux plus petits détails de leur confection.

La reliure d'amateur doit être riche, sans ostentation, sobre de moyens employés, mais visant à la perfection dans le résultat, solide sans lourdeur, en parfaite harmonie avec l'ouvrage qu'elle recouvre, d'un grand fini de travail, enfin d'une exacte exécution des plus petits détails, à lignes nettes et à dessin fermement conçu.

En France, la reliure d'amateur est exécutée par un petit nombre de véritables artistes qui travaillent presque tous eux-mêmes ; aussi tout ce qu'ils produisent est-il parfait. Mais le prix de pareils chefs-d'œuvre est toujours très élevé, quoique peu profitable à leurs auteurs, à cause du temps considérable qu'ils y passent.

6. Reliure de luxe.

En raison des connaissances artistiques qu'elle exige, de l'habileté technique qu'elle réclame et du prix élevé des matières qu'elle emploie, la reliure dite *de luxe* ne peut être abordée que par un très petit nombre de personnes. Elle habille ces livres exceptionnels, missels, antiphonaires, livres de marlage, paroissiens, etc., qui s'allient au travail le plus exquis du fer, de l'acier, du bois ou de l'ivoire, ou qui, enrichis de métaux précieux, de pierreries et d'émaux, ressemblent à des pièces de bijouterie et sont uniquement destinés à rester enfermés dans des écrins. Quand un artiste véritablement digne de ce nom la dirige, elle maintient fidèlement en harmonie les décorations de style avec les époques et les sujets traités, et, bien loin de se laisser absorber par le sculpteur, le ciseleur, le joaillier et le bijoutier, elle les plie, au contraire, aux besoins spéciaux de chacune des œuvres qu'elle a entreprises, et les réduit au seul rôle qui leur appartient, celui de simples auxiliaires. De cette manière, elle ne peut plus être envahie par cette exubérance d'accessoires, qui est toujours un signe de décadence et dénote, chez celui qui l'emploie, un manque absolu de jugement et de goût.

Ainsi que l'a dit un homme d'infiniment d'esprit : « Sachons maintenir la reliure bijou dans l'étroit domaine qui lui appartient. Qu'elle ajoute du charme à la religion des souvenirs, qu'elle prête son concours à des œuvres d'un mérite exceptionnel, ou qu'elle consacre, dans un style sévère, les aspirations religieuses, nous le comprenons ; mais, en dehors de ces limites, elle détruirait l'Art véritable, elle le perdrait dans une recherche futile et prétentieuse ; elle tomberait dans le puéril ou dans le monstrueux, comme on en a vu trop d'exemples à toutes les Expositions. »

7. Reliure de bibliothèque.

Les livres de bibliothèque étant destinés à un usage très fréquent, leur reliure ne peut évidemment être ni aussi parfaite, ni aussi riche que celle d'amateur.

Il est d'ailleurs indispensable que la dépense ne dépasse pas des limites relativement restreintes. Cette reliure doit être d'une structure commode et attrayante, élégante sans prétention, d'un effet à la fois simple et de bon goût, d'une couture très-solide, et néanmoins sans lourdeur, pour qu'on ne risque jamais de voir les pages se détacher. Il faut encore que le livre s'ouvre bien et se maintienne parfaitement fermé, et qu'enfin elle soit faite pour le conserver indéfiniment, et non pour en provoquer ou en hâter la destruction.

8. Reliure à bon marché.

La reliure, dite *à bon marché,* est employée pour les ouvrages des valeurs les plus diverses. Aussi, renferme-t-elle les genres les plus disparates, depuis les cartonnages les plus grossiers jusqu'à ces véritables reliures en peau sciée et à dorure sur tranche qui habillent les petits paroissiens et les recueils de prières à l'usage des enfants. Les seules qualités qu'on puisse raisonnablement exiger d'elle, c'est que le livre soit aussi solide que possible. Pour le reste, on ne peut guère être très-exigeant. Néanmoins, dans les ateliers importants où l'emploi des machines vient s'unir à une division du travail bien organisée, on peut obtenir, et l'on obtient chaque jour, malgré la modicité de la dépense, des résultats excessivement remarquables au quadruple point de vue de l'élégance, de la décoration, de l'effet et de la bonne exécution; mais c'est là seulement où, comme dans ces ateliers, tout est combiné en vue de réduire chaque opération au minimum de temps et d'argent, que de tels résultats peuvent être réalisés.

CHAPITRE Ier.

Matières employées par le relieur.

Ire SECTION

Peaux.

Les peaux qu'emploie l'art du relieur forment cinq groupes principaux, savoir : les *basanes*, les *veaux*, le *maroquin* et ses imitations, le *cuir de Russie* et le *chagrin*. On peut y joindre le *parchemin*. Les *peaux de truies, de phoques* et autres, sont des exceptions ou des singularités.

§ 1. — BASANES.

Les *basanes* sont des peaux de mouton ou de brebis, tannées par le procédé ordinaire, c'est-à-dire au moyen du *tan*, ou écorce de chêne. On les réserve pour les reliures communes ; mais, afin de prévenir l'effet, généralement peu agréable, de leur couleur naturelle, on leur communique les nuances les plus variées à l'aide de la teinture, ou bien on y produit différents dessins par le racinage, la jaspure et la marbrure, opérations qui sont décrites plus loin. Elles reçoivent également fort bien la dorure et l'estampage.

Un fait, cité par M. Ambroise-Firmin Didot, en 1852, peut donner une idée de la quantité de basanes que consomme la reliure. « Parmi les ouvrages que publie notre librairie, dit ce savant éditeur, un seul, l'*Almanach général du commerce*, qui paraît chaque année, et dont la grande dimension exige une peau entière de mouton, exige la dépouille d'un troupeau de douze mille moutons pour recouvrir les douze mille exemplaires qui se vendent actuellement. »

La peau teinte en vert sur chair, qui sert pour la reliure des registres, est également fournie par la race ovine; mais, malgré le nom que lui donnent beaucoup de personnes, ce n'est pas une basane, car, au lieu d'être tannée à l'écorce, elle a été préparée au moyen de l'alun et du sel marin, en d'autres termes, avec la substance que les chimistes appellent chlorure d'aluminium. C'est donc une peau mégie ou mégissée, et non une peau tannée proprement dite.

§ 2. — VEAUX.

Les veaux destinés à la reliure se préparent avec des peaux de veau minces. On les tanne à l'écorce de chêne, puis on les soumet aux mêmes traitements qui servent à donner de la souplesse aux cuirs à œuvre. Les corroyeurs, aux attributions desquels appartiennent ces traitements, s'attachent aussi à rendre l'épaisseur des peaux aussi égale partout que possible, et ils y parviennent en les drayant avec soin, c'est-à-dire en les débarrassant de toutes les chairs inutiles, par l'opération appelée *drayage*.

Les peaux de veau ne s'emploient guère avec leur couleur naturelle. Le plus souvent, on les revêt de nuances artificielles par les procédés de la teinture. On en fait surtout usage pour les reliures d'amateur et de bibliothèque et, en général, pour toute reliure ou demi-reliure sérieuse.

§ 3. — MAROQUINS.

Les *maroquins* sont des peaux fines et molles,

tannées au sumac et teintes. On en distingue deux sortes :

Les *vrais maroquins,* qui se font exclusivement avec des peaux de bouc ou de chèvre ;

Les *faux maroquins,* qui se préparent avec des peaux de mouton, des moutons sciés ou de très-minces peaux de veau.

Les faux maroquins se nomment aussi *moutons* ou *veaux maroquinés.*

Les vrais maroquins sont des peaux de luxe qu'on réserve aux belles reliures. Leur nom vient de celui du Maroc, et il leur a été donné parce que c'est de ce pays que l'art de les fabriquer a été introduit en Europe, du moins en France.

On sait que la découverte de cette branche du travail des cuirs est attribuée aux Orientaux, qui, à l'époque de la conquête arabe, le firent dit-on, connaître aux populations de l'Afrique du Nord.

Pendant longtemps, tout le maroquin employé en Europe, avait une origine étrangère ; on le tirait soit du Levant, c'est-à-dire de la Turquie d'Europe, de l'Asie-Mineure, de la Syrie ou de l'Egypte ; soit des pays barbaresques, c'est-à-dire des régences d'Alger, de Tripoli, de Tunis et de l'empire du Maroc. Depuis le siècle dernier, les choses ont tellement changé qu'aujourd'hui les Européens en fabriquent infiniment plus qu'ils n'en peuvent consommer, et qu'en outre, quand ils travaillent, avec les soins convenables, des peaux bien choisies, ils obtiennent des produits toujours égaux et le plus souvent très-supérieurs à ceux des Orientaux.

Les peaux qui donnent le meilleur maroquin et le plus solide, proviennent du Maroc, de l'Espagne et de l'Algérie. Cela provient de ce que les chèvres de ces pays sont plus grandes et plus fortes que celles de nos contrées du Nord, et qu'en outre l'action du climat, tout à la fois chaud et sec, sous lequel elles vivent, communique à leur peau une densité et une dureté que ne peut jamais acquérir la peau des chèvres des régions plus ou moins froides et humides. Pour la même raison, en France, les peaux des chèvres des départements montagneux du Midi valent infiniment mieux que celles des autres départements. Au reste, en général, tous les pays de plaine et du Nord ne produisent que des peaux de fort médiocre qualité.

La grosseur de ce qu'on appelle le *grain* du maroquin est due au plus ou moins d'épaisseur et de grossièreté des peaux. Plus donc la peau est épaisse et grossière, plus le maroquin qui en est fait a le grain gros et réciproquement. Le maroquin gros grain, di *du Levant*, doit uniquement à cette cause, et non à un travail particulier ou à une préparation tenue secrète, l'aspect qui le caractérise. Comme tous les autres maroquins que l'on tire encore des pays orientaux, il n'a réellement d'autre mérite que de venir de loin. On peut même dire que la plupart des maroquins qualifiés *du Levant* sont tout simplement de beaux maroquins français qu'on a débaptisés pour satisfaire la fantaisie des consommateurs.

Ainsi que nous venons de le dire et que nous ne saurions trop le répéter, les produits des maroquiniers européens, surtout ceux des maroquiniers français, valent toujours ceux des Orientaux, quand ils ont été préparés avec soin; ils leur sont même généralement supérieurs. Dans tous les cas, ils ont sur eux l'avantage de présenter presque toutes les teintes de la palette la plus riche, tandis que ceux des Asiatiques ne sortent jamais d'un très-petit nombre de couleurs, invariablement les mêmes.

En raison de son prix élevé, le maroquin ne peut être employé que pour les reliures soignées, par conséquent coûteuses. C'est en vue des reliures communes ou mi-communes qu'on a imaginé les *Moutons maroquinés.* Ces peaux se travaillent de la même manière que celles de chèvre, et, quand elles ont été préparées par des ouvriers habiles, elles imitent assez bien ces dernières. Après les avoir teints, on les imprime quelquefois sur chair pour simuler le velours.

Les *moutons dédoublés,* ou *sciés,* ne sont autre chose que des moutons maroquinés, divisés dans leur épaisseur. Cette opération s'effectue avec des machines spéciales, dites *à refendre.* On obtient ainsi deux peaux d'une seule, quelquefois même trois. Chacune de ces peaux est nécessairement d'une extrême minceur, mais, comme elle coûte fort peu de chose, elle peut servir pour les reliures à bon marché.

§ 4. — CUIR DE RUSSIE.

Sous le nom de *cuir de Russie,* on désigne un cuir qui joint à une odeur particulière, assez agréable, la triple propriété d'être imperméable, de ne pas moisir dans les lieux humides et de repousser les insectes; on lui donne ce nom parce que, jusqu'à présent, il a été presque exclusivement fabriqué en Russie. On l'appelle aussi *cuir de roussi,* parce qu'il est le plus souvent teint en rouge roussâtre, mais rien n'empêche de lui donner d'autres couleurs.

En raison des propriétés qui viennent d'être énumérées, on choisit souvent le cuir de Russie pour les reliures de bibliothèque et, en général, pour les livres dont on veut assurer plus particulièrement la conservation. Dans tous les cas, c'est une matière de luxe.

Le cuir de Russie se prépare avec des peaux de cheval, de veau et de chèvre; pour la reliure, on emploie seulement les veaux minces et les chèvres. Pour matière tannante, on fait usage d'écorce de saule, de pin ou de bouleau, ou d'un mélange de ces trois écorces. Quant à l'odeur qui le caractérise, on la lui communique en l'imprégnant, du côté de la chair, d'une huile empyreumatique provenant de la distillation de l'écorce de bouleau. Cette huile, qu'on appelle vulgairement *huile de Russie,* doit elle-même sa propriété aromatique à un principe particulier qui a reçu le nom de *bétuline.* Enfin, la couleur roussâtre se donne avec une décoction de santal rouge et de bois de Brésil dans l'eau de chaux.

Depuis plusieurs années, on imite à Paris, à Vienne et à Londres, le cuir de Russie, et les imitations sont quelquefois aussi belles et aussi durables que les produits d'origine russe, dont elles ont d'ailleurs les autres propriétés.

§ 5. — CHAGRIN.

Comme le maroquin, le *chagrin* est encore une invention orientale. Ce qui le caractérise, c'est qu'il est grenu d'un côté, c'est-à-dire couvert de petits tubercules arrondis.

En Perse, en Turquie, dans l'Asie-Mineure, où on l'appelle *saghir* ou *sagri,* on prépare le chagrin avec la partie de la peau de cheval et d'âne sauvage qui recouvre la croupe de l'animal. Pour matière tannante, on se sert de tan de chêne ou d'alun. Enfin, on produit le grain d'une façon assez bizarre. Après avoir ramolli la peau, on l'étend dans un châssis, puis on répand, sur le côté de la chair, la semence dure et noire de l'Arroche sauvage (*Chenopodium album* des botanistes), après quoi on la piétine pour y faire bien pénétrer les graines, et l'on fait sécher. Quand la peau est devenue sèche, on la secoue pour en faire tomber les semences ; elle paraît alors criblée de petites cavités produites par la pression des semences. Plus tard, à la suite de certaines manipulations, toutes ces parties déprimées augmentent de volume et, en se soulevant, donnent naissance aux tubercules que l'on veut produire.

La fabrication du chagrin existe en Europe, notamment en France, depuis une cinquantaine d'années au moins, mais elle n'y a pris quelque importance qu'après 1830. Elle n'emploie, du moins pour la reliure, que des maroquins ou des moutons maroquinés.

Dans le principe, on n'opérait que sur des morceaux découpés à la demande des relieurs, et l'on y faisait le grain, c'est-à-dire les tubercules, au moyen d'une planche gravée que l'on appliquait sur le cuir après l'avoir chauffée à une température peu élevée, et sur laquelle on exerçait ensuite une assez forte pression. Mais ce grain n'avait ni la fermeté ni la régularité désirables ; il disparaissait même en partie entre les mains des relieurs.

Le relieur Thouvenin paraît être le premier qui ait chagriné à la main. Après avoir taillé, encollé et préparé ses peaux, il les roulait avec le liége et la paumelle, et obtenait un grain ferme, serré et à pointe diamantée, qui fut immédiatement recherché par les amateurs. Ce procédé avait cependant deux défauts fort graves : il était long et dispendieux.

Il y avait donc un nouveau progrès à réaliser. On

eut alors l'idée de chagriner les peaux entières après la teinture ; mais le grain, qui ne se forme que par le renflement de l'épiderme du cuir et par un travail très-long, et qui, en outre, exige une grande adresse de la part de l'ouvrier, ne put d'abord s'obtenir que très-imparfaitement. Ce ne fut même qu'après une multitude d'essais que l'on parvint à faire du chagrin de qualité convenable, c'est-à-dire à grain égal, ferme, serré, mat au fond et brillant à la surface.

C'est par un paumelage soigné que le maroquin se chagrine, et l'on se sert, suivant le cas, de paumelles striées en dessous ou de paumelles où les stries sont remplacées par un morceau de peau de chien marin dont les rugosités déterminent la formation du grain. On emploie aussi des cylindres garnis de cannelures très-fines disposées en spirale, et entre lesquels on fait passer les peaux dans des sens différents, mais le grain produit par ces machines, n'a aucune durée, il ne se soutient même pas au travail.

§ 6. — TEINTURE DES PEAUX.

Anciennement, les relieurs teignaient eux-mêmes leurs peaux et, malgré leurs soins, ils ne parvenaient le plus souvent qu'à obtenir des résultats fort imparfaits. La teinture des matières animales et celle des peaux en particulier, présente, en effet, des difficultés nombreuses qu'une pratique constante et des connaissances chimiques très-variées, peuvent seules permettre de surmonter. Nous engageons les relieurs à consulter sur ce point le *Manuel du Teinturier en peaux* qui fait partie de notre *Manuel du Chamoiseur*, et nous pensons qu'ils feront sagement de se procurer uniquement par la voie du commerce les peaux teintes dont ils pourront avoir besoin ; ils éviteront ainsi des déceptions à peu près certaines et, par suite, des pertes de temps et d'argent inutiles.

A propos de la couleur des peaux, basanes, maroquins, veaux, chagrins, M. Ambroise-Firmin Didot, émettait, il y a une vingtaine d'années, une idée ingénieuse qui a été depuis bien souvent mise en pratique, non-seulement pour les livres d'amateur, mais aussi pour ceux de bibliothèque.

« Depuis quelque temps, écrivait-il, mais pour le cartonnage seulement, on a adopté des ornements se rapportant, par le dessin, au sujet traité dans le livre qu'ils recouvrent. Il est désirable que les relieurs, sortant de leurs habitudes routinières, cherchent désormais à donner à leurs reliures un caractère plus particulier. Ainsi, comme principe général, le choix des couleurs plus ou moins sombres, plus ou moins claires, devrait toujours être approprié à la nature des sujets traités dans les livres. Pourquoi ne réserverait-on pas le rouge pour la guerre et le bleu pour la marine, ainsi que le faisait l'antiquité pour les poèmes d'Homère, dont les rapsodes vêtus en pourpre chantaient l'Iliade et ceux vêtus en bleu chantaient l'Odyssée? On pourrait aussi consacrer le violet aux œuvres des grands dignitaires de l'Eglise, le noir à celles des philosophes, le rose aux poésies légères, etc. Ce système offrirait, dans une vaste bibliothèque, l'avantage d'aider les recherches en frappant les yeux tout d'abord. On pourrait aussi désirer que certains ornements indiquassent sur le dos si tel ouvrage sur l'Egypte, par exemple, concerne l'époque pharaonique, arabe, française ou turque; qu'il en fût de même pour la Grèce antique, la Grèce byzantine ou la Grèce moderne, la Rome des Césars ou celle des papes. »

On vient de voir que cette idée de mettre la couleur des peaux en harmonie avec la nature des matières de l'ouvrage, avait reçu d'assez nombreuses applications ; mais, comme il arrive, même aux meilleures choses, elle a été quelquefois singulièrement comprise. Nous n'avons pas oublié l'étonnement dont frappa les gens de goût, à l'exposition universelle de Paris, en 1867, une histoire de Napoléon Ier, envoyée par un relieur anglais qui avait imaginé de la diviser en trois parties égales, rouge, blanc et bleu, croyant sans doute se faire bien venir du public français en lui montrant la réunion des couleurs nationales.

§ 7. — PARCHEMIN ET VÉLIN.

Nous n'apprendrons rien à personne en disant que le PARCHEMIN n'est pas un cuir proprement dit, puisque aucune espèce de tannage ne fait partie de sa préparation. On appelle ainsi toute peau qui a été simplement nettoyée, épilée, débarrassée des parties inutiles, enfin étendue, égalisée et desséchée.

Toutes les peaux pourraient, à la rigueur, être converties en parchemin ; mais, sauf les exceptions, les parcheminiers ne travaillent généralement que celles de mouton, d'agneau, de chèvre, de chevreau et de veau.

On sait que les produits de la parcheminerie forment trois groupes bien distincts : le *parchemin ordinaire*, le *parchemin vitré*, et le *vélin*. Le parchemin ordinaire et le parchemin vitré se subdivisent ensuite, l'un et l'autre, en *parchemin brut* et *parchemin raturé*, lesquels diffèrent en ce que le dernier reçoit des façons complémentaires appelées *raturage* et *polissage*, qui ont pour objet d'en rendre la surface aussi unie et aussi blanche que possible.

Le parchemin ordinaire se fait soit avec des peaux de mouton, de chèvre ou de veau, soit avec des moutons dédoublés. C'est celui qu'on emploie en reliure, et on le choisit brut pour les livres de peu de valeur, et raturé pour les ouvrages plus ou moins précieux. Ce dernier, qui, en raison des opérations complémentaires qu'il a reçues, est plus cher que l'autre, est le plus souvent utilisé pour l'impression des diplômes des universités et des sociétés savantes, et la transcription de certains écrits auxquels on veut assurer une longue durée. Quelques genres de peinture, l'imagerie et la fabrication des fleurs artificielles en consomment aussi une quantité notable.

Il n'y a rien à dire du parchemin vitré, sinon que c'est à lui qu'on a recours pour la garniture des tambours, des timbales, des grosses caisses et des cribles communs, et que selon sa destination, on le prépare presque toujours avec des peaux de veau, de porc, de chèvre, de mouton ou de bouc.

Quant au vélin, il ne se fait pas toujours avec des peaux de veau, comme son nom pourrait le faire croire. On emploie indistinctement les peaux de mouton, de chèvre, de veau mort-né et de veau de moyenne force, et, suivant la peau qu'on a choisie, on l'appelle *vélin mouton, vélin chèvre, vélin veau*, etc. C'est un parchemin ordinaire, mais de qualité supérieure, qui a été raturé des deux côtés, amené partout à une épaisseur parfaitement égale, travaillé avec le plus grand soin, et enfin enduit d'une bouillie de blanc d'argent et de colle de peau. On en fait usage pour peindre et pour écrire. Anciennement, on l'utilisait aussi pour des reliures d'amateur, dont des ornements d'or variaient agréablement l'uniformité.

IIe SECTION

Papier Parcheminé, Ivoire, Écaille, Nacre

§ 1. — LE PAPIER PARCHEMINÉ.

Depuis une trentaine d'années, on fabrique des papiers qui possèdent les qualités essentielles du parchemin et du vélin, et que, pour ce motif, on appelle PAPIERS PARCHEMINÉS. On a proposé plusieurs fois de les substituer, pour des reliures communes, à la basane, au mouton maroquiné, même au veau. Cette idée n'a pas eu encore beaucoup de succès pratique, mais rien ne prouve qu'un jour il n'en soit autrement. Quoi qu'il en soit, nous croyons devoir dire quelques mots de ces produits.

On distingue deux sortes principales de papiers parcheminés, chacune renfermant d'assez nombreuses variétés, de force et de couleurs différentes ; ce sont les *papiers parcheminés* proprement dits et le *parchemin végétal.*

Les *papiers parcheminés* sont des papiers fabriqués à la manière ordinaire, mais avec des soins tout particuliers, des précautions spéciales, et pour la préparation de la pâte desquels on emploie des matières de choix, pour ainsi dire exceptionnelles. Ceux qui sont utilisés en France proviennent de trois ou quatre usines, dont les produits, remarquables pour leur excellente qualité, suffisent largement aux besoins de la consommation.

Le *parchemin végétal,* qu'on appelle aussi *papier anglais*, parce que c'est en Angleterre qu'il a été d'abord produit sur une grande échelle, est tout simplement du papier ordinaire non collé qui a été soumis à l'action de l'acide sulfurique ou à celle d'une solution de chlorure de zinc. On emploie le plus souvent l'acide sulfurique. On le choisit concentré et l'on y ajoute de l'eau pure dans la proportion de 125 grammes pour 1,000 grammes d'acide, après quoi l'on y trempe le papier de telle sorte qu'il soit également mouillé des deux côtés. La durée de l'immersion varie suivant l'épaisseur du papier; elle est d'autant plus longue que celui-ci est plus épais ; dans tous les cas, elle ne doit pas être inférieure à 5 secondes ni supérieure à 20 secondes. Quand le papier a été extrait du bain, on le lave à l'eau froide, et à plusieurs reprises, afin de le débarrasser de toutes les parties d'acide qu'il a pu retenir. Il n'y a plus alors qu'à le faire sécher très-lentement, et l'on obtient ce résultat en le plaçant entre deux pièces de flanelle ou entre plusieurs feuilles de buvard, et posant sur le tout une planche chargée de poids.

Quand le parchemin végétal a été préparé avec tous les soins convenables, il a la couleur, la translucidité, la solidité du parchemin ordinaire, ou parchemin animal, et il peut le remplacer dans toutes ses applications usuelles; il peut même en recevoir d'autres, auxquelles ce dernier serait impropre.

§ 2. — L'IVOIRE.

On sait que l'IVOIRE du commerce est la matière blanche et excessivement dure qui constitue les dents de certains animaux terrestres ou marins, tels que l'Eléphant, l'Hippopotame, le Cachalot, le Morse, le Narval, etc. Celui qu'emploie le relieur est exclusivement fourni par les deux grosses dents, ou *défenses*, qui, partant de la mâchoire supérieure de l'Eléphant, sortent de la bouche, l'une à droite, l'autre à gauche, sur une longueur de 50 centimètres à près de 3 mètres. En conséquence, c'est de lui seul qu'il sera question dans les paragraphes suivants.

Bien que l'ivoire ait la même composition chimique que les os, on le distingue très-facilement de ces derniers. Premièrement, il est beaucoup plus dur et son grain est infiniment plus fin. Deuxièmement, sa coupe transversale présente un tissu losangé, une multitude d'aréoles rhomboïdales, caractère que n'offrent jamais les os.

Il existe deux espèces d'Eléphants : l'Eléphant des Indes, appelé aussi Eléphant d'Asie, et l'Eléphant d'Afrique. L'Eléphant des Indes habite toute l'Asie méridionale, c'est-à-dire l'Inde proprement dite et l'Indo-Chine, plusieurs contrées de l'Asie centrale et les grandes îles de l'Archipel indien. Quant à l'Eléphant d'Afrique, on le rencontre dans toutes les régions boisées du centre et du sud du continent africain, depuis le Sénégal et l'Abyssinie jusqu'au cap de Bonne-Espérance.

Les pays producteurs d'ivoire sont donc très-nombreux ; mais l'ivoire qu'on en retire ne présente ni les mêmes teintes, ni la même finesse de grain, ni la même dureté, etc. De là les différentes sortes d'ivoire qu'on trouve dans le commerce, et dont les unes sont préférables aux autres suivant l'usage particulier qu'on veut en faire. Malheureusement, elles n'ont pas encore été assez complétement étudiées, leurs caractères n'ont pas encore été suffisamment déterminés, pour qu'il soit possible de les distinguer toujours avec certitude.

L'ivoire d'Afrique est généralement regardé comme supérieur à celui d'Asie ; mais le fait est loin d'être établi, du moins pour tous les cas. Quoiqu'il en soit, voici quelles sont les principales sortes commerciales de l'un et de l'autre :

L'ivoire de guinée : il nous arrive de la côte occidentale d'Afrique ; c'est celui qui passe pour le meilleur. Il est très-dur, très-pesant et d'un grain fin. D'abord d'un blond jaunâtre un peu translucide, il devient peu à peu très-opaque. En outre, il blanchit de plus en plus, à mesure qu'il vieillit, tandis que les autres sortes, dans les mêmes circonstances, prennent une teinte jaune plus ou moins foncée.

L'ivoire du Cap : il vient de l'Afrique du Sud et porte le nom de la ville qui est censée le siége principal de l'exportation. Il est moins dur que le précédent et sa couleur varie du jaunâtre au blanc mat.

L'ivoire du Sénégal, l'ivoire d'Abyssinie : ils ont à peu près les mêmes caractères que celui du Cap.

L'ivoire des Indes : il est généralement blanc, mais d'un blanc plus ou moins pur, quelquefois même rosé. Il renferme plusieurs variétés, parmi lesquelles deux surtout sont estimées, savoir : *l'ivoire de Ceylan* et l'*ivoire de Siam.* L'ivoire dit *de Bombay* leur est très-inférieur. En outre, bien qu'il porte le nom d'une ville indienne, il n'a pas une origine asiatique : c'est un ivoire africain qu'on tire de la côte orientale d'Afrique, principalement par Zanzibar.

Quelle que soit la provenance de l'ivoire, qu'il soit fourni par l'Eléphant d'Afrique ou par l'Eléphant d'Asie, quand on scie une dent dans sa longueur, on la trouve souvent colorée intérieurement en plusieurs nuances. Ainsi, certaines parties sont jaunes, d'autres sont rosées, d'autres enfin ont une teinte olivâtre. Toutefois, ces dernières ne se rencontrent que dans les défenses enlevées récemment à l'animal. On ne les trouve jamais dans *l'ivoire mort*, c'est-à-dire dans les défenses dont les possesseurs sont morts depuis longtemps.

L'ivoire à couleur olivâtre est communément désigné sous le nom d'*ivoire vert*. Ainsi qu'on vient de le voir, c'est la partie interne des dents qui ont été arrachées depuis peu de temps à l'animal. Au moment où en débitant une de ces dents, on l'amène au jour, il est plus tendre et se travaille plus facilement que les autres parties de la même dent; mais il durcit peu à peu et, en même temps, il acquiert une blancheur éclatante que l'action de l'air n'altère pas. Ces circonstances le font mettre de côté avec soin, et on le réserve pour les ouvrages de luxe.

Outre l'ivoire vert, il y a aussi un *ivoire bleu*. Ce dernier se retire de dents d'animaux de la famille de notre Eléphant, dont l'espèce a disparu depuis une époque immémoriale et probablement antérieure à l'apparition de l'homme. Ces dents se rencontrent dans le sein de la terre, où, par un séjour de plusieurs milliers d'années, elles se sont lentement pénétrées de sels métalliques qui leur ont communiqué la coloration qui les caractérise. Elles sont surtout abondantes en Sibérie et dans l'Amérique du Nord.

Les relieurs achètent les plaques d'ivoire dont ils ont besoin, chez des marchands qui les leur fournissent toutes prêtes à être fixées sur les livres. Il n'est donc pas nécessaire que nous leur apprenions comment on travaille cette matière. Mais ce qui pourra leur être utile à connaître, c'est qu'il est possible de débiter une dent, non pas de manière à la dérouler, comme on l'a dit improprement, mais à en extraire des feuilles d'une longueur véritablement surprenante. Ainsi, par exemple, nous nous rappelons avoir vu, à l'exposition de Paris, en 1855, une feuille de ce genre qui n'avait pas moins de 2 mètres de long sur 66 centimètres de largeur. Comme ces feuilles sont peu épaisses et très-légères, elles donnent le moyen de mettre à la portée des personnes peu aisées des reliures habituellement assez chères. Cela est infiniment préférable à l'usage, adopté par certains éditeurs, de faire relier les livres de mariage ou de première communion, à bon marché, avec des planchettes de houx ou de quelqu'autre bois analogue, recouvertes d'un vernis qui leur communique une fausse apparence de l'ivoire.

Quelques mots maintenant sur le *blanchiment de l'ivoire* jauni. Beaucoup de procédés ont été indiqués pour cela; mais aucun ne produit des résultats tout à fait satisfaisants, il y en a même dans le nombre dont il faudrait se garder de se servir. En voici un cependant qui, sans être parfait, n'a du moins aucun inconvénient. Il consiste à brosser l'objet d'ivoire avec de la pierre ponce calcinée, réduite en poudre impalpable et délayée dans de l'eau, puis à le renfermer, encore humide, sous une cloche de verre que l'on expose à l'action directe du soleil, pendant plusieurs jours. Au bout d'un certain temps, l'ivoire a repris sa première blancheur et, malgré la chaleur élevée à laquelle il a été soumis pendant son exposition, il est rare qu'il s'y soit produit quelque gerçure.

D'après le chimiste Cloez, on blanchit complètement l'ivoire jauni, et d'une manière beaucoup plus prompte, en le mettant dans une caisse vitrée contenant de l'essence de citron ou de l'essence de térébenthine. Il faut avoir soin que les objets ne touchent pas l'essence, et l'on obtient ce résultat en le posant sur un ou plusieurs petits supports en zinc; sans cette précaution, ils ne manqueraient pas d'être plus ou moins détériorés. Si l'on opère au soleil, trois ou quatre jours suffisent pour que l'ivoire devienne d'une blancheur éblouissante. Si c'est à l'ombre, la durée de l'exposition doit être un peu plus longue.

§ 3. — L'ÉCAILLE

On sait que le corps de la plupart des *tortues* est enfermé dans une espèce de cuirasse et que, comme les coquilles à nacre, cette cuirasse se compose de deux parties bien distinctes, l'une externe, l'autre interne. C'est la partie externe qui constitue L'ÉCAILLE; elle recouvre l'autre sous forme de plaques.

Quand une cuirasse est complète, ce qui n'a jamais lieu chez certaines espèces, elle présente deux pièces principales : la *carapace,* qui protège le dos, et le *plastron,* qui couvre la poitrine et le ventre, lesquelles sont réunies ordinairement par des pièces latérales qu'on appelle *sertissures* ou *onglons.*

La carapace comprend 13 plaques qui tantôt se joignent bord à bord, tantôt se recouvrent légèrement comme les tuiles d'un toit, mais toujours sont soudées et rigides. Le plastron n'en contient que 9 qui, à l'exception d'une seule, sont soudées entre elles ou bien articulées. Leur épaisseur, rarement inférieure à 5 millimètres, dépasse quelquefois 30 centimètres. Quant à leurs autres dimensions, elles varient suivant la taille des Tortues qui, à peine grandes parfois comme la paume de la main, atteignent, dans certaines espèces, une longueur de 1 mètre et demi et une largeur de 2 mètres ; elles varient aussi, dans la même tortue, suivant la place que les plaques occupent.

Sauf de rares exceptions, toute l'Ecaille qu'emploie l'industrie est fournie par les Tortues de mer, plus particulièrement par celles qui appartiennent au genre *caret*, au genre de la *tortue franche* et au genre *caouanne*.

Les Carets habitent l'Atlantique, la mer des Indes et une grande partie du Pacifique. Ce sont des tortues de grande taille dont le poids n'est quelquefois pas inférieur à 100 kilogrammes. Leur écaille est la plus belle qui existe, mais elle est relativement peu commune, parce que les individus les plus volumineux ne donnent guère plus de 2 kilogrammes à 2 kilogrammes et demi de matière qu'on puisse travailler.

Les Tortues franches se rencontrent surtout dans l'Atlantique, la mer des Indes et les mers du Sud. Ce sont également des animaux de grande taille.

Enfin, les Caouannes habitent l'Atlantique et la Méditerranée; l'on en rencontre assez souvent sur les côtes de France et d'Angleterre. Elles sont plus petites que les précédentes ; néanmoins, il n'est pas rare d'en prendre dont la longueur dépasse 1 mètre.

Dans le commerce de l'Ecaille, on divise cette matière en huit sortes, savoir :

La *grande écaille de l'Inde* ; elle est fournie par le Caret. Détachée de la carapace, elle se présente en feuilles épaisses, solides, peu flexibles et translucides. Sa couleur est ordinairement noire avec des taches ou jaspures bien détachées, dont la teinte varie du jaune pâle au brun rouge. Elle renferme plusieurs variétés qui viennent, les unes des mers de l'Inde, de la Chine ou du Japon, les autres des îles Seychelles;

L'*écaille jaspée de l'Inde* : elle est également fournie par le Caret et se tire des mêmes lieux. On la confond souvent avec la précédente, dont elle diffère cependant en ce qu'elle n'est tranlucide qu'aux endroits de couleur claire, et qu'elle est tout à fait opaque dans les parties rembrunies ;

La *grande écaille d'Amérique* : elle provient de la Tortue franche et nous est fournie par les Antilles et la plupart des contrées de l'Amérique du Sud. Ses feuilles sont plus épaisses et plus grandes que celles des autres sortes. Sa couleur, verdâtre au dehors, noirâtre au dedans, est marquée, particulièrement sur les bords, de larges jaspures d'un rouge brunâtre ou d'un jaune citron;

La *grande écaille de tortue franche :* malgré son nom, elle n'est pas fournie par la Tortue franche proprement dite, mais par une autre espèce du même genre. On la reçoit surtout de l'Amérique. Sa couleur est un brun plus ou moins foncé, avec des taches, des bandes ou des marbrures jaunes, rougeâtres ou blanchâtres. Elle est mince, flexible et seulement translucide dans les parties claires ;

La *grande écaille de caouanne* : comme l'indique son nom, elle provient de la Tortue caouanne. A l'extérieur, elle présente un fond brun, noirâtre ou rougeâtre, avec de grandes taches d'un blanc sale et transparentes, et de petites d'un blanc mat et opaques. A l'intérieur, elle est revêtue d'une matière jaune, semblable à une crasse, et si peu adhérente qu'on la détache avec l'ongle ;

L'écaille de caouanne blonde : elle est fournie par l'une des treize plaques de la carapace de la Caouanne. Cette écaille se distingue des autres par sa couleur d'un jaune doré, qui est d'une transparence un peu louche quand la plaque est brute, mais qui devient d'une grande limpidité, quand elle est polie ;

L'onglon sain de l'Inde : cette sorte provient des pattes du Caret. Elle est lisse, de couleur brune et de faibles dimensions ;

L'onglon galeux d'Amérique : cette écaille est fournie par les pattes de la Tortue franche. Les plaques sont formées de deux feuilles d'inégale grandeur, qui se séparent facilement, et dont l'une est blonde et l'autre brune. On l'appelle *galeuse* parce qu'elle est quelquefois couverte d'aspérités qui rendent sa surface raboteuse.

On sait que l'écaille est très-fragile. Elle se laisse heureusement ramollir par le moyen du feu ou de l'eau bouillante, et, en outre, elle se soude sans l'intermédiaire d'aucune autre substance, propriété précieuse dont on tire journellement parti dans l'industrie.

Une feuille d'écaille est-elle plus ou moins bombée ? Il suffit, pour la redresser, de la faire tremper dans l'eau bouillante; puis, quand on la juge suffisamment ramollie, on la place entre deux plaques de cuivre ou de fer bien polies et chauffées à une température de 120 à 150 degrés, et l'on porte le tout sur une presse que l'on serre progressivement.

Pour réunir deux plaques d'écaille, l'opération est également fort simple. Après avoir taillé en biseau l'un des bords de chacune d'elles, on les fait tremper dans l'eau bouillante pour les ramollir. On les retire ensuite, on pose les deux biseaux exactement l'un sur l'autre, et on les maintient en place, en les serrant entre le pouce et l'index, jusqu'à ce qu'ils se soient entièrement refroidis; ou bien, pour hâter ce refroidissement, on les plonge dans l'eau froide. Il n'y a plus alors, pour achever la soudure, qu'à les disposer, comme ci-dessus, entre deux plaques de métal convenablement chauffées et à les soumettre à l'action d'une presse.

§ 4. — LA NACRE

Un grand nombre de coquillages semblent formés de deux parties distinctes, collées l'une sur l'autre, savoir : une intérieure, qui est brillante, d'un beau poli, avec la blancheur et les effets irrisés des perles fines ; et une extérieure qui, rude et grossière, déborde un peu la première. C'est la partie intérieure qui constitue la NACRE. Quand on l'a détachée de l'autre, elle est en plaques de différentes dimensions, suivant l'âge et l'espèce des mollusques. Néanmoins, ces plaques ne dépassent jamais ou presque jamais 22 centimètres de diamètre et 28 millimètres d'épaisseur.

La Nacre la plus belle est fournie par l'*Avicule* ou *Aronde perlière*, c'est-à-dire par le mollusque qui produit les perles. Ce coquillage et les autres animaux du même genre qui sont aussi producteurs de nacre, habitent les mers de presque toutes les contrées chaudes de l'ancien monde et du nouveau.

Il y a plusieurs sortes de nacre. Les plus répandues dans le commerce sont les suivantes :

La *nacre franche* ou *nacre vraie :* elle est en valves aplaties ou très-légèrement concaves. Sa partie intérieure est d'un blanc éclatant et reflète toutes les couleurs de l'arc-en-ciel, mais elle est bordée d'une bande bleuâtre, que précède immédiatement une autre bande un peu plus large et d'un jaune verdâtre. On la trouve surtout dans le détroit de Manaar, entre l'île de Ceylan et la presqu'île de l'Inde. On en reçoit aussi beaucoup des Philippines, des Moluques et des îles voisines;

La *nacre batarde blanche* : les valves sont plus creuses que celles de la précédente. L'intérieur est blanc au centre, puis il passe au rouge, au vert, au bleuâtre, et se termine par une bande jaune, quelquefois verdâtre. Son iris n'est remarquable que vers le bord; il se compose uniquement de rouge et de vert. Cette nacre se tire principalement de Zanzibar et de Mascate;

La *nacre bâtarde noire :* son intérieur est d'un blanc bleuâtre qui s'assombrit sur les bords. Comme celui de la précédente, son iris ne s'aperçoit bien que vers les bords; il se compose de rouge, de bleu et d'un peu de vert. On en distingue deux variétés : la *nacre du Levant,* qui se rencontre dans les mers de l'Inde, et la *nacre de Californie,* qu'on pêche dans le Pacifique, aux îles Marquises et sur les côtes du Pérou, du Chili, du Mexique et de la Californie;

La *nacre d'oreille de mer* ou *nacre d'haliotide :* elle possède un bel éclat et des teintes très-brillantes, mais elle est toujours fort mince. On la reçoit presque exclusivement du Levant, bien qu'elle existe dans toutes les mers des pays chauds, même dans la Méditerranée.

IIIᵉ SECTION

Colles.

Nous ne saurions terminer ce chapitre sans parler des COLLES, dont le choix et l'emploi judicieux font la qualité de la reliure, quels qu'en soient le genre et le prix. Le caractère principal d'une bonne reliure consiste dans la plus grande souplesse des articulations ; il faut, pour l'obtenir, que la colle que l'on emploie réunisse ces deux qualités essentielles : s'attacher d'une façon définitive aux parties avec lesquelles on la met en contact, et conserver après l'emploi une élasticité parfaite. Une colle qui durcit ou qui devient cassante ne peut nullement convenir à la reliure. On doit aussi se méfier des colles vendues à bas prix, qui sont ordinairement mélangées et qui peuvent renfermer des matières contraires au service qu'elles sont appelées à rendre (1).

Colle forte. — La colle forte est celle dont on se sert habituellement pour la reliure ; nous parlerons donc très succinctement de ses propriétés qu'il est utile à tout relieur de connaître, afin qu'il puisse l'employer avec intelligence et discernement.

On fabrique la colle forte avec des rognures de peaux, les cartilages, les os et les débris d'animaux. On obtient, en les faisant bouillir dans de l'eau, une matière translucide qui, en se refroidissant, se prend en gelée de consistance variable, suivant qu'on a em-

(1) Voir pour plus de détails le *Manuel du Fabricant de Colles*, 1 vol. in-18, 3 fr., publié dans la Collection des *Manuels-Roret.*

ployé plus ou moins d'eau. Cette matière est la *gélatine ;* en cet état, elle a encore besoin d'être clarifiée. A l'état de pureté, elle est douée d'une force adhésive considérable. L'eau froide la gonfle, l'amollit et la rend opaque, mais sans la dissoudre. Il est donc avantageux de la plonger d'abord en morceaux dans de l'eau froide, pour la débarrasser des sels solubles qu'elle peut renfermer, puis de la faire dissoudre dans une nouvelle eau à une chaleur douce. Les colles de première qualité absorbent jusqu'à six fois leur poids d'eau ; celles du commerce l'absorbent environ trois fois, et les colles de basse qualité en absorbent encore moins.

Aussitôt qu'il commence à s'en servir, c'est-à-dire après avoir encollé le dos d'un volume, le relieur peut se rendre compte de sa qualité, d'après l'encollage de la veille. Si, en arrondissant le dos pour former la gouttière, les cahiers prennent la courbure voulue sans que la colle se fendille, ou si elle ne s'écaille pas sous le marteau, elle est de bonne qualité. Si, au contraire, lorsque le dos est arrondi, des parcelles de colle s'en détachent, que le tas à arrondir se couvre de pellicules, ou qu'en appliquant sur le dos du volume la main humidifiée par l'haleine on l'enlève chargée d'une poussière fine formée par la colle, il n'y a pas à hésiter, il faut la rejeter : un travail fait avec un produit semblable ne peut avoir la moindre solidité. Les colles de Lyon remplissent les conditions voulues pour faire un bon travail.

Pourtant, toute règle n'étant pas sans exception, on doit faire une réserve pour le collage des toiles françaises et anglaises, qui réclament l'emploi de colles dont l'adhérence et la siccativité soient très rapides ; ces conditions sont absolument indispensables pour leur conserver leur fraîcheur et pour ne pas détruire les dessins gaufrés dont elles sont couvertes. Les colles de Givet remplissent bien ce but.

Les sortes de colle que nous préconisons peuvent paraître chères au premier abord ; mais elles absorbent tant d'eau et elles couvrent avec une couche si mince qu'il y a encore économie à les employer.

Quand on veut se servir de colle forte, on commence par casser en menus morceaux une ou plusieurs tablettes, puis on les jette dans un chaudron en fer, de préférence à tout autre vase. On verse dessus assez d'eau fraiche pour qu'ils soient entièrement recouverts, et on laisse macérer pendant quelques heures jusqu'à complet ramollissement. Alors on fait bouillir sur un feu doux, en ayant soin de remuer continuellement, surtout au fond du chaudron, afin que la colle ne brûle pas ; la colle brûlée répand une odeur très désagréable et perd ses qualités essentielles. Cela fait, on verse la préparation dans un récipient chauffé au bain-marie et on l'emploie tiède à une température telle qu'on puisse y tenir le doigt. Ce degré de chaleur est suffisant pour conserver à la colle toutes ses qualités, sans donner de déchet.

Colle de gélatine. — On emploie cette colle sur la soie ou sur le vélin ; elle sert à encoller les volumes qui ont été nettoyés, ceux qui sont imprimés sur du papier sans colle, ainsi que les tranches de ces volumes en vue de les préparer à la dorure ; on l'emploie encore pour préparer les toiles destinées à être dorées à l'or faux, au moyen du balancier.

On la prépare comme la colle forte. Après l'avoir fait bouillir légèrement, on la passe dans un linge un peu fin. Quand on veut s'en servir, on la chauffe modérément au bain-marie et l'on y ajoute l'eau nécessaire, selon le genre de travail à exécuter.

Colle de pâte ou de farine. — Cette sorte de colle est fabriquée avec de la farine de froment de bonne qualité. Ses différents usages, notamment son emploi au collage des papiers de tenture et des affiches, font qu'on la trouve toute faite et partout chez les épiciers, les marchands de couleurs et les peintres. Cependant, au cas où l'on n'en aurait pas à sa disposition, voici la manière de la préparer :

On prend de la farine de froment pur, dont on verse une certaine quantité dans un chaudron en cuivre et à laquelle on ajoute une petite quantité d'eau fraîche. On continue à ajouter petit à petit l'eau nécessaire, en triturant la pâte avec les mains ou en la remuant avec une cuillère en bois ; ensuite on place le chaudron sur un feu vif, et l'on continue de remuer en tournant toujours dans le même sens et de plus en plus rapidement dès que la pâte s'épaissit. On fait ainsi jeter deux ou trois bouillons, puis on retire le chaudron du feu et l'on continue de remuer encore pendant quelque temps jusqu'à ce que la pâte se refroidisse.

Quand on veut employer cette colle, au cas où la pâte vient à se coaguler, on en place une partie dans une toile à grosses mailles et, en ramassant deux coins dans une main et deux coins dans l'autre, on la tord fortement pour forcer la pâte à traverser les mailles. On obtient ainsi une colle parfaite.

Colle d'amidon. — Beaucoup de relieurs se servent de cette colle pour intercaler entre les cahiers les gravures montées sur onglet, pour la couvrure des peaux en général et pour préparer la peau de veau destinée à être dorée. On la fabrique ainsi :

On prend de l'amidon de froment pur ou de riz, dont la qualité essentielle est de produire une pâte bien grasse. On en met une certaine quantité dans un vase de faïence, puis on y ajoute petit à petit un peu d'eau fraîche, en triturant la pâte dans les mains. On verse alors de l'eau bouillante dans le vase, mais lentement et en remuant continuellement avec une cuillère en bois, puis on laisse refroidir la pâte. On la passe ensuite dans une toile à grosses mailles que l'on tord entre les mains, comme pour la colle de farine ordinaire. Si l'on a opéré avec de l'amidon de bonne qualité, on obtient une excellente colle, que l'on réserve pour les travaux soignés.

Colle de gomme. — Cette colle s'emploie à froid, principalement pour le montage des planches et pour les travaux qui doivent sécher rapidement. Nous l'avons employée avec succès pour des montages sur onglets et pour des agencements d'albums, qui ont pu être cousus immédiatement.

Pour la préparer, on prend une certaine quantité de gomme arabique parfaitement blanche, que l'on place dans un vase en grès ; on y verse de l'eau fraîche, dans la proportion du double en volume de la gomme à traiter, et on laisse macérer pendant un jour ou deux, en remuant de temps en temps, jusqu'à ce que la gomme soit complétement dissoute. On la passe ensuite à travers un linge à larges mailles ou un tamis, et on la conserve jusqu'à ce qu'on s'en serve.

Cette colle se conserve fort longtemps lorsqu'on la tient au frais ; elle s'épaissit à la chaleur par l'évaporation de l'eau qu'elle contient. Au moment de l'employer, on y ajoute l'eau nécessaire, suivant le genre de travail que l'on veut exécuter.

CHAPITRE II.

Atelier et outillage du relieur.

§ 1. — ATELIER

Avant de parler de l'outillage, disons quelques mots de l'atelier. Il doit être absolument à l'abri de l'humidité et orienté de telle sorte que la lumière y pénètre en abondance. Il faut, en outre, qu'il ait des dimensions assez grandes pour que les différentes opérations puissent s'y faire sans gêne, et que les pièces encombrantes de l'outillage soient toujours d'un facile accès.

Outre un *fourneau* pour la préparation des colles, colle forte et colle de pâte, l'atelier doit contenir une ou plusieurs *armoires*, vitrées ou non, pour recevoir, les unes les ouvrages en feuilles et les ouvrages brochés, les autres les ouvrages terminés et prêts à être livrés aux clients. D'autres armoires sont destinées à renfermer les peaux, les papiers et les autres matières dont le relieur peut avoir besoin. Des *tablettes*, fixées solidement contre la muraille, servent au même usage pour celles de ces matières qui ne craignent pas la poussière. Enfin, une ou plusieurs *tables* très-solides et de dimensions variables complètent le mobilier.

§ 2. — OUTILLAGE

Le relieur ordinaire, surtout celui des petites villes. fait tout à la fois la reliure proprement dite, la marbrure des tranches et la dorure. Nous supposerons ici qu'il ne s'occupe que de la reliure. En conséquence, nous ne parlerons que de l'outillage qui lui est exclusivement propre, et nous ne nous occuperons de celui du marbreur et du doreur qu'aux chapitres consacrés à ces deux professions.

L'outillage du relieur se compose des objets suivants :

1° *Pierre à battre.*

C'est un bloc de pierre ou de marbre qui a 85 centimètres de haut sur 40 à 50 centimètres en carré. La pierre de liais est préférable parce qu'elle a le grain très-fin et lisse moins le papier. Il est indispensable que la surface sur laquelle on bat soit unie et parfaitement horizontale.

Pour donner une plus grande solidité à la pierre à battre, on l'enfonce dans la terre de 40 à 50 centimètres. Elle a donc en tout 1^{m} 25 à 1^{m} 35 de hauteur.

2° *Marteau à battre.*

Le MARTEAU A BATTRE, ou *marteau du relieur*, est l'accessoire obligé de la pierre dont il vient d'être question. C'est une masse de fer A (fig. 13), dont la tête B est large et carrée de 11 centimètres environ de côté. Cette partie se nomme *platine;* c'est celle par laquelle on bat ordinairement les volumes. Les vives arêtes de ce carré sont arrondies, afin que les batteurs ne soient pas exposés à couper les feuilles, dans le cas où le marteau viendrait à vaciller dans leurs mains. En outre, la surface de la tête est un peu convexe afin que les ouvriers puissent travailler plus aisément; les relieurs donnent à cette convexité le nom de *panse;* elle est nécessaire, pour que, dans le travail, il porte moins fort sur les bords que vers le milieu. Ce n'est que dans le cas où l'on bat des volumes dont le format est très-petit, comme des in-32 et au-dessous, qu'on peut renverser le marteau et s'en servir, par la partie A, pour les battre; mais il faut que la surface de cette partie soit disposée de la même manière que l'autre côté. Il vaudrait mieux avoir des marteaux plus petits disposés pour cela; car la règle est de ne se servir jamais du marteau ainsi retourné, parce qu'il écrase trop le volume, dont on ne peut pas facilement unir la *battée*.

Le marteau est percé du côté d'une de ses faces d'un trou de 1 centimètre de large parallèle à sa surface, pour y fixer le manche, et à une hauteur telle que les jointures des doigts de l'ouvrier soient suffisamment éloignés du livre pour qu'elles ne puissent pas y toucher; sans cela, il serait exposé à se blesser continuellement. Le manche C est court et gros, afin qu'on puisse le tenir solidement dans la main: il a 19 à 22 centimètres de long, et 3 à 3 centimètres 1/4 de diamètre près de la tête, et un peu plus vers l'autre extrémité. Le marteau pèse, avec son manche, 4 kil. 50 à 5 kil. 50 environ.

3° *Cousoir.*

On appelle COUSOIR le métier qui sert à coudre les feuilles ou cahiers d'un livre. Il se compose (fig. 16) d'une table ou planche *a*, formée ordinairement d'un dessus très-simple, de 2 centimètres d'épaisseur, d'environ 1 mètre de long sur 1m.65 de large. Cette planche est posée fixement sur quatre pieds *b*, *b*, etc., carrés, arrêtés en bas par deux traverses dans lesquelles une barre est assemblée à tenons et mortaises. A 5 centimètres environ à l'extrémité d'un des grands côtés, et à 14 ou 15 centimètres des petits, on a pratiqué une entaille *f*, *f*, de 70 centimètres de long, sur

4 centimètres 1/2 de large, pour recevoir les ficelles *g, g, g, g,* qui doivent former les nerfs.

Le dessus de la table déborde le haut des pieds à peu près de 10 centimètres. A 5 centimètres environ des bords de cette table sont placées deux vis en bois *hi, hi,* posées verticalement, leurs pas ou filets en haut; ces vis ont 65 centimètres de long, dont 44 centimètres de pas de vis; les 21 centimètres restants du bout qui touche la table n'ont point de pas de vis; ils sont taillés à huit pans, et forment ce qu'on appelle le *manche ll* ou la *poignée* de ces vis; le bout se termine par un pivot cylindrique, qui entre dans un trou pratiqué dans la table sans y être arrêté. Ces pivots entrent librement dans leurs trous, et les vis ne sont arrêtées fixement que lorsqu'on tend les ficelles qui forment les nerfs.

Une traverse *mm,* maintient les vis dans une situation verticale; et ses deux extrémités sont percées chacune d'un trou taraudé du même pas que le filet de la vis et qui sert d'écrou. On fait monter et descendre cette traverse selon qu'on tourne d'un côté ou de l'autre les deux vis à la fois, en les prenant par le manche *l.*

Vers le milieu de la traverse sont placés des bouts de ficelle *oo,* noués en forme de boucle, qu'on appelle *entre-nerfs,* et qui sont en nombre suffisant pour la quantité de ficelles, ou *nerfs,* qu'on doit mettre au volume; ils ont été déterminés soit par le nombre de coups de scie qui ont été donnés en grecquant, soit par le relieur qui indique à la couturière le nombre de nerfs qu'il veut avoir lorsqu'il ne grecque pas.

On attache chaque ficelle *g* à l'une des boucles, soit en l'y nouant lorsqu'on met la ficelle simple, soit en l'enveloppant lorsque la ficelle est double. Ensuite on la tend avec la main, et on la coupe à 8 centimètres environ au-dessous de la table du cousoir, afin de l'y arrêter et de la bien tendre au moyen d'une *chevillette.* Ce petit instrument, que l'on voit en A, à côté du cousoir, est en cuivre jaune, long de 6 centimètres et de 4 millimètres environ d'épaisseur; la figure en montre sa forme. On y remarque vers la tête *r*, un trou carré, et l'extrémité opposée se termine par deux branches *ss.*

4° *Etau à endosser.*

C'est un étau véritable, en fer ou en acier, dont les mâchoires ou mordaches ont une longueur en rapport avec les dimensions du volume à endosser, et peuvent être rapprochées à volonté au moyen d'une pédale qui ajoute son action à celle d'une vis de serrage. La figure 40, planche II en représente une.

5° *Endosseuses.*

L'étau convient surtout pour les grands formats. Pour les petits formats et les formats moyens, on emploie de préférence des machines de dimensions relativement très-restreintes, appelées ENDOSSEUSES et dont il existe plusieurs variétés. L'une des plus simples et des plus usitées est l'endosseuse dite *américaine* (figure 30, planche II.) Le volume étant serré à volonté par un mordage mû par l'action d'une pédale, le dos est formé en quelques secondes par l'oscillation circulaire d'un rouleau que l'ouvrier fait mouvoir à l'aide d'un levier.

6° *Presse à rogner.*

Comme son nom l'indique, c'est avec elle que l'on coupe la tranche des livres. Sa construction ne diffère guère de celle de la *presse à endosser* dont nous dirons bientôt quelques mots ; mais elle a des dimensions plus grandes. Elle est représentée figures 31 à 36, planche II, ainsi que son accessoire indispensable, le *fût à rogner*. On en distingue deux sortes : la *presse ordinaire* et la *presse anglaise.*

1. Presse à rogner usuelle.

La PRESSE A ROGNER USUELLE se compose de six pièces :

1° Deux jumelles A B (figure 34), de 1m.17 de long, 18 centim. de large et 14 centim. d'épaisseur;

2° Deux clés de 65 cent. de long et 3 cent. et demi en carré;

3° Deux vis E F (figure 34), dont la longueur totale est de 76 centim. Pour avoir une force suffisante, ces vis doivent avoir 7 centim. de diamètre, et leurs pas être serrés autant que peut le permettre la résistance du bois.

La tête de ces vis est plus grosse que leur corps, afin de bien appuyer contre la jumelle et d'exercer la pression désirable. Cette tête est percée de deux trous diamétralement opposés, dans lesquels on passe la barre C pour faire mouvoir la vis. Elle a environ 17 centim. de long.

Les filets de chaque vis ne descendent qu'à 14 cent. de la tête. Dans cet espace, qu'on appelle *le blanc de la vis*, on a creusé au tour une rainure de 2 centimètres de diamètre et 10 millimètres de profondeur, qui reçoit une cheville de ce même diamètre, sur laquelle la vis tourne, sans que la tête sorte, pour pousser ou attirer l'autre jumelle. La cheville dont il vient d'être question traverse la jumelle de devant. Cette jumelle est renforcée intérieurement par une tringle de bois dur, de 7 millimètres d'épaisseur, dressée en chanfrein, c'est-à-dire plus épaisse vers le bord supérieur de la jumelle avec lequel elle affleure, que par le bas. Cette disposition est nécessaire pour que le livre soit bien serré par le haut où s'opère la rognure.

Un pas de vis exactement semblable est pratiqué dans les trous de la jumelle de derrière, qui sert d'écrou à chaque vis. Au-dessus de cette jumelle est fixé un liteau de bois dur qui sert à diriger le fût du couteau. Ce liteau, de 18 à 20 millimètres de large et 13 millimètres d'épaisseur, est fixé parallèlement à la ligne qui joint les deux jumelles. Il est reçu dans une rainure pratiquée au-dessous du fût, dans laquelle la vis est taraudée.

La presse à rogner se pose à plat sur un *porte-presse* D (figure 34), pour qu'elle se trouve à la hauteur de l'ouvrier. Le porte-presse est une espèce de caisse très-solide qui tout à la fois sert de support à la presse et reçoit les rognures à mesure qu'elles tombent.

2. Fût à rogner, appelé aussi *rognoir*.

Le FÛT A ROGNER est une petite presse destinée à glisser sur la grande, que nous venons de décrire. Il est formé de deux jumelles, de deux clés et d'une seule vis. Ces pièces sont assemblées comme celles de la presse à rogner. La jumelle de devant, contre laquelle appuie la tête de la vis, porte par-dessous le *couteau*. Ce couteau, qui est en acier, et dont le tranchant aiguisé par-dessus en fer de lance, et plat en dessous, est reçu, en queue d'aronde, dans une pièce de fer portée par la jumelle de devant. On le sort plus ou moins, à volonté, et on le fixe à l'endroit convenable, au moyen d'une vis à oreilles, taraudée dans la partie supérieure de la pièce de fer qui le supporte.

La pièce de fer qui supporte le couteau est placée sous la jumelle de devant ; elle est fixée à cette jumelle par un boulon à vis à tête carrée, dont la tige traverse la jumelle à côté du blanc de la vis, et remplace la cheville de bois qui empêche la vis de sortir dans la presse à rogner : elle se loge, comme cette dernière, dans une entaille circulaire creusée au tour. Ce boulon se termine, en dessus du fût, par une vis serrée par un écrou à oreilles.

Le dessous de la plaque dont nous venons de parler est en queue d'aronde ; il reçoit le manche du couteau, qui, ayant une même forme, y glisse librement et sans jeu. L'extrémité du couteau est comprimée, vers son tranchant, par une vis à oreilles, comme nous l'avons dit, pour le fixer au point convenable. C'est un relieur de Lyon qui a imaginé ce perfectionnement; de là est venu le nom de *fût à la lyonnaise*, donné au fût qui présente cette disposition et, qui est le meilleur de tous.

La fig. 31 montre le *fût* hors de la presse. On y remarque la vis *a b*, les deux clefs *e* et *f*, et les deux jumelles *c* et *d*. La jumelle *d* est taillée en dessous en queue d'aronde pour s'engager dans une tringle placée sur la presse à rogner et découpée pareillement en queue d'aronde ; la jumelle *c* porte par-dessous une boîte *n*, en fer et à coulisse, dans laquelle passe à queue d'aronde le couteau *mm*, qui est pressé au point convenable par la vis à oreille *o*.

Fig. 32 et 33. Les deux jumelles *c d* vues de face, un peu en perspective par-dessous. Le trou *g* de la jumelle *d* est taraudé et sert d'écrou à la vis *a*. Le trou *h* de la jumelle *c* n'est pas taraudé; il reçoit le collet de la vis, qui y tourne librement, lorsque l'ouvrier la fait mouvoir circulairement. Les quatre trous carrés *i,i,i,i,* reçoivent les clés *e* et *f*. On remarque aussi sur cette jumelle *c* une coulisse en queue d'aronde *q* et une entaille *p*, dans laquelle se loge la boîte en fer *n* qui porte le couteau à rogner.

La fig. 35 donne une coupe sur une plus grande échelle de la jumelle *c* afin de montrer l'ajustement du couteau à la lyonnaise. On voit en *n* une plaque en fer qui porte par-dessous une rainure en queue d'aronde pour recevoir, pareillement à queue d'aronde, la queue du couteau qu'on avance ou qu'on recule à volonté et qu'on fixe à la longueur convenable par la vis de pression *o*, fig. 32. La boîte *n* reçoit dans un trou carré et à biseaux la tête pareillement carrée et à biseaux du bouton à vis *r* qui traverse la hauteur de la jumelle et fixe cette boîte contre le dessous de la jumelle par un écrou à oreilles *s*, le tout représenté dans la figure 36.

On peut rendre la presse à rogner plus juste (elles ne le sont jamais trop), en fixant une plaque de laiton écroui sur la surface entière de chacune des deux jumelles, ce qui empêche que ces jumelles ne se creusent autant qu'elles le font, à l'endroit où frotte le fût en rognant.

3. Presse à rogner anglaise.

Cette presse, représentée fig. 37, pl. II, a été inventée par M. James Hardie, relieur à Glascow. Une seule vis en fer remplace les deux vis en bois de la presse ordinaire. L'appareil consiste en un châssis carré. Deux des jumelles ont une rainure, ou coulisse intérieure, dans laquelle avance et recule une traverse mobile, suivant l'impulsion que lui donne une vis dont l'écrou est noyé dans la traverse qui ferme le châssis à droite de l'ouvrier. Cette vis est liée par l'autre bout à la traverse mobile, par un collier qui lui permet d'ailleurs de tourner librement. La presse Hardie est plus simple que la presse ordinaire, moins coûteuse, plus commode, mieux appropriée à un travail économique. Néanmoins, elle est peu employée en Angleterre, et elle est presque inconnüe en France.

7° *Grande presse.*

La GRANDE PRESSE du relieur est une presse à vis qui, anciennement tout en bois, est construite aujourd'hui, tantôt en fer seulement, tantôt en bois et fer. En outre, le barreau, employé autrefois pour faire tourner les vis, a été avantageusement remplacé par d'autres mécanismes, balanciers, volants horizontaux avec ou sans poignées, etc. Nos planches représentent quelques-uns des modèles qui sont actuellement en usage.

1. Presse anglaise.

Le dessin (fig. 25, planche II), fait aisément comprendre le jeu et la manœuvre de cette machine.

Quatre jumelles en fer fondu sont implantées dans un plateau solide et fixe. Elles maintiennent un autre plateau mobile. C'est entre ces deux plateaux que les livres doivent être pressés.

La pression est exercée au moyen d'une vis de métal, qui est mise en jeu au moyen d'une roue horizontale dont les dents sont prises dans le filet d'une vis sans fin que l'on fait tourner.

Aucune presse ne tient moins de place que celle-ci. La pression est graduée, uniforme, sans secousse, et convient par conséquent aux délicates opérations de la reliure, bien mieux que les anciennes presses à levier et la plupart des presses actuelles à balancier.

2. Presse à percussion.

Cette presse (fig. 26, planche II) est également tout en fer. Elle offre les mêmes avantages que la précédente, dont elle n'est, en réalité, qu'une heureuse simplification. Comme l'indique le dessin, on la met en mouvement en agissant sur des poignées fixées à la partie inférieure d'un volant horizontal. A cause de la facilité avec laquelle on peut la faire fonctionner et régler son action, c'est celle qu'on préfère aujourd'hui dans un grand nombre d'ateliers.

3. Presse à balancier.

Cette presse (fig. 27, pl. II), qui est aussi tout en fer, peut servir pour presser les livres, et en même temps de presse à dorer.

On applique la pression au moyen du balancier *a*, des sphères *bb* dont il est armé, et des poignées dont celles-ci sont munies. La distance entre les colonnes en fer forgé *c*, *c* est d'environ $0^{m}.60$. Le bloc en fer *d* peut être enlevé pour qu'on puisse insérer les gros volumes, ou remplacé, quand il s'agit de dorer, par des boîtes contenant des objets en fer portés au rouge.

Cette presse et toutes celles du même système ont deux inconvénients assez graves. D'abord, si l'objet qu'on veut presser est élastique, la vis est sujette à remonter après le coup de balancier; en second lieu, lorsqu'on veut appliquer une nouvelle pression, il faut d'abord que la vis desserre pour pouvoir donner une nouvelle impulsion au balancier, desserrage qui peut avoir pour conséquence de déplacer les objets en presse, et d'exiger du temps pour les remettre en place et donner une succession de coups.

En général, les presses à balancier sont plus particulièrement propres à donner une forte pression aux feuilles pliées, qu'on peut ainsi se dispenser de battre.

4. Presse différentielle.

La PRESSE A MOUVEMENT DIFFÉRENTIEL de Hunter, possède la double propriété d'appliquer une pression énergique, et d'opérer avec une grande célérité.

« Dans les presses ordinaires pourvues d'une vis simple, l'action de la vis, par suite de l'antagonisme entre la vitesse et la force, se trouve renfermée dans d'étroites limites, de façon qu'une presse d'une construction déterminée, ne peut être employée qu'à un seul service. Ainsi, par exemple, s'il s'agit de presser du papier mou et doux, pour qu'il y ait économie du temps, il faut que le mouvement soit, au commencement, étendu ou rapide, tant que le papier ne présente encore que peu de résistance, puis, à mesure que la pression augmente, il est nécessaire que la vitesse, c'est-à-dire la descente de la vis diminue, et au contraire qu'on puisse augmenter la pression pour surmonter la résistance croissante. Si donc on fait usage d'une seule et même presse pour presser diverses natures de papier, on perd un temps considérable, quand la vis est d'un pas fin, jusqu'au moment où la platine vient à être mise en contact avec le volume, et cette platine ne marche pas avec plus de célérité à vide que quand la presse est en charge.

« Même dans le cas où une perte de temps est sans conséquence, il faut, quand on veut obtenir une pression très-énergique; faire le levier de presse très-long ou, ce qui est la même chose, la marche de la vis très-lente au moyen d'un pas fin, moyen, toutefois, dont on ne peut user que dans certaines limites, car, dans ce cas, le levier devient d'un grand poids, et exige une vis forte en proportion, et d'un autre côté, le filet doit être assez fort pour pouvoir résister aux efforts auxquels il est soumis.

« La particularité qui distingue la presse à mouvement différentiel de Hunter, consiste dans la combinaison de deux pas de vis différents. La vis différentielle marche, en effet, dans la direction que doit avoir la vis à grande allure, tandis que la vis à petit pas s'avance en même temps en sens contraire. Il en résulte que pendant un tour, le mouvement de vis n'est pas égal à la somme du pas des deux vis, mais bien à leur différence, c'est-à-dire qu'on obtient le même effet que celui que donnerait une vis simple, dont le pas ne serait que la différence des pas des deux vis. On parvient donc ainsi à obtenir cette pression qu'on désire, en réglant convenablement le mouvement réciproque de ces vis.

« La figure 28, pl. II, est une vue en élévation de la presse de Hunter, et la figure 29, une section partielle prise par la vis et l'écrou.

« La traverse A est renflée au milieu, et constitue à son intérieur un écrou taraudé, dans lequel joue la vis B, qu'on manœuvre au moyen du double levier C C. A travers cette vis B, qui est creuse et taraudée aussi à son intérieur, passe la vis massive D D, qu'on fait tourner avec le levier E. Pour relever la platine F F à la hauteur voulue, on fait tourner, au moyen du levier supérieur E, la vis intérieure, et après qu'on a disposé dessous l'objet qu'on veut presser, on la fait redescendre jusqu'à ce qu'elle touche cet objet. A partir de ce point, où l'on a besoin d'une pression plus énergique, on saisit des deux mains les leviers C C qu'on fait tourner, ce qui imprime à la vis D, dans la ligne verticale, un mouvement différentiel dans lequel, à raison du frottement sur la platine F F, elle n'éprouve aucune rotation. Plus est grande la différence entre les pas des deux vis, plus aussi est puissante, dans les mêmes circonstances, la pression produite.

« Ces sortes de presses occupent peu de place, sont peu massives, les filets y sont peu exposés à se rompre, leur manœuvre est simple et rapide, et leur service excellent. »

5. Presse hydraulique.

Les relieurs dont les travaux sont très-considérables, ne trouvant pas assez de puissance à la presse ordinaire plus ou moins améliorée, ont recours à la PRESSE HYDRAULIQUE, la plus puissante de toutes celles qui ont été inventées. Nous ne voulons pas la décrire en détail, car un appareil de cette importance ne pourrait être compris sur les indications sommaires dans lesquelles nous serions forcés de nous renfermer; mais nous en donnerons au moins une idée succincte.

Dans la presse hydraulique, la pression est exercée au moyen d'une platine mobile entre quatre montants en fer; mais à l'inverse de ce qui a lieu dans les presses ordinaires, cette platine exerce la pression de bas en haut, et non de haut en bas.

La puissance de compression vient d'une pompe qui est placée à la droite de la presse, et qui est alimentée par l'eau contenue dans un réservoir situé à proximité et ordinairement sous la pompe. L'eau qu'elle aspire est ensuite envoyée par elle dans la base de la presse sur laquelle elle exerce sa pression. Ce liquide agissant avec une force proportionnelle à la largeur de cette base, multipliée par la force avec laquelle il est poussé, soulève avec une énergie irrésistible le cylindre qui supporte la platine, et par conséquent presse fortement contre la faitière de la presse les papiers et les livres dont elle est chargée. Quand la pression a été poussée aussi loin que le permet le levier ordinaire de la pompe, on y ajoute, si l'on veut, un levier plus long, qui alors est manœuvré par deux hommes.

La puissance de la presse hydraulique est si considérable que, dans les ouvrages communs, on peut épargner les trois quarts du temps nécessaire avec la presse ordinaire. Quand on veut retirer les livres, on ouvre un robinet placé au bas du tube de compression, l'eau s'écoule dans la citerne, la platine s'abaisse, et les livres descendent à la portée de l'ouvrier.

Ordinairement la même pompe sert à faire agir deux presses placées l'une à droite, l'autre à gauche.

Mais nous devons dire que cet appareil doit être manœuvré avec précaution. Il est assez fort pour faire éclater en allumettes une bûche de poêle placée à bois debout. Si l'on poussait la pression sans ménagement, les feuilles finiraient par s'incorporer ensemble de façon à ne pouvoir plus être séparées.

8° *Ais.*

On appelle AIS des planchettes de la grandeur des volumes qu'on travaille. Il y en a donc pour tous les formats. En outre, on en distingue plusieurs sortes, chacune spécialement appliquée à telle ou telle opération, dont on leur donne le nom. En voici l'énumération :

Ais à endosser; ils sont en chêne ou en hêtre et de deux espèces. On appelle *entre-deux,* ceux qui se placent entre les volumes; leur épaisseur est plus grande du côté du mors. On nomme *membrures,* ceux qui se mettent aux deux extrémités du paquet, ou pile, de livres qu'on travaille à la fois; ils sont trois fois plus épais que les entre-deux, et plus épais du côté du mors. Pour que ces derniers puissent résister plus longtemps aux coups de marteau, l'on en consolide le bord supérieur avec une garniture de fer, ce qui les fait alors appeler *ais ferrés,* (figure 65, membrure garnie d'une bande de fer *a, a,* fixée au moyen de vis à bois). L'adoption des étaux à endosser rend inutile l'emploi de ces ais, dont l'assortiment n'est pas l'un des moindres embarras des petits ateliers.

Ais à mettre en presse; ce sont des planchettes de même épaisseur partout et dont on se sert pour mettre les volumes à la presse. Ceux qu'on emploie pour la rognure doivent être recouverts intérieurement d'une bande de papier de verre, qu'on y a collée, pour que les volumes ne puissent glisser.

Ais à brunir; comme leur nom l'indique, ils sont employés dans l'opération du brunissage. Leur épaisseur est plus grande d'un bout à l'autre, pour la tête et la queue des volumes, et plus épais du côté du mors pour la gouttière.

Ais à polir; ils sont destinés à recevoir les livres pour la polissure. Aussi doivent-ils être eux-mêmes unis et même polis. Leur épaisseur est égale partout. Les uns sont en poirier, les autres en carton bien laminé, d'autres enfin en fer-blanc doublé de bois.

Ais à rabaisser; c'est une planche de hêtre bien unie sur laquelle on coupe le carton. On lui donne ordinairement 66 centimètres de long, 22 à 28 centimètres de largeur et 6 centimètres d'épaisseur.

9° *Presses diverses.*

Indépendamment de la grande presse, qui est la presse proprement dite, et de la presse à rogner, le relieur en a deux autres qui ne sont en réalité qu'un seul et même appareil légèrement modifié. L'un est la PRESSE A GRECQUER, l'autre la PRESSE A ENDOSSER toutes les deux en bois et de dimensions en rapport avec celles du volume qu'on veut y placer. Elles consistent en deux pièces jumelles que l'on écarte ou rapproche à volonté en agissant sur deux longues vis, également en bois, placées à chacune de leurs extrémités. C'est dans le vide qui existe entre les jumelles et les vis que se placent les livres à grecquer ou à endosser.

10° *Outils divers.*

Parmi les autres outils, nous citerons encore :

La POINTE A RABAISSER, lame d'acier dont l'extrémité est aiguisée à quatre faces et en pointe, comme un grattoir de bureau. Elle sert à couper le carton sur l'ais dit *à rabaisser.* Cette lame est ordinairement emmanchée entre deux morceaux de bois que serrent plusieurs tours de ficelle. Souvent aussi (fig. 99, pl. IV), et cela est préférable, elle est enfermée dans une gaine ou fourreau de tôle, d'où il est possible de n'en faire sortir que la quantité nécessaire, et de la fixer au point convenable au moyen d'une vis de pression à oreilles. Dans le dessin, *b* est le couteau, *a* la gaine, et *c* la vis;

Le FER A POLIR, lame de fer *a*, (fig. 100, pl. 4) en forme de quart d'ellipse, qui est fixée à l'extrémité d'un manche de bois *c*. Le bord *b* est en forme de biseau, et cette partie est très-unie et parfaitement lisse;

Le POINÇON A ENDOSSER, petit outil composé d'un fer en forme de langue de carpe et d'un manche en bois ;

Le GRATTOIR, outil dont le fer est plat et dentelé;

Le FROTTOIR, outil analogue mais dont le fer est arrondi dans la largeur, à peu près dans la forme du dos d'un livre;

(Ces trois outils sont employés pour l'endossure dite *à la française;* on ne s'en sert presque plus aujourd'hui);

Une ÉQUERRE A REBORDS pour faciliter la rognure à angles droits;

Des VASES pour préparer les couleurs et des *pinceaux* pour les appliquer;

Un GRILLAGE et des BROSSES pour jasper. Le grillage consiste en un cadre en fer, garni de fils de laiton très-rapprochés et muni d'un manche pour le tenir à la main; les brosses sont des brosses ordinaires à longs poils;

Une PIERRE et un COUTEAU A PARER OU PAROIR pour amincir les peaux ; la pierre est une plaque de liais très-fine, de 40 centimètres de long sur 27 de large et 10 d'épaisseur. Le couteau consiste en une lame d'acier plate, longue de 16 à 25 centimètres et large de 6 à 8 centimètres, qui, munie d'un manche de bois d'environ 14 centimètres de long, se termine en un tranchant un peu arrondi;

Plusieurs PALETTES, fers longs et étroits qui servent à dorer les nerfs, en appuyant, sans pousser devant, et à marquer la place des pièces de titre;

Des BRUNISSOIRS D'AGATE de plusieurs dimensions; ces instruments sont vulgairement appelés *dents de loup* à cause de leur forme.

CHAPITRE III

Opérations du relieur

Ire SECTION

Reliure pleine

Les livres arrivent entre les mains du relieur dans l'un des trois états suivants: en feuilles, brochés ou pourvus d'une reliure usée qui doit être remplacée. S'ils sont en feuilles, il faut nécessairement les assembler et les plier, comme il a été dit ci-dessus; s'ils sont reliés, il faut les démonter en prenant toutes les précautions nécessaires pour n'en rien endommager. Nous supposerons qu'il les a reçus brochés. Son travail commence alors par le débrochage, qui est suivi du collationnement, et ce n'est que lorsque celui-ci est terminé qu'ont lieu les opérations de la reliure proprement dite, que nous supposerons *pleine*. Ces opérations se succèdent comme nous l'indiquons ci-après :

1. Le débrochage, le repliage, le placement et le redressage des planches.
2. Le collationnement.
3. Le battage.
4. Le grecquage.
5. La couture.
6. L'endossure.
7. La rognure.

8. Faire la tranche.
9. Faire la tranchefile.
10. La rabaissure.
11. Le coupage des coins
12. Le collage de la carte.
13. Le collage des coins.
14. Le coupage et le parage des coins.
15. La couvrure.
16. Le collage des angles
17. L'achevage de la coiffe.
18. Le fouettage et le défouettage.
19. La mise en place des pièces blanches.
20. Le battage des plats.
21. La pose des pièces de titre.
22. La dorure.
23. Le brunissage de la tranche.
24. Le collage des gardes
25. La polissure.
26. Le vernissage.

§ 1. — DÉBROCHAGE.

Débrocher un livre, c'est en défaire la brochure. On commence par enlever la couverture, mais en agissant de telle sorte qu'il n'en reste, autant que possible, aucun fragment sur le dos. Si l'on éprouvait quelque difficulté de ce côté, on enduirait de colle de pâte les parties rétives afin de détremper, c'est-à-dire de ramollir l'ancien travail, ce qui exige quelques minutes de repos.

La couverture arrachée, on prend le volume par la tranche, le dos en dessus, et de telle sorte qu'il fasse ce qu'on appelle le *dos rond*, afin que la couture devienne parfaitement visible. On coupe alors une ou plusieurs chaînettes de celle-ci, on enlève le fil avec la main gauche, puis avec cette même main, on détache successivement les cahiers, en commençant par le premier.

Les livres déjà reliés ou cartonnés se défont de la même manière; seulement il faut couper les fils presque a chaque cahier et, de plus, on est obligé de détremper plus souvent l'ancien encollage.

§ 2. — COLLATIONNEMENT.

Pour collationner, on saisit le livre de la main gauche, on élève cette main vers l'angle supérieur, et de la main droite on ouvre les cahiers par le dos, en les écartant assez pour pouvoir lire la signature du premier cahier, on laisse alors tomber chaque cahier l'un sur l'autre, et l'on s'assure si les signatures se suivent dans l'ordre voulu.

On examine également si toutes les feuilles appartiennent au même volume. Dans le cas contraire, on suspend le travail jusqu'à ce qu'on se soit procuré la feuille qui manque, et l'on met de côté celle qu'on a de trop, pour la rendre à celui à qui elle apppartient, afin qu'il complète l'exemplaire auquel elle pourrait manquer.

Une autre précaution importante consiste à replier les feuilles qui ont été mal pliées. Enfin, on examine s'il y a ou non des *cartons* à placer.

On nomme *cartons*, des feuillets que l'auteur a eu l'intention de substituer à d'autres qu'il veut supprimer, soit pour corriger quelques fautes typographiques trop importantes ou trop considérables pour faire partie de l'errata, qui se place ordinairement à la fin du volume, soit pour faire quelque changement notable. Les imprimeurs désignent ces cartons par une marque de convention qui est ordinairement un *astérisque*, c'est-à-dire une petite étoile. Cette marque se place à côté de la signature, lorsque la page porte une signature, ou à la place de la signature, lorsque celle-ci ne doit pas se trouver sur cette page. Quelquefois aussi, mais rarement, elle accompagne le chiffre de la pagination.

Dans la vue d'éviter toute erreur dans le placement des cartons, on emploie l'un des deux moyens suivants :

1° Dans le magasin où l'ouvrage s'assemble, on déchire, par le milieu de sa longueur, le feuillet qui doit être supprimé, ce qui avertit le relieur, qui cherche alors le *carton*.

2° On imprime, à la tête du livre, un petit avis au relieur, qui indique les places où il faut intercaler les cartons, les tableaux, les planches, etc..

Quand le relieur a préparé ses cartons pour être mis en place, il coupe, dans la marge du côté du dos, le feuillet qu'il veut supprimer, en laissant, de ce côté, une petite bande qu'on nomme *onglet*, sur laquelle il colle proprement le carton, de manière que les chiffres de la pagination de ce carton tombent exactement sur les chiffres du feuillet qui précède, comme sur ceux du feuillet qui suit. Cette opération se fait plus proprement comme nous venons de l'indiquer, que si l'on avait coupé le feuillet dans le pli du dos sans laisser d'onglet; car alors on serait obligé de coller le carton sur les deux côtés du dos, ce qui serait très-désagréable à la vue, lorsqu'on ouvrirait le livre en ce point.

Les *in-folio* et les *in-quarto* se collationnent avec un poinçon, en soulevant les feuilles ; mais il faut s'abstenir de ce moyen le plus qu'il est possible, afin d'éviter les trous que fait le poinçon.

S'il y a des tableaux à intercaler dans le texte, il faut avoir soin de les coller immédiatement, de la manière que nous venons d'indiquer pour les cartons, c'est-à-dire que l'on forme un pli qu'on colle comme un onglet, en faisant attention que les tableaux soient placés exactement vis-à-vis des pages qu'ils doivent regarder; et si leur *justification* est égale à celle du texte, on les dispose de manière qu'ils soient placés juste sur la justification du texte. Si, au contraire, cette justification est plus grande, en largeur ou en hauteur, que celle du texte, on les plie de façon qu'après les plis ils ne débordent pas, soit en hauteur, soit en largeur, la justification du texte.

Ce que nous venons de dire des tableaux, s'applique absolument aux planches ou gravures hors texte, sauf qu'il ne faut les mettre en place qu'après le battage.

Il est essentiel de faire ici une observation importante. Il n'est pas besoin d'onglet pour les planches *plates*, c'est-à-dire, pour les planches qui n'ont pas besoin d'être pliées. Quand, au contraire, les planches sont plus grandes que la justification du texte, on ne peut pas se dispenser de les plier; alors on ajoute un onglet qu'on met double, afin de conserver au dos la même épaisseur que le volume doit avoir devant, à cause du pli de la planche.

Lorsque le volume contient un nombre considérable de planches ou de tableaux, que l'auteur a eu l'intention de réunir à la fin du volume, le relieur en forme des cahiers de quatre ou cinq planches chacun, plus ou moins, selon le nombre qu'il en a; il coud ces cahiers sur un surjet, dont les points sont distants l'un de l'autre de 4 millimètres environ. Ce sont les fils de ces points qui serviront à les assembler avec le texte de l'ouvrage, quand il s'agira de la couture.

On peut encore monter les planches sur un onglet

à un ou deux plis de retour, ce qui permet de réunir les planches en cahiers ; ainsi établi, le livre s'ouvrira mieux que si les planches étaient surjetées, opération économique qui est souvent cause de la destruction de la reliure.

La manière de plier les planches, pour les placer à la fin des volumes, demande des soins et plus d'intelligence qu'on ne suppose. En premier lieu, il faut toujours les faire sortir en entier hors des volumes, afin que le lecteur puisse les consulter, sans difficulté, en lisant leurs descriptions : pour cela on colle à chacune un morceau de papier blanc d'une grandeur suffisante, si les planches n'en portent pas assez, et c'est sur ce papier blanc qu'on coud, comme nous l'avons dit. En second lieu, il faut avoir soin, en les pliant, de ne faire que la plus petite quantité de plis possible.

Quand on veut faire un atlas particulier de toutes les planches, l'opération donne lieu à plusieurs observations, que nous allons développer.

1° Si les planches sont d'un format in-folio, on peut les réduire en un volume in-quarto, en les pliant par le milieu, bien exactement, et les coller sur un onglet double, afin de conserver toujours la même épaisseur dans le dos et dans la tranche; mais il faut avoir soin de faire ce double onglet assez large, pour que la planche, en s'ouvrant, présente une surface bien horizontale, et ne montre aucun pli dans le dos, qui puisse nuire soit à la lecture, soit au calque si on en avait besoin.

2° On en userait de même si l'on voulait réduire les planches in-4° en un atlas de format in-8°.

3° Dans tous les cas, on ne doit faire que les plis indispensables, et ils doivent être disposés de telle sorte qu'à la rognure on ne puisse pas les atteindre, ce qui couperait les planches.

4° Il est inutile d'ajouter, que lorsque les planches sont réunies en atlas, on n'a pas besoin de les agrandir en y collant du papier blanc, puisqu'elles ne doivent pas sortir du volume, comme celles qui sont placées à la fin ou dans le corps des volumes.

5° On ne doit placer les planches ou gravures, autant que cela est possible, qu'après que le volume est battu. Cette recommandation ne se rapporte qu'aux planches qui accompagnent le texte.

Lorsqu'on a reconnu que tout est en règle, si le livre a été lu en brochure, par conséquent si les feuilles ont été coupées, on visite tous les feuillets l'un après l'autre. On redresse les coins qui pourraient avoir été pliés, et l'on examine si la marge de *tête* est, à peu de chose près, égale partout. Dans le cas de la différence de marge, cela prouverait que les feuilles ont été mal pliées : alors il faut les compasser, afin de ne pas se mettre dans le cas d'enlever au volume entier trop de marge à la rognure, ce qui est extrêmement désagréable.

Pour éviter ce défaut, on examine, sur un feuillet bien plié, quelle est la marge qu'il présente ; l'on ouvre son compas à cette distance ; on plie bien exactement chaque feuillet, en faisant tomber les chiffres de la pagination l'un sur l'autre, et on l'intercalle à sa place, en mettant un peu de colle au dos de la feuille courte. Ce moyen suffit pour coller assez cette feuille courte sur celle qui suit, afin qu'elle ne glisse pas dans les opérations subséquentes, pendant lesquelles on secoue souvent le volume pour en égaliser les feuilles.

On ne rencontre pas, dans un cahier, un feuillet

court, qu'on n'en trouve en même temps un plus long de toute la quantité qui manque au feuillet court. C'est ici que le compas est nécessaire, car si on laissait cet excédant, ce feuillet rentrerait plus que les autres, dans le secouage, et l'ouvrage présenterait une irrégularité insoutenable. Alors on marque, avec le compas, deux points, l'un vers le commencement de la ligne et l'autre vers la fin, et l'on coupe cet excédant avec des ciseaux, ou mieux avec une règle de fer et un couteau, en dirigeant la règle sur ces deux points. On coupe à la fois les deux feuillets l'un sur l'autre, après les avoir pliés avec soin, comme il a été dit ci-dessus.

Par ce moyen, tous les feuillets se présenteront au couteau à rogner à une distance égale, et ils offriront tous une même marge. Les feuillets courts qu'on y remarquera se trouveront intercalés à des distances plus ou moins grandes ; ils ne paraîtront pas lorsque le volume sera fermé : on ne les verra qu'à la lecture. Loin de nuire à la réputation du relieur, comme ils ne seront pas de son fait, ils seront une preuve incontestable des soins qu'il a pris pour corriger la faute commise, avant lui, par la plieuse, faute qu'il lui est impossible de réparer autrement.

C'est pour éviter toutes ces imperfections que les relieurs soigneux préfèrent recevoir les ouvrages en feuilles, afin d'en pouvoir exécuter eux-mêmes le pliage ou du moins le faire effectuer sous leurs yeux.

On ne refait presque jamais le pliage pour les livres déjà reliés. La chose est pourtant possible, mais on n'y a recours que lorsque les ouvrages ont une certaine valeur. Dans ce cas, on obtient une cadence de feuillets qui permet d'en rafraîchir les tranches sans les raccourcir à la vue.

Lorsque toutes ces opérations sont terminées, on doit assurer la solidité du commencement et de la fin du volume. Le meilleur moyen d'obtenir ce résultat, est le surjetage du premier et du dernier cahier. Mais cette méthode, assez dispendieuse, ne garantit que ces deux cahiers; les gardes ne sont pas garanties, malgré la sauve-garde et même à cause de celle-ci, qui se colle à plat sur les gardes.

Il est préférable de garnir les premier et dernier cahiers d'un onglet de 3 à 6 centimètres de largeur, en papier de bonne qualité et d'épaisseur variable, suivant les formats des volumes. On colle cet onglet à la largeur de 2 à 3 millimètres sur la partie antérieure du cahier, puis on le rabat en entier à l'extérieur. Lorsque le pli est fait, on colle, au-dessus et à fleur du dos, la sauve-garde, qui reste mobile et que l'on peut toujours soulever lorsqu'on le veut. Cette disposition permet de placer, après le grecquage, les gardes blanches, qui, autrement, seraient trouées par cette opération. Cet onglet protège les gardes ainsi que les premier et dernier cahiers du volume, ce qui est très important.

Quelques relieurs ont l'habitude, pour les travaux soignés, de coudre les gardes aux volumes ; ce procédé est bon si le papier qui a servi à l'impression est de très bonne qualité, ce qui est l'exception aujourd'hui. En ce cas, on doit intercaler deux gardes l'une dans l'autre, le premier feuillet servant de sauve-garde et le quatrième se fixant par un collage étroit sur toute la longueur du volume.

§ 3. — BATTAGE.

Le BATTAGE a pour objet de rendre toutes les pages parfaitement planes.

Avant de se disposer à battre un livre, le relieur doit examiner si ce livre peut être battu sans risque de faire des *maculatures*, ce qui arrive toujours lorsque l'impression est fraîche, parce que l'encre d'imprimerie, qui est un composé d'huile grasse et de noir de fumée, n'a pas eu le temps suffisant pour sécher parfaitement.

Les indices qui peuvent faire connaître si le volume peut être battu ou non sans inconvénient, sont les suivants :

1° La date de l'impression, que l'on trouve toujours sur la page du titre ; si l'impression a plus d'un an, il n'y a rien à craindre.

2° Les soins qu'on a portés à l'impression, c'est-à-dire si les caractères n'ont pas été trop chargés d'encre ;

3° En flairant le livre à plusieurs endroits : en effet, on distingue parfaitement, par l'odeur, si l'huile de l'encre est sèche ou non.

4° Si le livre a été *satiné*, ce qui se reconnaît aisément ; dans ce cas, on peut le battre avec moins de crainte.

Nous venons de dire qu'on ne bat ordinairement les feuilles, qu'après qu'elles ont été pliées, et lorsque l'impression est parfaitement sèche, afin d'éviter les *maculatures*. Cependant, il y a des circonstances où l'on est obligé de relier un livre immédiatement après son impression. Dans ce cas, il y a des précautions à prendre.

On met le volume dans un four, après que le pain en a été retiré, ou dans une étuve suffisamment chaude, pour le faire sécher. Toutefois, ce moyen n'est pas sans danger, parce qu'il arrive souvent que le papier noircit, ce qui est un grand inconvénient. Il vaut mieux battre les feuilles avant de les plier entièrement. Pour cela, on les plie dans la ligne des pointures seulement, on intercale une feuille de papier blanc dans chacune, et l'on bat les feuilles ainsi préparées. Ce papier reçoit alors les impressions de l'encre.

On doit aussi ne pas négliger de placer une feuille de papier serpente devant chaque planche, parce que l'encre des imprimeurs en taille-douce est beaucoup plus longue à sécher que celle des imprimeurs typographes.

En faisant satiner les planches, on évite cette manipulation, qui a l'inconvénient d'enlever une certaine quantité d'encre. Dans ce cas, on plie les feuilles, on les affaisse un peu avec le marteau, et on les met en presse en petites parties, afin de remplacer le battage, qui doit, du reste, être généralement supprimé.

Décrivons maintenant l'opération du battage. Elle se fait sur la pierre à battre et avec le marteau à battre.

L'ouvrier commence par secouer le volume sur la pierre par le dos et par le haut, afin d'en bien égaliser les cahiers, ensuite il le divise en autant de parties, appelées *battées*, qu'il le juge nécessaire, et qui comprennent d'autant moins de cahiers que l'ouvrage doit être plus soigné. Il se place devant la pierre, en ayant soin de rapprocher les jambes l'une de l'autre, afin de ne pas contracter des hernies, ce à quoi sont fréquemment exposés les ouvriers qui, dans l'intention d'être plus à leur aise, prennent la mauvaise habitude d'écarter les jambes.

Il faut plus d'adresse que de force pour battre.

L'ouvrier doit être seulement assez fort pour soulever constamment le marteau et le laisser retomber presque par son propre poids, bien parallèlement à la surface de la pierre. Il tient la *battée* d'une main, et le marteau de l'autre (fig. 13); le premier coup de marteau se donne au milieu de la feuille, le second et les suivants se donnent en tirant la *battée* à soi, mais de manière que le coup qui suit tombe sur le coup qui précède au tiers de sa distance, afin que le coup suivant couvre des deux tiers le coup précédent, et d'éviter par là de faire des bosses, qu'on appelle *noix*. On tire toujours la feuille vers soi jusqu'à ce qu'on soit arrivé à l'extrémité la plus éloignée du corps; alors on tourne la battée entière du haut en bas, et l'on frappe du même côté en commençant à couvrir des deux tiers le premier coup qu'on a donné, et l'on continue de même avec les mêmes précautions.

On sépare la battée en plaçant dessus ce qui était dessous, on ballotte les cahiers sur le dos et par le haut pour les bien égaliser, on bat comme la première fois, et l'on remet les battées comme elles étaient d'abord; on ballotte de nouveau les cahiers, et l'on termine en donnant quelques coups de marteau pour les bien aplanir.

Pour les livres un peu soignés, on met de chaque côté de la battée une *garde*, ou chemise; on bat, on passe ensuite le premier cahier sous la battée; et l'on bat, puis le deuxième, et ainsi de suite jusqu'au dernier, en battant chaque fois.

L'ouvrier doit bien faire attention que son marteau tombe bien d'aplomb sur la battée; sans cela il risquerait de *pincer* et couperait la battée.

Après le battage, on collationne de nouveau, pour

s'assurer que dans cette dernière opération, les cahiers n'ont pas été dérangés.

Lorsque les battées sont terminées, l'ouvrier les place entre deux ais de la grandeur du volume, et les met à la presse les unes sur les autres. Il les serre fortement, et les laisse ainsi le plus longtemps qu'il peut, trois à quatre heures au moins.

Ainsi que nous le verrons plus loin, dans les grands ateliers, on remplace par un laminage l'opération si longue et si coûteuse du battage, qui serait d'ailleurs impraticable, tant est considérable le nombre des volumes qu'on y relie à la fois.

Observations.

1. Battage en deux temps.

Mentionnons, en passant, un mode de préparation à la reliure qui s'applique surtout aux livres en feuilles, et qui, fréquemment employé autrefois, ne l'est plus ou presque plus aujourd'hui.

Dès que les feuilles arrivent de l'atelier de l'assembleur, elles sont égalisées par corps et debout pour les disposer carrément les unes sur les autres, puis battues, comme on dit, pour les déplisser. Pour cela on se sert d'une pierre à battre dure et à surface bien polie, ou d'une plaque peu épaisse en fer assujettie sur un bloc de bois, et l'on frappe ces feuilles avec un marteau du poids de 5 à 6 kilogrammes, à peu près semblable à celui qui sert à battre les livres, en commençant au milieu des feuilles et gagnant successivement les bords de tous les côtés pour en faire disparaître les plis d'étendage, les rides, les bords plissés, froncés, etc.; seulement si l'impression est assez récente, ce battage doit être exécuté avec modération.

Dans ce battage, qui constitue plutôt une sorte de lissage ou de glaçage, le papier ne doit pas être trop sec et plutôt imprégné d'une légère moiteur, ce qu'on obtient en lui faisant passer la nuit dans un local ou une capacité où règne une atmosphère humide. On pose sous le corps qu'on bat et dessus une maculature bien propre, et l'on bat à coups d'égale force et modérés, surtout sur les bords, où l'on pourrait amener des déchirures.

Si l'opération du battage est trop pénible en raison de la grandeur du format, de l'épaisseur du papier ou de celle des corps, on le remplace par un léger cylindrage entre tôles polies : c'est même ainsi que les choses se font généralement aujourd'hui.

Dès que les feuilles ont été lissées, elles sont pliées suivant le format, on assemble les corps, on collationne les signatures, on met les volumes en presse entre des ais où on les laisse suffisamment de temps pour leur donner le degré de fermeté convenable, puis on procède au battage proprement dit, qui s'exécute comme à l'ordinaire, mais qui devient plus facile et moins prolongé à cause de la première opération qu'on a fait subir aux feuilles.

2. Pose des planches et des gravures.

Quand il y a des planches séparées du texte, quelques relieurs assurent qu'on peut les mettre en place avant le battage. C'est une erreur ; car, malgré l'intercalation du papier joseph, les planches sont toujours gâtées par cette opération, et un retard de vingt-quatre heures suffit rarement pour empêcher la colle de s'étendre sur les marges, et le marteau de couper ou du moins de froisser les parties humides.

D'ailleurs, pour disposer les gravures et les cartons

à être mis dans le volume, on commence par les couper en dos et en tête afin de les adapter à la justification de la page à laquelle ils doivent faire face puis on encolle derrière la gravure, excepté lorsqu'on agit avant le battage, et quand la gravure regarde la première ou la dernière page d'un cahier : alors on la colle sur le devant pour éviter qu'elle ne soit souillée en battant le livre, ce qui est encore une crainte et une sujétion.

Comme nous l'avons dit, les planches doivent être très-rarement battues. Il vaut même mieux ne les soumettre jamais à cette opération. En conséquence, il faut les mettre de côté et ne les classer qu'après le battage.

§ 4. — GRECQUAGE.

Nous savons que dans la reliure *à nerfs*, les ficelles ou nerfs qui réunissent et soutiennent la couture, font saillie sur le dos, tandis qu'elles ne paraissent pas dans la reliure *à la grecque*. C'est en vue de cette dernière que se fait le GRECQUAGE.

Grecquer un volume, c'est faire des entailles sur son dos, afin d'y loger les ficelles.

Après avoir bien ballotté le volume afin d'en égaliser les cahiers, on le place entre deux ais épais pour que le dos ne sorte que de 5 à 6 millimètres, puis on met le tout dans la presse à grecquer et l'on serre modérément.

On prend alors une scie à main plus ou moins épaisse, suivant la grosseur de la ficelle, ce qui dépend de la grandeur du volume, et l'on fait des entailles d'une profondeur égale au diamètre de cette ficelle. On donne autant de coups de scie, également espacés entre eux, qu'on veut placer de ficelles.

Au-dessus de la première et au-dessous de la dernière ficelle, on donne un léger coup de scie pour loger la chaînette.

Il est important que l'ouvrier dirige la scie toujours parallèlement à la surface de la presse; sans cette précaution les entailles seraient plus profondes d'un côté du dos que de l'autre, la grecque serait mal faite, et la ficelle se cacherait plus d'un côté que de l'autre.

On ne doit grecquer que très-peu, on devrait même ne pas le faire du tout; mais l'usage de cette pratique est devenu universel. Dans tous les cas, il est presque impossible que la grecqure ne paraisse pas en dedans du volume, auquel elle ôte de sa solidité.

Ce qui contribue à perpétuer une méthode si nuisible, c'est la facilité que l'on y trouve pour coudre les livres. Effectivement, les trous pour passer l'aiguille sont tout faits, et si une ouvrière peut coudre 300 cahiers non grecqués, en les alignaut et en les cousant tout du long, elle peut en coudre 1500 en cousant deux ou trois cahiers, et en sautant un nerf à chaque passe, comme le font la plupart des femmes, malgré les recommandations qu'on leur adresse à cet égard. La grecqure, ainsi manœuvrée, diminue donc la main-d'œuvre des quatre cinquièmes, elle dispense l'ouvrier d'une infinité de soins, et dissimule les défauts de l'endossure; aussi n'est-elle pas applicable aux reliures de luxe et d'amateur, dans lesquelles on aime une endossure solide et peu susceptible de se froisser ou de faire des plis.

Dans quelques grands ateliers, on exécute le grecquage au moyen de machines, dites *presses à grecquer*. Nous en parlerons plus loin.

Il est convenable de placer les grecques de manière qu'elles concordent avec les nerfs que l'on veut simuler ; de cette manière, l'entaille faite sur le dos du volume est suffisante si elle peut recevoir les trois quarts de l'épaisseur de la ficelle. La petite saillie qui subsistera sera cachée par les faux nerfs, et les trous, devenant presque invisibles, l'intérieur des cahiers sera plus propre ; en outre, le volume, étant moins grecqué, s'ouvrira mieux.

Pour la couture sur nerfs, on remplace le grecquage par un traçage, que l'on exécute ainsi :

Le volume étant bien égalisé au dos et en tête, on le place entre deux ais, sans laisser dépasser le dos, et on le met en presse, comme s'il s'agissait de le grecquer ; puis, au moyen d'un compas, on marque la place de toutes les nervures que le dos doit porter.

Toutes les distances étant ainsi convenablement réglées, on prend une équerre munie d'un rebord qui en facilite le maintien sur le dos du volume, puis, en appuyant dessus avec la main gauche, on trace avec la main droite, au travers du dos, des lignes au crayon.

On fait cette opération de deux manières :

On trace une ligne à la place de chaque chaînette et deux lignes à la place de chaque ficelle, de l'épaisseur de la ficelle qu'on veut employer, afin d'appeler sur cette place l'attention de l'ouvrière qui doit exécuter la couture et de la guider dans son travail.

Ou bien, on prend une pointe coupante, telle qu'un canif, et, au lieu de marques au crayon, on fait de légères entailles, qu'on proportionne à l'épaisseur des cahiers, de manière à faciliter l'entrée et la sortie de l'aiguille. Ces guides sont indispensables pour obtenir une couture correcte ; si l'on négligeait de les faire, malgré l'habileté de l'ouvrière, on pourrait craindre les déviations, et l'ensemble de la reliure s'en ressentirait.

Ces entailles ne doivent être que très légères et les trous qui résultent de ce traçage ne doivent pas être plus grands que ceux que peut faire une aiguille en traversant le cahier.

§ 5. — COUSAGE.

Pour qu'un volume soit solidement établi, chaque cahier doit être cousu isolément, et se rattacher à la nervure surtout dans les grands volumes. Il faut donc faire grande attention à la ficelle et au fil qu'on emploie. La ficelle doit être à deux brins et de première qualité; le fil doit être très solide, bien tordu et d'une grosseur uniforme d'un bout à l'autre.

On distingue trois genres de couture :

Sur nerfs simples, ou doubles ; sur ficelles à la grecque ; sur rubans ou lacets.

La couture se fait sur le métier qu'on appelle *cousoir* (voir page 99). Pour exécuter son travail, la couseuse prend la chevillette de la main gauche, de manière que la tête *r* soit devant elle : de la droite elle fait entrer le bout de la ficelle *g*, dans le trou carré; elle ramène le petit bout de cette ficelle vers la main droite, la passe sur la traverse *t* de la chevillette, en entortille une ou les deux branches *s*, *s*, selon qu'elle a plus ou moins de longueur, et en réserve un petit bout qu'elle passe sous la ficelle qui se trouve sur la traverse *t*, afin de l'y arrêter.

Cela fait, elle retourne la chevillette dans le sens vertical, la tête en haut, en faisant attention de ne pas laisser lâcher la ficelle; elle la passe dans l'entaille *f* du cousoir, les branches les premières ; et la couche horizontalement sous la table, les branches devant elle, comme le montre la figure 16. La ficelle doit se trouver alors suffisamment tendue pour que la chevillette ne se dérange pas. L'habitude indique assez quelle est la longueur de la ficelle qu'on doit réserver pour arriver juste au but. Il faut avoir soin que les chevillettes soient plus longues que la largeur de l'entaille, sans quoi elles ne pourraient pas être retenues par dessous, et la tension de la ficelle les ferait passer au travers.

Lorsque la couseuse a placé toutes ses chevilles, elle présente le livre par le dos aux ficelles ; elle les avance vers la droite ou vers la gauche pour les faire concorder avec les grecques marquées ; ensuite elle achève de tendre les ficelles en tournant les vis, de façon à leur donner une égale tension. Cela fait elle ferme l'entaille *ff* avec un liteau de bois *vv*, nommé *templet*, qui a la même épaisseur à peu près que la table, et qui affleure le dessus.

Il existe plusieurs manières de coudre :

A point-devant, que l'on emploie pour la couture à la grecque ;

A point-arrière, indispensable pour la couture sur nerfs ;

A un ou *deux cahiers*.

Nous allons décrire ci-après ces divers genres.

Couture sur nerfs simples.

L'ouvrière, ayant tendu son cousoir et placé les ficelles d'après les mesures qui lui ont été tracées, prend le premier cahier de la main gauche, l'ouvre en s'aidant de la main droite pour s'assurer qu'elle tient bien le milieu, puis, en maintenant de la main gauche le milieu du cahier, elle le place à plat sur le cousoir, le dos en regard des ficelles tendues, en suivant les mesures tracées. Alors, prenant de la main droite l'aiguille enfilée, elle la pique, de dehors en dedans, dans la ligne tracée pour la chaînette de tête, en traversant le dos du cahier et en restant exactement dans le pli, ce qui est absolument nécessaire. De la main gauche, elle prend l'aiguille, pendant que la main droite, devenue libre, maintient en place le cahier, et elle la tire à l'intérieur pour la piquer et la faire ressortir à gauche de la première ficelle, en la serrant de très près. Alors, pendant que la main gauche maintient à son tour le cahier, l'ouvrière tire à elle toute l'aiguillée, sauf l'extrémité du fil qu'elle laisse pendre en dehors pour le nouer à la sortie du second cahier ; elle pique à la droite de la ficelle, de manière à l'entourer en la serrant encore de très près ; enfin, elle reprend l'aiguille de la main gauche, la passe à la seconde ficelle, et ainsi de suite, pendant que la main droite attire à chaque point toute la longueur du fil, en serrant fortement, afin que le fil soit bien tendu et que les ficelles soient solidement maintenues sur le dos du volume.

Quand le second cahier est cousu et que le fil est sorti à la place marquée pour la chaînette de queue, l'ouvrière ferme le cahier de la main gauche, en s'aidant de la main droite, et le fait descendre bien à plat sur le cousoir, en appuyant les ongles sur les ficelles. Cette opération est répétée à chaque cahier.

Alors, elle pose le second cahier à plat et bien exactement sur le premier ; de la main droite, elle pique l'aiguille dans la trace de la chaînette de queue et, de la main gauche, elle la fait ressortir cette fois à la droite de la première ficelle. Elle tire l'aiguillée de la main droite, serre solidement les deux cahiers l'un contre l'autre, puis, piquant à gauche de la première ficelle pour l'entourer dans le sens inverse, elle continue jusqu'au bout du cahier ; alors, elle noue les fils pour bien joindre les cahiers en tête et en queue.

Pour rattacher le troisième cahier aux deux premiers, l'ouvrière passe l'aiguille entre ceux-ci et serre le fil, en ayant soin de le croiser, pour éviter de déchirer le cahier ; elle forme ainsi la chaînette. Les cahiers suivants sont mieux assujettis, à la condition que l'ouvrière prenne deux cahiers à la fois à chaque point d'arrêt.

On a pu se rendre compte qu'il s'agit de la couture *à point-arrière*, le fil revenant sur lui-même, pour entourer chaque ficelle. Il ne saurait en être autrement pour la couture sur nerfs, dont les ficelles formant saillie doivent être fortement serrées et ne pourraient l'être sans cette méthode.

Lorsque l'ouvrière est arrivée au dernier cahier et qu'elle l'a attaché comme les autres, elle doit, avant de couper le fil, le fixer par un ou deux points dans la chaînette, les aiguillées étant jointes au moyen d'un nœud de tisserand. Nous recommandons même de les rattacher aux chaînettes ; on évitera ainsi les nœuds, qui font toujours mauvais effet dans l'intérieur des cahiers.

Quand le volume est entièrement cousu, on coupe les ficelles supérieures, en leur laissant 6 centimètres de longueur au moins ; on enlève le templet qui forme la rainure du cousoir, on détache les ficelles des chevillettes, puis on les coupe à la longueur des premières ficelles. Ces longueurs sont nécessaires pour attacher les cartons de la couverture au volume.

Couture sur nerfs doubles

Ce genre de couture, auquel on a donné le nom de *Couture croisée du XVe siècle*, diffère de la couture sur nerfs simples en ce que les ficelles sont accouplées de manière à former des nervures doubles. On applique généralement ce genre de couture aux reliures des *incunables*, pour imiter autant que possible les reliures de cette époque.

Cette couture s'exécutait autrefois de la manière suivante :

L'ouvrière, piquant l'aiguille dans la trace de la chaînette de tête, la faisait sortir à gauche de la seconde ficelle de la première nervure double ; elle attirait alors à elle toute l'aiguillée, sauf un bout qu'elle laissait pendre pour l'attacher à la sortie du deuxième cahier ; puis, piquant l'aiguille entre les deux ficelles de la nervure, elle la faisait sortir à droite de la première ficelle, pour la faire rentrer de nouveau entre les deux. Elle s'occupait alors de la seconde ficelle de la seconde nervure, et ainsi de suite, ce qui justifiait le nom de *couture croisée* donné à ce procédé. Cette opération produisait la couture la plus solide ; pour la réussir parfaitement, l'ouvrière devait être très capable et avoir été très bien guidée.

De nos jours, on a simplifié cette couture par le moyen suivant :

La place des nervures étant exactement tracée, l'ouvrière peut s'occuper isolément de chaque ficelle, ce qui lui permet de les distancer de 1 à 2 millimètres l'une de l'autre. L'opération est la même que pour la couture sur nerfs simples, dont nous avons parlé précédemment ; elle n'en diffère que dans la forme des nerfs qui sont accouplés.

Couture à la grecque.

L'ouvrière, après avoir préparé son cousoir, prend le premier cahier, comme pour la couture sur nerfs, et présente les grecques en regard des ficelles. Elle passe l'aiguille dans le trou de la chainette de tête pour la faire sortir par le trou de la grecque, non à gauche, mais cette fois à droite de la première ficelle ; ensuite, elle passe l'aiguille par dessus la première ficelle et la fait rentrer dans le même trou pour la faire ressortir à droite de la seconde ficelle, et ainsi de suite pour les autres. Au second cahier, le retour se fait de même, l'aiguille sortant cette fois à gauche de chaque ficelle pour rentrer à droite.

On comprend qu'il s'agit ici de la couture *à point-devant*. Le fil n'entoure pas la ficelle, mais il passe au-dessus et sert à maintenir celle-ci dans la grecque Les attaches se font comme pour la couture sur nerfs.

On peut aussi coudre à la grecque *à point-arrière*. Mais ce système, plus dispendieux, ne peut s'appliquer qu'aux reliures soignées ; il a, de plus, le grave inconvénient de ne permettre de coudre qu'un volume à la fois sur chaque tendée, tandis que la couture à point-devant permet de coudre plusieurs volumes les uns sur les autres, les ficelles étant moins ssrrées que pour le point-arrière.

La tendée étant terminée et les ficelles tendues sur une longueur suffisante pour le nombre de volumes cousus, on sépare ceux-ci les uns des autres en les faisant glisser sur les ficelles jusqu'à ce que chaque volume ait la longueur nécessaire pour être passé en carton, c'est à dire 6 centimètres de chaque côté, comme pour les volumes cousus sur nerfs.

Couture sur rubans et sur lacets.

On emploie principalement cette couture pour la reliure des registres ou pour celle des volumes de grand format destinés à un usage fréquent. On s'en sert encore pour les volumes qui n'ont presque pas de marges intérieures ou sur lesquelles on veut écrire ; on l'emploie surtout pour les albums et les partitions de musique, qui ont besoin d'être ouverts tout à fait à plat. Cette couture se fait *à point-devant* et toujours dans toute la longueur du volume.

Il est toujours nécessaire qu'un volume à gros cahiers et mince soit cousu tout du long, afin de laisser plus de *dos*, et de donner plus de solidité au volume. On est même forcé de coudre tout du long un cahier qui contient une gravure, ou une carte géographique, ou un tableau, lors même qu'il se trouve dans un volume qu'on désirerait coudre à plusieurs cahiers.

Lorsqu'on veut coudre *à deux cahiers*, on place deux ou trois ficelles. Supposons qu'on n'en mette que deux, on coud le premier cahier en entrant d'abord l'aiguille dans le trou de la chaînette, on la sort par la première ficelle en dehors, on place le second cahier, on entre l'aiguille par le trou de la première ficelle en dedans, c'est-à-dire que le fil embrasse la ficelle avant d'entrer dans le second cahier, puis l'aiguille sort par le trou de la seconde ficelle en dehors; ensuite il entre dans le premier cahier après avoir embrassé la ficelle, et sort par le trou de la chaînette. On recommence le train de deux cahiers en allant de gauche à droite.

On opère de même lorsqu'on coud à deux cahiers et à trois ficelles; la seule différence consiste en ce que le second cahier est plus solide, parce qu'il est retenu par les deux ficelles.

Lorsqu'on veut coudre à *trois cahiers*, on place quatre ficelles. Le premier cahier se trouve pris depuis la chaînette jusqu'à la première ficelle; le second, de la première ficelle à la seconde; le troisième, de la seconde à la troisième: ensuite on reprend le premier de la troisième ficelle à la quatrième, et le second de la quatrième ficelle à la chaînette de la queue; de sorte que le troisième cahier n'est pris qu'une seule fois; aussi a-t-on bien soin de grecquer cette distance plus large que les autres. Ce moyen n'est employé que rarement et dans les cas indispensables, comme, par exemple, lorsqu'on a à coudre un volume *in-quarto* à feuilles simples. Alors, pour donner plus de solidité, il faudrait coudre à cinq ficelles, ou même à un plus grand nombre, si le volume était d'un plus grand format, un *in-folio*, par exemple.

Placement des gardes après la couture.

Lorsque le volume est cousu avant de procéder à son endossage, il est nécessaire d'y placer les gardes blanches.

Si ces gardes ont été cousues au volume, cette opération se réduit à un simple collage, que l'on peut facilement exécuter en plaçant le volume à plat, le dos au bord de la table. On rabat le cahier de gardes, on place une bande de papier sur le premier cahier du volume, à la distance de 2 à 3 millimètres du dos, puis on prend au bout du doigt un peu de colle de pâte et l'on en met légèrement, mais uniformément, sur toute la longueur du cahier. On retire alors la bande qui a servi de guide à la colle et l'on referme le cahier de gardes sur la partie collée. On obtient ainsi un double résultat : fixer le cahier et attacher définitivement le feuillet correspondant à la sauve-garde, celle-ci devant être enlevée lors de l'achèvement de la reliure.

S'il s'agit de placer les gardes blanches après la couture achevée, on les coupe de la grandeur du volume ouvert à plat et on les plie en deux, en les plaçant l'une sur l'autre et en les étageant de manière à faire des collages de 2 à 3 millimètres ; ensuite on les enduit de colle de pâte et, en soulevant la sauve-garde, on fixe la garde bien à fleur du dos, en ayant soin de ne rien laisser déborder en tête ; enfin, on rabat la sauve-garde avec tout le soin nécessaire pour ne pas déranger le collage récent, et on laisse sécher.

Il est essentiel d'employer pour les gardes du papier collé, se rapprochant le plus possible comme teinte et comme épaisseur du papier sur lequel le volume a été imprimé.

§ 6. — ENDOSSAGE.

Endosser un volume, c'est en arrondir le dos et y produire la saillie, appelée *mors*, que chacun de ces longs côtés forme sur les plats, et qui est destinée à recevoir la couverture en carton. Cette opération peut se faire de deux manières : *à la française* ou *à l'anglaise;* mais le premier procédé, ou *procédé ancien*, nommé encore *endossure au poinçon*, n'est plus pratiqué, à cause de ses inconvénients, que par les relieurs routiniers. Dans tous les ateliers bien tenus, on n'endosse plus qu'à l'anglaise. Avant de décrire l'un et l'autre système, nous devons dire quelques mots sur les opérations préliminaires.

Encollage.

En sortant de la couture, le volume est battu de tête et de dos pour en égaliser les cahiers, les ficelles sont couchées sur les flancs et on le place à plat sur deux ais, le dos au bord de la table. De la main gauche, on le presse fortement; de la main droite, on applique sur le dos une bonne couche de colle forte.

Nous disons une *bonne couche*, non à l'avance de la quantité de colle que le dos doit recevoir, mais par la manière dont on l'applique pour la faire pénétrer parfaitement dans le dos ; pour cela, on promène un pinceau en tous sens, afin d'obtenir une répartition bien égale. Ensuite, on laisse sécher, en plaçant le volume bien à plat sur un ais, le dos débordant légèrement.

On peut encoller en même temps plusieurs volumes d'un même format, jusqu'à huit volumes à la fois, selon leur épaisseur. Lorsque cette opération est achevée, on les empile bien d'aplomb, pour qu'ils ne se déforment pas, en les plaçant *tête-bêche*, c'est à dire le dos de l'un du côté de la barbe de l'autre, et ainsi de suite, en laissant déborder légèrement le dos, pour que la colle encore liquide ne puisse toucher les barbes des volumes voisins.

Il faut bien se garder d'ouvrir un livre qui vient d'être cousu avant qu'il n'ait été endossé et qu'il n'ait eu le temps de sécher parfaitement. Si une circonstance quelconque oblige à le faire, on doit toujours en tenir fortement le dos avec la main gauche ; autrement la couture rentrerait en dedans, ce qui empêcherait de bien arrondir le dos et de former le mors.

Préparation des ficelles.

Quand le volume est sec, on s'occupe de préparer les ficelles, qui ne pourraient être employées telles qu'elles sortent des mains de la couseuse : on est obligé de les effilocher.

Ordinairement, les ficelles sont composées de deux brins ; généralement, on emploie pour la couture sur nerfs des ficelles cablées qui comportent cinq ou six brins et exceptionnellement jusqu'à seize brins.

Pour les effilocher, on prend l'une d'elles entre le pouce et l'index de la main gauche, on la détord et l'on en sépare les brins à l'aide d'un poinçon. On prend alors un couteau dont le tranchant est émoussé et, de la main droite, on passe les brins de la ficelle entre le pouce et la lame du couteau, depuis le dos du volume jusqu'à l'extrémité de la ficelle, tandis que, de la main gauche, on la lisse en faisant un mouvement semblable.

On obtient ainsi un faisceau soyeux et souple, qu'on roule du plat de la main sur le genou ou sur le tablier, ce qu'on nomme *tortiller*, lorsqu'on veut s'en servir. Cette manipulation simple et facile rend les fils souples et fermes et les dispose à passer dans les trous du carton.

2. Préparation des cartons et manière de les couper et de les fixer au volume.

Pour préparer le carton, on commence par le découper de la grandeur convenable. A cet effet, on le divise au moyen du couteau ou pointe à rabaisser sur l'ais dit à rabaisser. Quand il est réduit en morceaux de la dimension désirée, s'il n'a pas été cylindré, et que sa surface soit raboteuse, on le bat sur la pierre avec soin et propreté, de la même manière qu'on a battu le volume. On le rogne légèrement d'un seul côté, qui doit être celui du côté du dos; on abat la bavure avec le marteau à battre, ou bien avec un rouleau de bois; enfin, on le *raffine*, c'est-à-dire qu'on colle du côté du mors une bande de papier plus ou moins large qui enveloppe l'épaisseur du carton de ce côté.

Il s'agit maintenant de percer le carton et de l'attacher au volume. Dans l'endossage à la française, on fait trois trous et l'on attache avant d'endosser. Dans l'endossage à l'anglaise, on ne fait que deux trous, et l'on n'attache qu'après avoir endossé. Disons d'abord comment les choses se passent dans le premier système.

On présente chaque morceau de carton sur le volume, les ficelles relevées, à la place qu'il doit occuper devant le mors, en le laissant déborder de 2 millimètres, ou plus, selon le format, du côté de la tête, et l'on fait, avec un poinçon, vis-à-vis de chaque ficelle, un trait de 10 à 12 millimètres de long dans une direction perpendiculaire au bord du carton. On pose ensuite le carton sur une planche, et l'on fait, à 2 millimètres du bord, et en face de chaque marque, avec le même poinçon, un trou incliné du dedans au dehors; les deux trous sont au-dessus l'un de l'autre, à 5 millimètres de distance. On retourne alors le carton, pour faire à côté des deux trous, et au milieu de leur distance, un troisième trou, de manière qu'il y ait deux trous de percés en dehors et le troisième en dedans.

Les trous étant percés, on prend le volume de la main gauche, on passe chaque ficelle en dehors dans le premier trou, en dedans dans le troisième, et en dehors dans le second, et l'on en glisse le bout sous la ficelle qui traverse d'un trou à l'autre en dedans. Enfin, on serre cette espèce de couture pour rapprocher le carton du volume.

Quand on veut faire un ouvrage très-propre, on doit chercher à cacher le pli de la ficelle dans l'intérieur du carton. Pour cela, on incline le poinçon lorsqu'on fait le premier trou, de manière que sur la face supérieure il se trouve à 2 millimètres du bord, et que sur la face inférieure, il sorte à 4 millimètres du même bord. Après avoir retourné le carton, on met la pointe du poinçon dans le même trou, et on l'incline de 2 millimètres pour qu'il présente un trou sur l'autre face à 3 millimètres du premier, et dans la même direction que dans le premier cas; il est facile de concevoir que la ficelle, passant dans ces deux trous qui forment un trou continu, ne paraîtra pas en dedans.

Lorsque les ficelles sont toutes placées, il faut que les cartons se tiennent naturellement perpendiculaires au volume, afin de ne pas gêner le mors. On coupe les bouts excédants de manière qu'ils ne puissent pas gêner dans le mors.

Ensuite, tenant le volume par la tranche, on en laisse tomber successivement chaque carton sur la pierre à battre, et l'on frappe sur les trous, en dedans, pour les boucher, et sur les ficelles pour les aplatir, afin qu'elles ne fassent aucune saillie. Enfin, pour en rendre parfaite l'adhérence au carton, on en étale les bouts avec un plioir ou simplement avec le pouce, et l'on enduit d'un peu de colle les brins de ces bouts.

Toutes ces manipulations achevées, on prend le volume entre les deux mains ouvertes, en laissant tomber librement les cartons sur la pierre, et l'on frappe le dos sur celle-ci afin de le bien égaliser. On place ensuite le livre sur le bord de la pierre, en laissant tomber au dehors le carton de dessous; on plie le carton de dessus sur le livre, en ayant soin que la sauvegarde et la garde ne soient ni trop en arrière, ni trop en avant. On en fait autant pour l'autre carton, et l'on a soin, avant de quitter le volume, de bien redresser la tête, si cela est nécessaire.

On a vu que dans l'endossage à l'anglaise, on ne fait que deux trous. Pour cela, après avoir, comme ci-dessus, marqué par des traits les points où l'on doit enfoncer le poinçon, on perce un trou vertical, à 2 millimètres du bord, sur chaque trait. On retourne ensuite, le carton et, dans la même direction du trait, on perce de la même manière un second trou, à une distance de 3 millimètres du premier s'il s'agit d'un volume in-octavo, et plus grande ou plus petite suivant que le format est plus grand ou plus petit.

Quand on attache les cartons au volume, on passe chaque ficelle dans chaque paire de trous; d'abord de dehors en dedans, puis de dedans en dehors, et l'on continue comme ci-dessus.

Les *châsses*, c'est-à-dire les parties de carton qui dépassent les feuilles, doivent être de dimensions convenables. Trop hautes ou trop grandes, elles rendent sans nécessité le volume trop lourd et sont, en outre, exposées à se casser. Trop basses ou trop petites, elles ne protègent pas suffisamment la gouttière et les autres extrémités.

Le carton doit avoir une épaisseur en rapport avec celle du volume, mais néanmoins sans dépasser les limites raisonnables.

Endossage à la française.

Ce système d'endossage exige l'emploi d'une presse, qui n'est autre que celle dont il a été question au grecquage.

On endosse tout à la fois un *tas* ou *paquet*, qui est habituellement composé de huit à dix volumes. Après avoir disposé un certain nombre d'ais à droite, et les volumes à gauche, on place sur le bord de la presse, d'abord une membrure, puis un ais, puis un volume, on continue par un autre ais, un autre volume, et ainsi de suite, et l'on termine par un ais et une membrure.

En formant le tas, on a soin de l'élever le plus verticalement possible, les dos tournés vers la droite. Quand il est achevé, on le fait pirouetter de manière que les dos soient tournés vers soi, après quoi on le saisit des deux mains, la gauche en dessous, la droite par dessus le paquet, on le couche horizontalement et le place dans la presse, où on le serre légèrement.

Alors, au moyen d'un ais qui lui sert de marteau, l'ouvrier dresse les ais et les volumes dans une même direction ; puis, à l'aide des mains, qu'il tient ouvertes de chaque côté du paquet, les doigts en dessous et les pouces en dessus, il élève les volumes ou les abaisse selon le besoin, afin que les dos soient tous à la même hauteur. Les ais ne doivent pas déborder les cartons vers le mors.

Prenant alors le *poinçon à endosser*, qu'il tient par le manche, il l'introduit entre les cahiers qui sont trop élevés ou trop abaissés, et en le tournant légèrement dans la main, il les fait abaisser ou élever selon le besoin, et, par un mouvement léger à droite ou à gauche, il donne la rondeur qu'il désire. Il ne doit pas se servir de la pointe de cet outil qui, quoique arrondie, pourrait laisser des marques désagréables dans le volume et en percer même les feuilles.

Pour exécuter cette opération, l'ouvrier se met en face de la presse ; il se sert de la main gauche pour travailler à la queue, et de la main droite pour travailler à la tête. Il peut, s'il le préfère, se placer au bout de la presse pour travailler à la queue, et alors tenir son poinçon de la main droite. Dans le cas où les presses ne seraient pas, comme elles le sont ordinairement, appuyées vers l'autre bout, le long d'un appui de boutique ou d'une croisée, il pourrait se tourner de ce côté, et alors il lui serait également facile de travailler de la main droite. Tous ces moyens sont bons : il suffit que l'ouvrier soit intelligent pour qu'il réussisse toujours à bien faire. Le paquet doit être serré seulement de manière que les volumes ne puissent pas tomber ; l'ouvrier le soutient avec la main qui ne tient pas le poinçon, et avec le pouce qu'il appuie sur les feuillets qu'il ne soulève pas, il les empêche de se déranger.

Le même outil sert à ramener les cartons à la hauteur qu'ils doivent avoir, selon le mors qu'on veut donner; il sert aussi à ramener les ais à la hauteur des cartons. C'est ici que l'ouvrier doit bien raisonner son ouvrage: il a dû former les dos plus ou moins arrondis, ou les laisser presque plats, selon que les volumes qu'il endosse sont cousus à *gros* ou à *fins cahiers* (1). Il doit de même former les mors plus ou moins profonds, selon qu'il présume que les cahiers formeront plus ou moins de mors, et que l'épaisseur des cartons doit être plus ou moins forte; mais surtout que les cartons et les ais ne soient ni élevés, ni abaissés pas plus les uns que les autres de chaque côté des volumes. Il est même indispensable qu'il règne une grande harmonie entre les ais, les cartons et les volumes sur toute la longueur du paquet.

On doit tenir la queue du volume plus ronde que la tête, celle-ci étant toujours plus ferme que la queue. Les opérations suivantes seraient défectueuses si l'on ne prenait pas ce soin.

On serre ensuite fortement le tas avec une ficelle grosse de 4 millim. au bout de laquelle ont fait une boucle. Il faut au moins quatre tours de ficelle, l'un au-dessus de l'autre, et sans qu'aucun chevauche. Ces quatre tours faits, on arrête la ficelle en la dirigeant contre la membrure, sous le dernier tour. On desserre alors la presse et on enlève le paquet, ou bien on se contente de le soulever de manière à laisser le bas de la membrure engagé avec la ficelle qui lui reste, puis on serre de nouveau.

(1) Les *cahiers* contiennent un nombre différent de feuillets; ceux qui en ont le plus sont nommés *forts*, et ceux qui en contiennent le moins sont nommés *faibles*.

Il s'agit maintenant de *tremper* le paquet c'est-à-dire de l'enduire de colle. L'ouvrier le trempe d'abord à la colle de farine, en commençant du côté de la tête, qu'il met en face de lui. A l'aide d'un pinceau, il commence par le milieu de la hauteur du dos du volume, et il vient vers lui jusqu'au haut de la tête; il retourne le paquet et en fait autant pour la queue. Par ce moyen, la colle ne risque pas d'entrer dans les feuillets ni de glisser sur la tête ou sur la queue. Il laisse tremper ainsi le paquet pendant 3 ou 4 heures.

Après ce temps, l'endosseur met le paquet en presse, et serre légèrement pour l'empêcher de vaciller. Il se place au bout de la presse, le paquet devant lui, du côté de la tête, et avec le grattoir il gratte fortement d'un bout à l'autre pour faire bien pénétrer la colle. Il trempe de nouveau comme la première fois, desserre la presse, retourne le paquet, la queue devant lui, serre suffisamment et gratte de nouveau dans ce sens, en commençant toujours d'un mors à l'autre et en arrondissant. Il trempe encore, sort le paquet de la presse et le laisse ainsi pendant environ quatre heures, après quoi il recommence la même opération, le retourne et le laisse de deux à trois heures sans le travailler. Enfin, il le reprend pour le frottoir.

Il est infiniment important de remarquer que les volumes dont les cahiers sont surjetés ne doivent pas être grattés; l'ouvrier les pique avec les dents du grattoir, en évitant de frapper sur les ficelles. S'il s'écartait de cette observation, il arracherait à coup sûr le fil, et la reliure n'aurait plus aucune solidité. Règle générale : lorsque dans un volume il se trouve un cahier surjeté, fût-il seul, l'ouvrier ne doit pas gratter, il faut qu'il pique tout le volume.

Le frottage se fait toujours à la presse, et avec l'outil nommé *frottoir*. L'ouvrier le tient comme une fourchette, l'index allongé sur la tige; il renverse la main, le bout des doigts en dessus; et avec la main gauche il empoigne tout à la fois l'outil et le doigt index de la main droite allongé, et il frotte avec toute sa force sur le dos du livre en arrondissant et en tâchant de réparer les omissions qu'il aurait pu faire dans les opérations précédentes avec le poinçon à endosser. Il doit avoir soin de tenir son outil ferme, de ne pas trop l'élever ou l'abaisser: sans cela, il risquerait d'écorcher le volume. Il opère ensuite de la même manière en se servant d'un frottoir de buis. Enfin, à l'aide du marteau, il enfonce les ficelles sur le dos du volume; avec un frottoir de fer, il *égalise* les mors, c'est-à-dire qu'il serre et appuie plus ou moins pour les dresser parfaitement en ligne droite et à vive arête; et il termine en frottant le tout, dos et mors, avec une poignée de rognures.

Pour sécher rapidement le volume, on l'expose du côté du dos devant le feu ou au soleil, en évitant que les feuilles godent et forment des *noix* ou bosses, défaut très apparent qu'on ne peut faire disparaître.

Quand les volumes sont presque secs, on en revisite les mors avec le frottoir en fer, afin de les bien égaliser; on en frappe de nouveau les ficelles; on en frotte le dos avec le frottoir de buis, afin de le rendre parfaitement lisse, et l'on y passe une couche de colle forte légère, qu'on fait sécher devant le feu.

Endossage à l'anglaise.

L'endossage à l'anglaise a été inventé pour prévenir les inconvénients que présente le système à la française, quand un ouvrier maladroit ne se sert pas du poinçon avec les précautions convenables. Il est d'ailleurs plus simple et donne beaucoup de facilité pour faire les mors, surtout quand ils ont à loger des cartons épais. Enfin, c'est presque le seul que l'on puisse employer pour les volumes qui ont une grande quantité de planches, de cartes ou de tableaux qui se plient, parce que, dans ce cas, le dos étant moins fourni que la tranche, l'on aurait trop de peine à faire agir le poinçon sans danger.

Ainsi que dans l'endossage à la française, on opère sur un certain nombre de volumes à la fois ; mais on travaille les volumes l'un après l'autre.

On procède ensuite à l'endossure proprement dite. Pour cela, l'ouvrier place le volume entre deux *membrures* garnies de bandes de fer sur leur épaisseur ; il fait déborder le volume au-dessus de l'ais, d'une hauteur plus ou moins grande, mais égale de chaque côté, selon qu'il veut former un mors plus ou moins épais, et selon que le carton qu'il se propose d'employer est plus ou moins fort. Il descend le volume entre les deux membrures d'une presse horizontale ou *étau*, dont les mâchoires sont inclinées de dedans en dehors, en ayant soin de ne laisser sortir que la partie nécessaire pour former le mors. En serrant cet étau, le volume est fortement comprimé, les longs côtés du dos font saillie sur les mâchoires, et on les rabat sur celles-ci à petits coups de marteau, en sorte que lorsqu'on desserre, le mors se trouve entièrement fait.

Si par cas il arrivait qu'on eût employé de la colle un peu trop forte, et qu'on craignît qu'elle ne s'écaillât en frappant avec le marteau, soit en formant le mors, soit en arrondissant le dos, on donnerait l'élasticité nécessaire à la colle, en l'humectant un peu avec une éponge légèrement mouillée.

Dans certains cas, on remplace l'étau par de petites machines, dites *à endosser*, dont il existe plusieurs espèces.

Le mors formé, on place les cartons, puis, mettant le volume entre deux ais avec les mêmes précautions que si l'on endossait à la française, on le trempe à la colle de farine, comme s'il n'avait pas déjà été encollé à la colle forte. On le gratte ou non, suivant que les cahiers sont plus ou moins durs. On ne le frotte guère qu'avec le frottoir de buis. Enfin, on n'a recours au poinçon que pour égaliser les ais avec les cartons, et jamais pour les feuilles.

A la trempe succède le séchage, qui se fait devant le feu ou au soleil, comme dans le système français. Enfin, quand le volume est sec, on en lisse le dos, puis on y passe de la colle forte légère, et l'on fait sécher devant le feu.

Arrondissage du dos.

Pour arrondir convenablement le dos d'un volume, on le pose à plat sur un tas en fer ou sur la tablette de l'étau à endosser, puis on place la main gauche à plat sur le volume, le pouce sur la tranche, afin d'obtenir un point d'appui ; alors, avec les quatre doigts de la même main, on attire les cahiers vers soi, de manière à les coucher légèrement, pendant que, de la main droite, on les frappe avec le marteau à endosser. Les coups de marteau doivent porter sur l'angle du dos et être dirigés du centre aux extrémités, d'abord d'un côté, puis de l'autre, pour revenir sur le premier côté et partout où il en est besoin, afin de former le dos en couchant les cahiers et de l'arrondir convenablement.

La forme à donner au dos n'est pas indifférente : elle correspond à l'ellipse tracée par un compas, en prenant le demi-cercle comme maximum de courbe et le tiers de cercle comme minimum. Cette forme doit toujours être la même : on peut s'en assurer en constatant la rectitude de la tranche de tête ; c'est à cet endroit qu'on peut le mieux s'apercevoir des inexactitudes résultant d'une mauvaise courbure.

Observations.

1° Nous ne conseillons pas à nos relieurs de faire les dos trop ronds, encore moins de suivre l'exemple de leurs confrères anglais qui font les dos trop plats et par conséquent ayant peu de relief et de coup-d'œil, Un dos bombé suivant une courbure gracieuse, sera toujours plus élégant et fera mieux ressortir les ornements et briller les dorures. On ne devrait pas non plus adopter les dos brisés pour les plus belles reliures, comme font nos voisins.

2° La colle forte qui sert à faire l'endossure doit présenter, une fois sèche, une certaine souplesse. Pour lui communiquer cette propriété, les relieurs anglais sont dans l'usage d'y ajouter de la mélasse dans la proportion de cinq cents grammes par kilogramme de colle fondue, et ils éclaircissent le mélange avec la quantité d'eau qu'ils jugent nécessaire. Outre qu'il est très-économique, ce procédé a l'avantage de conserver à la colle assez d'humidité pour permettre, même après plusieurs jours, d'endosser avec facilité. Toutefois, comme le sucre contenu dans la mélasse cristallise avec le temps et que, de plus, il fond à la moindre humidité, il peut résulter de ces deux faits des inconvénients assez graves pour la conservation des reliures.

§ 7. — ROGNURE.

1. Préparation.

Après l'endossage, on colle à chaque volume la garde blanche; on laisse tomber librement dessus le papier de couleur qui avait déjà été collé à l'endossure; on appuie légèrement dessus les deux feuillets de papier de couleur, et on laisse tomber dessus le carton sans le forcer. Nous devons faire cette observation *sans le forcer*, parce que, si l'on conduisait ce carton avec la main, et pour peu qu'on le forçât, il ferait reculer les sauvegardes et les gardes; on ferait un paquet dans le mors, ce qui gâterait ensuite la reliure; on ne pourrait plus le réparer à moins d'en mettre de nouvelles. Il faut que les sauvegardes et les gardes restent toujours bien étendues. On met alors les volumes à la presse, entre des ais.

Pour peu que l'ouvrier apporte de soin à son ouvrage, il réussira parfaitement, de même qu'aux manipulations qui vont suivre: on n'a pas encore placé la garde de papier de couleur: c'est ici le moment de la coller. Lorsqu'on veut faire un ouvrage très-propre, on a dû avoir soin de faire coudre des sauvegardes de la même grandeur que les gardes, ou d'en poser seulement sans les coudre, comme nous l'avons dit plus haut, en rabaissant avant l'endossure, ou au moins que la moitié de la sauvegarde, qui touchera le carton, soit une simple bande, tandis que l'autre moitié, qui touche le volume, soit un feuillet entier. Cela évite ces demi-largeurs de papier qui, appliquées l'une sur l'autre, forment des épaisseurs qui font des marques désagréables dans le volume.

Si l'on veut placer une charnière en peau, il faut

toujours qu'elle soit parée, pour en réduire l'épaisseur sur les bords; il faut de plus la coller avant la garde. Cette charnière est une bande de 4 à 5 centimètres de large, que l'on plie par le milieu de sa longueur, après l'avoir parée. On n'en colle qu'une moitié sur la garde blanche et vers le mors ; l'autre moitié se collera plus tard, lorsque le livre sera ouvert; mais avant de coller cette moitié sur la garde blanche, on doit la doubler d'un morceau de papier blanc et la laisser sécher parfaitement. Sans cette précaution, cette bande de la charnière déposerait une partie de sa couleur sur la garde blanche, et formerait une tache dans toute sa longueur, tache qui serait très-désagréable à l'ouverture du volume.

On met le volume en presse entre des ais de la grandeur du volume et à surfaces parallèles, et on l'y laisse le plus longtemps possible.

En ôtant les volumes de la presse, et après les avoir sortis de dessous les ais, on dégage les cartons des sauvegardes que la pression y a fait adhérer et qui y tiennent un peu; on fait vaciller les cartons pour les faire monter et descendre.

2. Rognure.

Ébarber un livre, c'est enlever avec des ciseaux le plus gros de la tranche. Le *rogner*, c'est en retrancher toute la saillie des marges jusque et y compris les plis, que l'on doit atteindre légèrement, juste ce qu'il faut pour fendre les feuillets.

On ébarbe tous les volumes brochés, mais on ne rogne pas toujours les volumes qu'on relie. On laisse toutes leurs marges aux éditions de luxe ou aux albums de planches montés sur onglet, ce qui leur donne plus de prix pour certains amateurs.

La rognure consiste, en principe, à serrer fortement un livre dans une presse et à en couper les tranches avec un outil tranchant. La presse se nomme *presse à rogner*, et l'outil tranchant *fût à rogner* ou *rognoir*.

3. Manière de rogner.

Le plus important dans la rognure des volumes est que le dos fasse, avec le haut et le bas des cartons, deux angles bien droits, et que la tranche soit bien parallèle au dos, de sorte que tous les angles se trouvent droits sur les deux faces du volume : on ne peut pas s'écarter de cette règle sans présenter une forme désagréable à l'œil. Le moyen le plus simple et que l'on emploie habituellement est de se servir d'une équerre qu'on applique sur la partie du carton qui se trouve dans les mors.

Pour opérer avec exactitude et sans tâtonnement, on a imaginé une équerre particulière, dite *à rebord*, (fig. 41), que nous décrirons ci-après.

Sur une plaque de fer de 14 à 17 centimètres de de long, 4 centimètres de large, et 5 à 7 millimètres d'épaisseur, on pratique dans sa partie supérieure, et dans le milieu de sa largeur, une entaille de 7 millimètres de large et 5 centimètres et demi de long. On ajuste dans cette entaille une plaque de tôle de 7 millimètres d'épaisseur, 17 centimètres de long, et 3 centimètres et demi de large dans la partie qui doit se trouver dans l'entaille, et qui se termine à 10 millimètres de large par son autre extrémité. On soude, à la soudure forte, ces deux pièces l'une sur l'autre, et l'on a formé, de cette manière, à peu près une équerre qu'il ne s'agit plus que de rectifier à la lime.

A l'aide de cette équerre, il est facile de marquer la rognure à angles droits. Voici comment on s'y prend. On descend les deux cartons au niveau des feuilles de la tête, on appuie le rebord de l'équerre contre le dos du livre, tandis qu'on dirige l'autre branche vers le haut du carton, et l'on marque un trait le long de cette branche : ce trait indique tout le papier qu'on doit enlever, en atteignant tous les feuillets et en laissant le plus de marge possible.

Si, pour un in-folio, ou tout autre format, l'ouvrier n'avait pas d'équerre à rebord assez grande, ou qu'il n'en eût pas du tout, il y suppléerait de la manière suivante : il mettrait entre les deux jumelles de la presse un ais à mettre en presse, de la longueur du volume, mais excédant de 17 centimètres environ la surface de la presse, et après avoir serré la vis, il poserait à plat le volume sur la première jumelle, en appuyant son dos contre l'ais; puis il placerait son équerre ordinaire sur le volume, de manière qu'une des branches de l'équerre touchât l'ais dans toute son étendue, tandis que l'autre servirait à marquer la ligne perpendiculaire sur laquelle doit passer le tranchant du couteau.

De quelque manière qu'on ait marqué la rognure à angles droits, avec l'équerre à rebord ou sans elle, on choisit un morceau de carton pour placer derrière le volume. Ce carton doit être également épais partout, quand le couteau marche bien, c'est-à-dire parallèlement à la surface de la presse à rogner. Quand, au contraire, le couteau marche mal, il faut l'amincir, soit par le haut, soit par le bas.

Souvent aussi, le couteau marche mal, parce que le talon ou la coulisse en fer qui le fixe dans le fût à rogner est mal ajusté. On remédie à ce défaut en haussant ou en abaissant ce talon.

Tout étant ainsi bien disposé, l'ouvrier prend le carton de la main gauche, et le place sous le volume, qu'il tient de la main droite, le dos tourné vers lui. Cela fait, avec la même main gauche qui tient le carton, il saisit légèrement le volume par la tête, en ayant soin de ne le forcer ni de la main gauche ni de la main droite, pour ne pas faire monter ou descendre les feuilles, il le met dans la presse sans le contraindre, puis, après l'avoir descendu au niveau du trait, il serre la presse.

L'ouvrier se plaçant alors au bout de la presse, la jambe droite en avant, fait agir le rognoir. Il le prend de la main droite, par la tête de la vis, le place sur la coulisse, et avec le pouce et les trois derniers doigts de la main gauche, dont la paume appuie sur la première clé, il empoigne la vis, tandis qu'il appuie l'index sur l'autre clé. Par ce moyen, il empêche le fût de vaciller. Il ne doit faire avancer le couteau que peu à la fois, en tournant faiblement la vis de la main droite. Il doit rogner tout un côté sans discontinuer; car autrement il s'exposerait à faire des sauts, et la rognure ne serait pas unie. Enfin, il ne faut pas qu'il fasse de grands mouvements; l'avant-bras doit seul travailler; et le couteau ne doit, dans sa marche, couper qu'en s'éloignant du corps. Plus on tourne doucement la vis du fût, plus la rognure est unie.

Après avoir rogné la tête, on s'occupe de la rognure de la queue. Il faut d'abord marquer le trait qui doit guider la marche du couteau. Pour cela, on ouvre le volume, on cherche le feuillet le plus court, puis appuyant le pouce de la main gauche contre la tranche de la tête, on appuie contre ce pouce une pointe de compas, et on ouvre l'autre jusqu'au bout de cette feuille, en y comprenant en plus les châsses que l'on se propose de faire; encore est-il bon, dans la vue de laisser une plus grande marge à la queue, de ne pas atteindre, à la rognure, tous les feuillets de la queue, ce qu'en langage d'atelier, on appelle *laisser les témoins*.

Il faut que les deux pointes soient exactement dans la direction d'une ligne parallèle au dos du volume; car si on les prenait dans une ligne qui ne lui fût pas parallèle, on aurait une distance d'autant plus grande qu'elle s'en éloignerait davantage.

Pour les déterminer, on ferme le volume, on appuie le pouce de la main gauche contre le bord du carton près du dos, et avec l'autre pointe, dont on a soin de ne pas déranger la distance, on marque un point sur le carton. On porte ensuite le pouce vers la gouttière, et l'on marque un second point de ce côté, en ayant soin que dans ces deux opérations les deux points de compas se trouvent dans une ligne parallèle « celle du dos. On trace sur le carton, un trait qui passe par ces deux points. On peut se servir pour cela de l'*équerre à rebords*. Dans ce cas, on descend également les deux cartons du côté de la tête, d'une quantité égale à deux fois la distance dont on veut que la couverture dépasse la tranche d'un seul côté, et après avoir fait une marque sur la couverture, on trace avec l'équerre un trait qui passe par ce point. Il n'y a plus alors qu'à placer le carton derrière, comme on l'a fait pour la tête, et l'on rogne la queue de la même manière que l'on a rogné la tête.

La tête et la queue étant rognées, il s'agit d'effectuer la même opération sur la tranche et de faire la *gouttière*. A cet effet, avant d'enlever le volume de la presse, on trace sur le bord de la tranche un arc de cercle dont le centre est sur le bord du dos, au milieu de l'épaisseur du volume, et la circonférence à l'endroit où l'on veut rogner la gouttière. Pour cela on appuie le pouce de la main gauche sur le bord du milieu du dos, et contre ce pouce on pose l'une des pointes du compas. On porte l'autre pointe, qui doit être armée d'un crayon, sur le bord de la tranche, à l'endroit où l'on veut rogner la gouttière. On décrit un arc de cercle d'un carton à l'autre; on retourne le volume vers la queue, et avec la même ouverture de compas on décrit avec les mêmes précautions un arc de cercle semblable. En armant le compas d'un crayon, on évite de faire un trait ineffaçable que la pointe du compas imprimerait, ce que le crayon ne fait pas.

Pour rogner la tranche, il y a plusieurs précautions à prendre :

1° L'ouvrier saisit de la main gauche un ais en bois de hêtre, d'une épaisseur égale, de 5 centimètres et demi de large et un peu plus long que le volume; cet ais se nomme *ais de derrière*. De la main droite, il pose, sur cet ais, le volume par la tranche, en laissant pendre les cartons; puis, par dessus le volume, il met un ais étroit en bois dur. Cet ais étroit est non-seulement plus épais du côté de la tranche que de l'autre côté, mais son épaisseur est en talus du côté de cette tranche, afin que la tringle qui est fixée au-dédans de la presse ne gêne pas le volume en sens contraire.

2° Il saisit ces deux ais et le volume avec la main

gauche, en les serrant assez pour que le volume ne se dérange pas, mais pas assez pour qu'il ne puisse pas céder un peu pour former la gouttière.

3° Il place l'ais de devant au niveau du trait qu'il a marqué avec le compas sur les deux bouts du volume.

4° Il *berce* le volume, c'est-à-dire qu'il le balance de droite à gauche et de gauche à droite, pour faire prendre au trait une forme concave, régulière et égale des deux côtés, tête et queue.

5° Alors l'ouvrier fait monter tant soit peu, du côté de la queue, l'ais de devant, afin de remédier, par la rognure, à une faute qu'on fait indispensablement à la pliure (1). Ce mouvement d'ascension doit être plus ou moins grand, selon la grandeur du volume, car dans l'*in*-32, par exemple, l'épaisseur de la trace suffit, tandis que dans l'*in-folio*, il faut de 3 à 5 millimètres, et quelquefois plus. Cependant lorsqu'un volume est composé de feuilles simples, le même inconvénient n'ayant pas lieu, on est dispensé d'en tenir compte.

6° Il place le volume, ainsi préparé, dans la presse; il serre fortement et rogne la gouttière de la même manière qu'il a rogné les deux côtés, tête et queue.

7° Quand les volumes contiennent beaucoup de planches, de cartes géographiques ou de tableaux qui se plient, et même dans ceux qu'on nomme *atlas*, qui

(1) La plieuse, lorsqu'elle plie une feuille, supposons un *in-quarto*, met son couteau de bois, ou *plioir*, dans le milieu de la feuille ; de la main gauche, elle renverse la moitié de celle-ci sur l'autre, et marque le pli, qu'elle achève en passant son plioir dessus aussitôt qu'elle a mis les chiffres des pages l'un sur l'autre. Elle plie une seconde fois de la même manière. Les pages sont bien de la même hauteur en tête, mais le papier n'est pas de la même dimension en queue, et c'est à ce défaut qu'on remédie en remontant l'ais de devant.

ne contiennent que des planches, il y a des précautions à prendre pour les rogner en tête et en queue, et pour donner à la tranche la forme de gouttière.

Dans le premier cas, on doit remplir les cavités qui existent, soit avec des rabaissures de carton, soit avec des morceaux de papier, afin que l'épaisseur du volume soit uniforme partout lorsqu'il est serré dans la presse. Par ce moyen, le couteau à rogner éprouve partout la même résistance, et il coupe uniformément sans faire aucune déchirure, aucune écorchure, aucune bavure.

Dans le second cas, c'est-à-dire pour faire les gouttières, après avoir laissé tomber les cartons, on place deux ais de derrière, un dans chaque mors, de manière qu'ils dépassent le volume par chaque bout, puis, posant le dos sur la presse, on appuie fortement avec les ais sur les mors, en frappant le dos sur la presse, ce qui aplatit ce dos. Alors, tandis que l'ouvrier maintient le volume dans cette position, un autre ouvrier lie fortement les deux bouts des ais avec des ficelles, ce qui rend le tout très-solide.

En liant les feuillets pour les empêcher de s'ouvrir, on doit se servir d'un ruban de fil grossier, mais bien étendu, afin de ne pas faire au volume, sur les angles de la rognure, les marques que ferait une corde, marques qu'on ne pourrait pas effacer. Cette ligature se place un peu au-dessus des plis des planches, afin de laisser au-dessus toute la partie qui n'est pas soutenue. Alors on remplit les vides, que les plis des planches occasionnent, avec des bandes de papier ou des bandes de carton plus ou moins épais, selon que les vides sont plus ou moins considérables.

Tout étant ainsi disposé, on place à l'ordinaire, les ais de derrière et de devant, on met le volume en presse, et l'on rogne. Lorsque la rognure est terminée, on dépresse le volume, on le dégage de toutes ses ligatures et des ais, le dos revient à sa place, et la gouttière se trouve formée.

§ 8. — FAIRE LA TRANCHE.

FAIRE LA TRANCHE, c'est couvrir cette tranche d'une couleur unie, ou la jasper, ou la marbrer, ou la dorer. Ainsi que nous l'avons dit, le relieur de petite ville est obligé de savoir faire toutes ces opérations, et il s'en acquitte tant bien que mal, trop souvent plutôt mal que bien. Dans les grands centres, au contraire, et même dans tous les grands ateliers, elles sont effectuées par des ouvriers spéciaux qui, principalement pour la dorure, sont quelquefois de véritables artistes. Nous ne nous occuperons ici que des tranches unies ou jaspées, les seules que font à peu près tous les relieurs; quant à la marbrure et à la dorure, nous leur avons consacré des chapitres particuliers.

1. Tranches en couleurs unies.

A. *Couleurs employées.*

Pour les tranches en couleurs unies, on n'emploie guère, du moins en France, que le *rouge*, le *jaune* et le *bleu*.

On obtient généralement le *rouge* avec le *vermillon*, composé de mercure et de soufre, dont il existe plusieurs variétés. Le plus beau est celui qu'on appelle *vermillon de Chine*.

Pour le *jaune*, on pourrait employer ou l'*orpin jaune* seul, ou le *stil-de-grain* seul; mais l'orpin donnerait un jaune trop orangé, et le stil-de-grain un jaune trop pâle. On mêle donc le stil-de-grain avec l'orpin dans une proportion telle qu'on obtienne la nuance de jaune qu'on désire. On se sert aussi du *jaune de Cassel.* Le *jaune de chrôme* seul est très-beau. Il y en a plusieurs espèces dont les teintes varient du jaune clair au jaune orangé.

Pour le *bleu,* on prend le *bleu de Prusse,* l'*outremer artificiel* ou *bleu Guimet,* le *bleu de cobalt* ou *bleu Thénard,* etc.

Si l'on avait besoin d'un *vert,* on l'obtiendrait avec un mélange de bleu et de jaune.

Toutes ces matières sont en poudre plus ou moins grossière. Pour les employer, on les broie parfaitement à l'eau, sur un porphyre, avec la molette, puis on les délaie avec de la colle de farine suffisamment liquide ou bien dans une eau de gomme ou de gélatine. Après cela, on les met chacune dans des vases particuliers, jusqu'au moment où l'on veut s'en servir.

Les Anglais emploient pour le même usage des couleurs liquides qu'ils conservent toutes prêtes à servir. Voici, suivant Andrew Arnott, comment ils les préparent :

Bleu. — Mêlez dans une bouteille 64 grammes du meilleur *indigo* réduit en poudre très-fine ; une cuillerée à café d'*acide chlorhydrique,* et 64 grammes d'*acide sulfurique.* Tenez le tout dans l'eau bouillante (au bain-marie), pendant 6 ou 8 heures ; ensuite ajoutez à froid la quantité d'eau nécessaire pour avoir la nuance de bleu que l'on désire. Ce bleu doit être maintenu très-foncé, par ce qu'on sera toujours maître de le rendre clair en ajoutant de l'eau.

Jaune. — Faites bouillir dans de l'eau du *safran* ou de la *graine d'Avignon* avec égale quantité d'*alun :* filtrez et conservez pour l'usage.

Vert. — Le *bleu* et le *jaune* ci-dessus, combinés en diverses proportions, donnent des verts plus ou moins foncés, d'un bon usage. On obtient aussi un très-bon vert en faisant bouillir, dans un peu d'eau, 128 grammes de *vert-de-gris* et 64 grammes de *crême de tartre*.

Orange. — Faites une décoction dans de l'eau, de 64 grammes de bois de Brésil râpé, et de 32 grammes de *graine d'Avignon* écrasée ; ajoutez au mélange un peu d'*alun*.

Rouge. — Faites bouillir jusqu'à réduction de moitié, 250 grammes de *bois de Brésil* râpé, 64 grammes d'*alun* en poudre fine, un litre d'eau, un litre de vinaigre. Quand l'évaporation a réduit le liquide à un litre, filtrez et mettez en bouteille.

Pourpre. — On obtient une bonne couleur pourpre en faisant bouillir, dans trois litres d'eau, jusqu'à réduction à moitié, 225 grammes de *bois de Campêche*, 64 grammes d'*alun* et 64 grammes de *couperose verte*. Le *bois de Brésil* soumis à l'action d'une forte dissolution de potasse donne aussi une couleur pourpre.

Brun. — Faites bouillir ensemble dans de l'eau, 125 grammes de *bois de Campêche*, avec autant de *graine d'Avignon*. L'addition d'un peu de *couperose verte* le rendra plus foncé.

B. Teinture des tranches.

On prend trois ou quatre volumes entre les deux mains, on les bat ensemble par la tête sur la table ou sur le bord de la presse, afin de faire rentrer les cartons au niveau du volume. Cela fait, on les empile au nombre de huit à dix, couchés sur le bord de la table, puis, appuyant fortement la main gauche sur le plat du livre le plus haut, avec un pinceau qu'on a trempé dans la couleur préparée, et qu'on a essuyé sur le bord du vase, on passe la couleur sur la tranche de la tête, en commençant par le milieu de la tranche et allant vers la gouttière d'un côté et vers le dos de l'autre. On prend cette précaution afin de ne pas laisser amasser de la couleur sur l'angle de la gouttière, parce que cette couleur, en séchant, formerait une élévation désagréable à la vue. On donne deux ou trois couches, suivant la nuance que l'on veut produire. On fait la même opération sur la queue et on laisse bien sécher.

La tête et la queue étant sèches, on reprend les volumes, on en fait tomber les cartons et l'on pose l'un d'eux, ainsi débarrassé de ses cartons, sur un ais; on met un autre ais sur ce volume, et ainsi de suite jusqu'à la fin du tas, qui se compose toujours pour la gouttière, de trois ou quatre volumes, qu'on termine par un ais. On appuie la main gauche à plat sur ce dernier ais, et l'on peint la gouttière comme on a peint les deux bouts, en commençant par le milieu de sa longueur et pour les mêmes raisons; on laisse bien sécher.

On vient de voir, qu'il faut toujours appuyer fortement sur le volume le plus élevé du tas; c'est pour comprimer les feuillets, afin que la couleur ne s'insinue pas entre eux.

Si, malgré cette précaution, on craignait que la couleur pénétrât dans le volume, on mettrait le tas en presse, on serrerait fortement, et l'on passerait la couleur dans cette position. Il est même indispensable d'agir ainsi pour les volumes qui renferment beaucoup de planches. Alors, pour ne pas perdre de temps, et afin que l'ouvrage soit plus régulier, on peut passer la couleur aussitôt que le côté sur lequel on travaille vient d'être rogné, et avant de le retirer de la presse.

2. Tranches jaspées.

Jasper signifie littéralement imiter le jaspe, mais ce mot est ici mal appliqué, puisque c'est plutôt le granit qu'on imite. Quoi qu'il en soit, le relieur appelle *jaspure* ou *jaspage*, l'action de rompre l'uniformité d'une tranche peinte d'une couleur, en répandant sur toute la surface de cette tranche des points d'une autre ou de plusieurs couleurs différentes de la première.

A. *Couleurs employées.*

Les couleurs les plus usitées pour la jaspure sont le *rouge*, le *rose tendre*, le *jaune*, le *bleu clair*, le *vert pâle*, et le *gris*.

Pour le *rouge* et le *rose*, on emploie le *vermillon*; pour le *jaune*, le *jaune de chrôme;* pour le *bleu*, le *bleu de Prusse* ou l'*outremer artificiel;* pour le *noir*, du *charbon de braise* lavé. On broie bien toutes ces matières sur le porphyre, en y ajoutant du blanc de plomb pour en affaiblir l'intensité ; puis on les délaie avec de la colle de farine ou de parchemin bien claire et bien liquide, et on les conserve dans des vases séparés.

On ne jaspe guère que sur le jaune ou sur le blanc; on pourrait jasper sur le rouge, mais cette sorte de jaspe ne produit un effet agréable que lorsque le rouge est très-pâle.

B. *Opération de jaspure.*

Pour jasper, on peut avoir recours à plusieurs procédés, mais le plus usité est le dernier que nous décrivons, c'est-à-dire celui de *grillage*.

Beaucoup de petits relieurs opèrent encore comme on faisait autrefois. Dans ce système, on place les volumes debout sur une table entre deux forts billots de bois, ou dans une vieille presse, afin de les bien serrer; ensuite avec un gros pinceau à long manche, en forme de petit balai, fait avec des racines de chiendent ou de riz, on prend de la main droite de la couleur bleu très-pâle, et qu'on a bien essuyée sur le bord du pot qui la contient; on saisit de la main gauche une barre de fer de la presse, on élève les bras en s'éloignant suffisamment des volumes, et l'on frappe du manche du pinceau sur la barre de fer pour faire tomber de haut, sur les volumes, de petites gouttes de couleur comme une légère pluie fine. On frappe légèrement en commençant, et de plus fort en plus fort à mesure que le pinceau devient de moins en moins chargé de couleur. Plus les gouttes sont fines, et plus le jaspé est beau.

On peut jasper en deux couleurs, sur le jaune et sur le rouge pâle. Sur le jaune, d'abord avec le bleu clair, et ensuite avec le rouge; sur le rouge, d'abord avec le bleu un peu plus foncé que sur le blanc, ensuite avec le jaune foncé.

Le vert mêlé dans les jaspures fait aussi un assez joli effet, lorsqu'il est combiné avec goût. On se sert pour cela du *vert de vessie*, qui n'a pas besoin d'être broyé; il se délaie dans l'eau facilement, et il porte sa gomme ou sa colle. On le mêle avec de la gomme-gutte, qui se délaie de même dans l'eau, et l'on produit ainsi des nuances de vert extrêmement agréables. Il se combine très-bien avec le jaune, le bleu et le rouge dans les jaspés.

On connaît une autre manière de jasper, également ancienne, et qui consiste en ceci : L'ouvrier se sert d'une brosse en soies de sanglier, dont les soies ont de 6 à 8 centimètres de long. Après avoir placé solidement les volumes entre deux billots sur une table, il prend, avec la brosse, un peu de couleur, et tournant les soies en dessus, il les frotte avec une règle de fer, pour enlever le plus gros. Ensuite, se plaçant au-dessus des livres, il passe la même règle sur les soies en les agitant. Cette agitation fait vibrer les poils, qui jettent de très-petites gouttes de couleur, et l'on jaspe aussi fin qu'on veut.

Ce procédé a été modifié de la manière suivante : On se procure un cadre de chêne, de 11 centimètres de largeur extérieure, 8 centimètres d'épaisseur, 1 mètre de long, et 33 centimètres de largeur intérieure. Sur les deux longs côtés, on fixe de petits clous à tête ronde, aussi près les uns des autres que la grosseur de la tête le permet, mais cependant sans qu'ils se touchent. Ces clous servent à fixer des fils de laiton d'un millimètre et demi d'épaisseur qu'on tend aussi fortement que l'on peut. Les volumes étant disposés comme ci-dessus, sur une table entre deux billots, on place le cadre au-dessus à une certaine élévation, et l'on promène sur toute sa longueur la brosse chargée de couleur, les soies tournées vers les livres, par conséquent au-dessus du treillage en fil de laiton, qui les agite plus ou moins, selon que l'on frotte plus ou moins légèrement.

Cet outil ayant été reconnu trop embarrassant on l'a remplacé par un grillage formé de fils de laiton tendus sur un châssis rectangulaire en fer, qui est muni d'un manche sur un des côtés et dont le poids est assez léger pour qu'on puisse le manier sans peine avec une seule main. De la main gauche on tient ce grillage au-dessus des livres, toujours rangés comme précédemment, et, avec la droite, on promène dessus la brosse chargée de couleur et à laquelle on fait décrire des cercles. C'est ainsi qu'opèrent actuellement tous les relieurs.

C. *Procédés anglais.*

Les Anglais font usage pour jasper, de quelques tours de main, sur lesquels nous croyons utile de donner quelques détails, en désignant ces procédés par leur nom anglais, qui n'a pas toujours un équivalent français.

1. Rice marble (Marbrure au riz).

On appelle ainsi ce procédé, parce qu'on y emploie des grains de riz, qu'on peut remplacer par la graine de lin ou de la mie de pain réduite en poudre. D'ailleurs, on distribue à sa fantaisie les grains de riz ou la mie de pain sur la tranche, et l'on asperge ensuite celle-ci avec une couleur quelconque, comme si l'on voulait jasper. Les petits grains semés sur la tranche forment des réserves blanches, ou de couleur, suivant que l'on a laissé la tranche blanche ou qu'on l'a teinte.

2. Fancy marble (Marbrure de fantaisie).

Réduisez en poudre fine dans un mortier, du carmin, du vert de vessie ou tout autre couleur végétale. Mélangez un peu cette couleur avec de l'esprit-de-vin, au moyen d'un couteau à palette. Puis, avec ce même couteau, faites tomber la couleur petit à petit au milieu d'un plat, que vous aurez préalablement rempli d'eau bien claire. En distribuant la couleur avec précaution, sur les différents points du vase, elle flottera à la surface de l'eau et l'esprit-de-vin lui fera prendre une multitude de formes agréables. Si alors on y plonge la tranche du livre, comme on le fait pour marbrer à la manière ordinaire, on obtient à fort peu de frais les plus jolis effets.

3. Gold-sprinkle (Jaspé d'or).

Après que la tranche a été colorée, jaspée ou marbrée, on peut obtenir un effet très-beau et très-riche en la jaspant avec de l'or liquide préparé comme nous allons le dire.

Prenez un livret d'or, mettez les feuilles qu'il contient avec 16 grammes de miel et broyez le tout dans un mortier jusqu'à ce que l'or soit réduit à la plus grande ténuité. Ajoutez-y alors un litre d'eau, mélangez bien le tout et versez-le dans un vase en forme d'entonnoir ou de verre à vin de Champagne. L'or se précipite au fond et le miel surnage. On décante l'eau et le miel, et l'on ajoute de nouvelle eau. En répétant plusieurs fois ce lavage, on finit par avoir l'or pur et bien dégagé du miel, qui n'avait été ajouté que pour rendre la trituration possible..

L'or étant ainsi obtenu, faites dissoudre dans une petite cuillerée d'alcool, environ 6 centigrammes de sublimé corrosif ; quand la dissolution est faite, joignez-y un peu d'eau fortement gommée, et enfin l'or broyé. La bouteille dans laquelle est conservé ce mélange doit être agitée lorsqu'on veut s'en servir. Quand la jaspure faite avec cet or liquide est sèche, on brunit ; puis, on couvre la tranche avec un papier fin jusqu'à ce que le travail soit achevé.

§ 9. — TRANCHEFILE.

On appelle TRANCHEFILE, une sorte d'ornement en fil, en coton ou en soie de diverses couleurs, quelquefois même en fil d'or et d'argent, qu'on place en tête et en queue d'un livre, du côté du dos. Elle sert, d'une part, à assujétir les cahiers et à consolider la partie de la couverture qui les déborde; d'autre part, et surtout, à mettre le dos du livre à la hauteur des cartons.

La tranchefile n'est pas absolument indispensable; néanmoins, on y a recours pour toute reliure tant soit peu soignée. Des femmes sont habituellement chargées de l'exécuter. Pour les reliures communes, on la supprime ou bien on la remplace par une *fausse tranchefile*, c'est-à-dire par un bout de ficelle sur lequel on rabat et colle l'extrémité de la peau.

Quand on ne veut pas faire soi-même la tranchefile, on y substitue un morceau de *comète:* on nomme ainsi une tranchefile toute prête à être mise en place, qu'on trouve dans le commerce où elle se vend au mètre.

La tranchefile se fait ordinairement sur des noyaux de papier roulé, et dont l'extrémité est collée pour que le noyau ne se déroule pas. Lorsqu'elle est faite sur des noyaux plats, la tranchefile produit un bien meilleur effet. Pour cela on prend une feuille de carton plus ou moins épaisse, selon la grandeur des livres qu'on veut tranchefiler; on colle sur les deux faces de ce carton, avec de la colle de farine, du parchemin mince; et après l'avoir laissé bien sécher, on coupe, à la presse à rogner, des bandes assez étroites pour faire la hauteur de la châsse des cartons.

On distingue deux sortes de tranchefiles: la *tranchefile simple* et la *tranchefile à chapiteau*. Dans l'une et dans l'autre, pour les ouvrages ordinaires, on emploie le fil, pour les ouvrages recherchés, on se sert de soie, et quelquefois de fils d'or ou d'argent, comme nous l'avons dit plus haut.

Quelle que soit la sorte de tranchefile qu'on veut former, on prend autant d'aiguillées de fil ou de soie qu'on veut employer de couleurs différentes, et on les noue ensemble par un bout, au moyen d'un nœud de tisserand, après quoi on enfile un bout de l'une d'elles dans une longue aiguille, et, afin qu'elle ne se désenfile pas, on fait près de la tête un petit nœud à boucle. On place le volume entre les genoux, ou dans une petite presse, la gouttière devant soi, après avoir baissé les cartons.

1. Tranchefile simple.

Tout étant ainsi disposé, supposons qu'on ait pris une aiguillée de fil blanc et une de fil rouge, et que celle de fil blanc soit enfilée dans l'aiguille.

On pique l'aiguille dans le volume à cinq ou six feuillets, en commençant par la gauche, de manière qu'elle sorte sur le dos de 20 à 22 millimètres de la tête, et l'on tire le fil jusqu'à ce qu'on soit arrêté par le nœud, qui se cache dans le cahier; on pique une seconde fois à peu près au même endroit, et l'on ne serre le point qu'après avoir passé le rouleau de papier ou la petite bande de carton sous l'espèce de boucle que forme le fil blanc, qui n'est pas tendu: on serre alors ce point, et la tranchefile est assujettie.

Avant de la mettre en place, on a eu soin de la courber entre les doigts pour lui faire prendre la rondeur du dos du livre. On prend de la main droite le fil rouge qui pend à la gauche du livre sur le carton; on le fait passer de la gauche vers la droite, en croisant par-dessus le fil blanc; on le passe sous la tranchefile, on en entoure cette dernière, on l'amène vers le côté droit du carton, et l'on serre de manière que le croisement des deux fils touche la tranche du volume.

La même opération que nous venons de décrire se répète avec le fil blanc. Ainsi, de la main droite on prend le fil blanc qui pend alors sur le carton à gauche, on le fait passer, en croisant, par-dessus le fil rouge, on en enveloppe la tranchefile en le passant par-dessous de dedans en dehors, et on l'amène vers le côté droit du carton.

En répétant ainsi alternativement cette opération, en croisant les deux fils, et passant chaque fois par-dessous la tranchefile qu'on enveloppe, on arrive au côté droit du livre ; mais avant d'y arriver, on a soin, quand on a fait un certain nombre de points croisés, qui forment ce qu'on nomme une *chaînette*, laquelle touche la tranche, de faire une *passe*, c'est-à-dire de piquer l'aiguille entre les feuillets, comme on l'a fait la première fois, mais en ne formant qu'un seul point : cette passe donne du soutien à la tranchefile, et lui fait prendre plus exactement la courbure du dos du livre. On fait plus ou moins de ces passes, selon la grosseur du livre ; mais ordinairement, pour un in-12 ou un in-8°, on n'en fait pas moins de trois ni plus de quatre.

Quand on est arrivé au côté droit du livre, on fait une dernière passe en piquant deux fois l'aiguille comme on l'a fait en commençant. On arrête le fil par un nœud, et la tranchefile est terminée.

On coupe des deux côtés, avec un couteau bien tranchant, les deux bouts de la tranchefile, au niveau de l'épaisseur du volume, afin que ces bouts ne gênent pas les cartons lorsqu'on veut les fermer.

2. Tranchefile à chapiteau.

Cette tranchefile se fait avec de la soie de deux couleurs bien tranchantes. Elle diffère de la tranchefile simple :

1° En ce qu'elle est composée de deux noyaux, un gros *a a*, et un petit *b b*, qu'on place l'un au-dessus de l'autre, comme on les voit fig. 63 ;

2° En ce que la manière de faire la passe est tout à fait différente. Cette même figure 63 représente ce nœud en grand et en donne une idée. On n'a point serré les nœuds dans le dessin, afin de laisser apercevoir les différents tours que doit faire le fil ou la soie. On commence comme pour la tranchefile simple.

Quand on a assujetti la tranchefile, on prend de la main droite la soie rouge *e* qui pend vers le côté gauche du livre ; on la croise par-dessus la soie blanche *d*, on la fait passer vers la droite par-dessus la tranche-file *a a*, entre les feuillets du livre en *r*, on la rejette par-dessus le chapiteau *b b* en *s* ; puis on la ramène par derrière le chapiteau en *t*, et on la fait passer par-dessus la tranchefile *a a*. En serrant ce nœud, on fait une petite chaînette entre la tranchefile et les feuilles du livre, telle qu'on le voit au point *q*. On répète la même chose avec la soie blanche. Le reste se pratique comme à la tranchefile simple.

3. Tranchefile or et argent.

Cette sorte de tranchefile se fait comme celle à chapiteau ; la seule différence, c'est qu'on emploie un fil d'or et un fil d'argent. Il faut bien serrer les chaînettes.

4. Tranchefile en lettres ou en devises.

Cette tranchefile se fait de la même manière qu'on

fait les bagues en crin ou en cheveux. On forme toujours au-dessous une chaînette.

5. Tranchefile à rubans.

La seule différence entre cette tranchefile (fig. 64) et les autres, consiste en ce qu'on passe plusieurs tours de suite la soie rouge sur la tranchefile, en faisant la chaînette à chaque tour, et qu'on passe le même nombre de tours la soie blanche autour de la tranchefile, en n'oubliant jamais de faire la chaînette à chaque tour. De cette manière on aperçoit un petit ruban rouge, ensuite un ruban blanc, ce qui produit un effet assez agréable.

§ 10. — RABAISSURE.

Les cartons de la couverture ont été coupés en tête et en queue, en même temps qu'on a rogné le volume par ses deux bouts; mais il reste à les couper, du côté de la gouttière, à la longueur convenable. Cette opération se nomme *rabaisser*.

Pour cela on place sur la presse un *ais à rabaisser*. On pose le volume dessus, la tête devant soi et le dos à gauche. Par conséquent, le livre est couché sur le premier feuillet qui repose sur le carton de ce côté; on ouvre l'autre carton qu'on laisse tomber vers la gauche sur l'ais à rabaisser; on passe une règle d'acier bien droite entre le volume et le carton sur lequel il est couché; on enfonce bien ce carton contre le mors, et, sans le déranger de cette position, on fait sortir la règle, parallèlement à la première page de la gouttière, d'une quantité un peu plus grande que celle dont le carton doit excéder le volume en tête ou en queue.

Alors, de la main gauche ouverte, on appuie fortement sur le bord du volume du côté de la gouttière, on pèse par conséquent sur la règle qu'on tient fixement, tandis que de la main droite armée de la *pointe* ou *couteau à rabaisser*, qui est le même couteau que nous avons décrit pour tailler le carton, et dont on a le manche appuyé contre l'épaule, on coupe le carton, en faisant agir le tranchant contre la règle d'acier. Au lieu de cet instrument, on peut se servir de la pointe représentée dans la figure 24.

Il faut faire attention, pendant qu'on effectue cette opération, de ne pencher la pointe à rabaisser ni sur la droite, ni sur la gauche, parce qu'on couperait alors le carton en biseau, ce qui serait fort désagréable à la vue quand le volume serait couvert.

Lorsque le premier carton est coupé, on retourne le volume, on passe la règle d'acier entre le dernier feuillet et le carton, on pousse bien ce carton contre le mors, et l'on fait sortir la règle au niveau de l'autre carton qu'on a poussé aussi contre le mors. Alors on coupe ce second carton comme on a coupé le premier. En redressant le livre sur les cartons, du côté de la gouttière, sur l'ais à rabaisser, le volume ne doit pencher ni sur la droite, ni sur la gauche, si l'ais à rabaisser est bien horizontal.

L'habitude qu'a contractée le relieur d'opérer ainsi à vue-d'œil lui suffit ; mais s'il craignait de se tromper, il mesurerait ses distances avec un compas, et marquerait un point sur chaque bout du carton ; il dirigerait alors sa règle sur les deux points, ce qui est plus parfait et toujours plus sûr. Toutefois, rabaisser à la presse vaut beaucoup mieux. Voici comment on opère :

Après avoir marqué les deux points, on place par

derrière un ais (l'un de ceux qui ont servi pour la gouttière); et l'on met en presse, en ayant soin, si le volume est gros et lourd, de le supporter par quelques billots qu'on fait reposer sur une planche placée en travers sur les parois du porte-presse. On est sûr, par ce moyen, d'avoir les bords des cartons à angles droits avec les surfaces.

La rabaissure terminée, on bat le carton sur la pierre, en donnant des coups de marteau tout autour, de manière que le second coup couvre le premier sans laisser aucune bosse. On en donne ensuite quelques-uns dans le milieu. De cette manière, le carton est aminci partout et devenu plus dur.

§ 11. — COUPAGE DES COINS.

Autrefois, les relieurs coupaient les coins intérieurs des cartons du côté du dos, en prenant de loin environ 3 centimètres et arrivant au bord ; mais, en couvrant le volume et en collant les gardes, il se formait dans ce vide un paquet de papier plissé qui produisait un vilain effet. Aujourd'hui on n'opère plus de même et l'ouvrage est plus propre ; on coupe seulement, avec de gros ciseaux ou avec le *couteau à parer*, le petit angle qui excède la tranche.

Cela fait, on abat avec un morceau de bois rond, en frottant fortement, les nœuds des tranchefiles ; ensuite on colle sur le dos proprement, soit une bande de parchemin mouillé, avec de la colle de farine, soit, ce qui vaut mieux. une bande de toile ou de mousseline, avec de la colle forte légère et chaude. Ces bandes doivent partir de l'extrémité supérieure d'une tranchefile à l'autre, être collées sur les tranchefiles du côté du dos, ainsi que sur le dos, et avoir toujours la largeur du dos.

L'usage de la toile a été introduit en France par Bozérian et Courteval, à l'imitation des Hollandais, des Anglais et des Allemands. Appliquée à la colle demi-forte, la toile est d'un bon emploi; elle tient le dos ferme et lui procure une élasticité que n'avaient pas les reliures anciennes. Elle tient fort bien sur les dos et s'en détache avec peine, et lorsqu'il faut relier de nouveau le livre qu'elle protége, elle s'enlève facilement au moyen d'une éponge humide. Qu'on laisse sécher le dos un quart d'heure, et l'on peut ensuite séparer les cahiers sans nul dommage. Cependant la toile n'exclut pas l'usage des parchemins qui, bien plus que les nerfs, font tenir le carton au livre.

§ 12. — COLLAGE DE LA CARTE.

Pour que les volumes grecqués s'ouvrent à dos brisé, il est nécessaire que la couverture ne soit pas collée immédiatement sur le dos.

Il existe deux moyens, l'ancien et le nouveau, pour obtenir l'effet voulu.

Dans le procédé ancien, on colle sur le dos un carton mince et fort, qu'on nomme *carte*. Après avoir coupé ce carton de la largeur du dos et de la longueur du volume, on encolle seulement les bords, qui viennent se coller sur le mors, et qu'on serre avec de la ficelle dont on enveloppe le volume et la carte sur toute sa longueur, sans laisser le moindre intervalle; et en dirigeant, avec le pouce et l'index de la main gauche, la carte, afin qu'elle appuie également sur les deux côtés du mors, ce qui est très-important. Quand la colle est sèche, on délie la ficelle et l'on unit les bords avec un morceau de bois rond et uni.

Dans le procédé nouveau, on ne fait pas usage de

ficelles, considérées comme inutiles, ce qui abrége beaucoup l'opération.

Quand la reliure est à la fois à nerfs et à dos brisé, on a imaginé de simuler les nerfs en les rapportant sur la carte, de sorte qu'on peut en même temps avoir des nerfs larges ou étroits, minces ou gros, et même former différentes éminences ou creux sur le dos. La dorure produit un effet agréable sur les nerfs ainsi disposés. Les volumes ainsi reliés sont toujours cousus à la grecque.

Pour rapporter les nerfs, on colle des bandes, des morceaux de cuir ou de carton plus ou moins épais sur la carte, et on les espace comme l'on veut. On prépare à l'avance des feuilles de carte sur lesquelles on colle des bandes de cuir ou de carton aux distances convenables, et l'on coupe ensuite ces cartes de la largeur qu'exige l'épaisseur du volume, mais perpendiculairement aux petites bandes. On les colle sur les bords par les mors comme nous venons de le dire.

On sait que les nerfs ainsi rapportés se nomment *faux-nerfs*.

§ 13. — COLLAGE DES COINS.

On colle aux quatre coins des morceaux de parchemin mince, avec les mêmes précautions qu'on colle les coins de la peau de la couverture, ainsi que nous l'expliquerons plus loin.

Lorsque nous nous servirons à l'avenir du mot *colle,* sans autre addition, il faut toujours entendre *colle de farine*. Bien que la colleforte, dite *de Flandre*, puisse s'employer avec le plus grand avantage et devienne indispensable pour coller proprement le papier en général; les cartes du dos, et même le parchemin, cependant la gomme est très-utile pour les ouvrages très-propres, dont les autres colles pourraient ternir les couleurs ou le blanc.

§ 14. — COUPAGE ET PARAGE DES PEAUX.

1. Coupage des peaux.

La manière de couper les peaux est une opération importante; le relieur peut faire d'assez grandes économies lorsqu'il sait bien s'y prendre. Il a ordinairement des patrons pour tous les formats; ces patrons sont en carton, et ils ont une étendue de 3 centimètres tout autour plus grande que celle du volume tout ouvert.

On ne doit jamais tremper la *basane* ou le *veau* avant de les employer ; au moment de les travailler, il suffit de les humecter légèrement avec de l'eau bien claire. On les plie ordinairement en deux, fleur contre fleur, afin que celles-ci ne soient ni altérées, ni salies, puis on les place entre des cartons épais, qu'on pose sur une table bien plane et que l'on charge de poids, afin de les bien sécher. C'est alors qu'on tire dans tous les sens les peaux ainsi assouplies, afin de les étendre et d'effacer les plis qui pourraient s'être formés. On termine l'opération en les découpant au moyen de patrons.

Lorsque le veau doit rester fauve ou d'une couleur unie, on le coupe à sec et on le passe rapidement dans un plat avec de l'eau bien claire; on le plie en deux, fleur contre fleur : on ne le tord pas. On doit employer cette peau le plus promptement possible et surtout, pour éviter les taches, en éloigner tous les objets en fer, qui la rendraient défectueuse.

Le *maroquin*, le *mouton maroquiné* et le *chagrin*

ne se trempent pas; on détruirait le grain, et ils se tacheraient.

Les peaux préparées pour la reliure sont apprêtées exprès; elles sont minces et d'égale épaisseur partout; elles sont *drayées*, comme disent les ouvriers.

Si l'on a des patrons, on les présente sur la peau, et on les tourne dans tous les sens pour tirer de celle-ci le plus grand nombre de morceaux, soit pour le même format, soit pour des formats plus petits. De cette manière, l'on met tout à profit, soit pour les dos des demi-reliures, soit pour les coins.

Quand on n'a pas de patron, on prend le livre par la gouttière, on laisse tomber les cartons sur la peau, en appuyant le dos, et avec un couteau de bois on marque tout autour sur la peau, à 2 centimètres et demi de distance du livre: on coupe selon cette marque. On plie chaque morceau en deux, fleur contre fleur, afin qu'ils conservent leur humidité, et on les entasse les uns sur les autres pour les parer ensemble.

2. Parage des peaux.

Le maroquin, avons-nous dit, ne doit pas être mouillé. Avant de le parer, on se contente de le bien étendre, la fleur en dessus. On ne le marque pas non plus avec le plioir, pour le couper, mais avec de la craie. Enfin, pour le parer, on mouille les bouts des doigts avec de la salive, et l'on roule les bords de la peau, en les prenant successivement du côté de la chair. On parvient ainsi à les ramollir et alors le couteau à parer prend beaucoup mieux.

On pare les peaux sur la pierre à parer avec le paroir ; on les ponce de temps en temps jusqu'à ce que la surface soit devenue bien douce et qu'il n'y existe plus aucun grain qui puisse arrêter le couteau à parer. Alors on les laisse sécher complètement. On doit éviter de graisser la pierre avec de l'huile, ce qui constitue un danger permanent pour la peau.

Le couteau doit être bien affilé, et pour entretenir son tranchant, les ouvriers le passent de temps en temps sur leur pierre. Toutefois, leur but, en le passant sur la pierre, n'est pas tant de l'affiler, que de faire passer le morfil de l'acier du côté de la lame qui touche le cuir, et qui la fait mordre davantage. Par le travail, ce morfil se rejette en dessus, et en le passant sur la pierre, on le fait revenir en dessous, ce qui le fait mieux couper.

On étend la peau sur le bord de la pierre, du côté de la fleur, et avec le couteau on enlève de l'épaisseur de la peau, du côté de la chair, en prenant un peu diagonalement à partir de 3 à 5 centimètres du bord, et en allant en mourant jusqu'au bord.

Il faut avoir soin de tenir bien tendue la peau de la main gauche, et de ne pas élever ou trop abaisser la main droite qui tient le couteau à parer. Si cette dernière main était trop élevée, on couperait la peau avant d'être arrivé au bord; si elle était trop abaissée, on ne couperait pas : il faut un juste milieu, et l'habitude rend bientôt maître.

Toutes les peaux se parent de la même manière. On les plie en deux, fleur contre fleur, au fur et à mesure qu'on les pare, et on les entasse afin qu'elles conservent leur humidité.

Le maroquin est un peu plus difficile à parer, parce qu'il n'est pas mouillé, et il demande une main plus exercée. Il est quelquefois si coriace sur les bords, qu'on est obligé, pour le parer, de le mouiller légèrement avec une éponge humide. Alors, en agissant avec précaution, il n'y a plus de ces duretés que les relieurs attribuent à tort au cylindre.

Le relieur n'emploie aucune peau qu'il ne l'ait parée, afin de faire disparaître les épaisseurs sur les bords. Le but de la parure est, en effet, d'amincir la peau en partant, comme on l'a vu, de 3 à 5 centimèt. du bord, et réduisant insensiblement l'épaisseur jusqu'à ce qu'il ne reste que l'épiderme sur le bord. Il faut que chaque coup de couteau enlève une épaisseur égale de peau, afin que celle-ci ne présente ni creux ni bosses. Il faut aussi nettoyer de temps en temps la pierre et la peau, de manière qu'il ne s'introduise entre les deux aucun corps étranger, qui, faisant paraître la peau plus épaisse en apparence sur ces points, rendrait l'opération défectueuse.

Si l'on aperçoit un défaut dans la peau, on doit éviter d'employer cette partie, mais si la chose n'est pas possible, ou que l'accident soit arrivé depuis qu'elle a été taillée, le bon goût indique assez qu'il ne faut pas s'en servir, à moins qu'on ne parvienne à masquer tellement bien ce défaut qu'on ne puisse pas l'apercevoir. Par exemple, si ce défaut se rencontrait sur le dos, il faudrait tourner la peau de manière qu'il pût se trouver placé sous la pièce du titre, qui le couvrirait parfaitement, soit sur une autre place, où l'on mettrait beaucoup de dorure qui le masquerait. S'il devait se rencontrer sur le plat, ce qui serait toujours très-vilain, il faudrait au moins tourner la peau de manière à placer ce défaut sur la surface de derrière, et tâcher de le cacher, autant que possible, par de la dorure, ou du moins par de la gaufrure. Le bon goût du relieur doit présider à tout cela, et il ferait mieux de faire le sacrifice des morceaux défectueux.

§ 15. — Couvrure.

Quelle que soit la nature de la peau avec laquelle on se propose de couvrir un volume, les manipulations sont les mêmes ; il ne s'agit que de coller cette peau avec de la colle de farine.

Il n'existe de différence que dans les précautions à prendre pour ne pas tacher les matières précieuses qui se salissent ou se ternissent facilement, telles que le maroquin, le mouton maroquiné, la moire, le satin, le papier maroquiné ou d'une couleur unie et délicate. Nous expliquerons ces différences. Occupons-nous d'abord du veau ordinaire et de la basane.

Pendant que la peau est encore humide, on l'étend sur un carton, puis avec un gros pinceau, on la trempe avec de la colle du côté de la chair, qui est celui qu'on doit appliquer sur le carton, et l'on a soin de distribuer la colle bien également sur toute la surface, et de ne pas en mettre trop. On enlève ensuite le carton, et l'on étend la peau sur la table, ou mieux sur un autre carton sec. On place la carte sur le milieu de la peau, si elle n'a pas été déjà collée sur le dos, comme nous l'avons dit, et l'on passe un peu de colle sur le bord du mors du volume, des deux côtés, afin que la carte se colle dans ces deux parties. On pose le volume, la tête en haut, à côté de la carte, après avoir mis les châsses bien égales ; on retrousse la peau et la carte sur le dos et le restant de la peau sur l'autre carton, en ayant soin de ne pas déranger les châsses.

En prenant ces précautions, on voit que les châsses sont à la hauteur des tranchefiles et ne les excèdent pas, ce qu'on appelle *arranger les châsses droit à la tranchefile,* et l'on s'aperçoit que la peau dépasse de trois centimètres environ tout le tour du volume.

Tout étant ainsi disposé, on place le livre en travers devant soi, posé sur les cartons de la gouttière, le dos en haut, après avoir retiré çà et là la peau qui dépasse les cartons. On le saisit alors des deux mains, et à pleines mains, et l'on appuie avec force pour tendre bien la peau sur le dos. On tire fortement cette peau, afin de la tendre parfaitement et qu'elle ne fasse pas de plis.

Lorsque la peau est bien tendue sur le dos, on pose le livre à plat sur la table, la gouttière vers soi, on étire la peau avec soin, et, avec le plat de la main, on la fait bien adhérer au carton; on tourne le dos vers soi, puis, avec un plioir uni, on frotte légèrement la peau, sans en altérer l'épiderme, pour effacer les rides et les plis, et afin d'abattre le grain. On retourne le livre, toujours la gouttière devant soi, et l'on opère sur ce côté comme on l'a fait sur le premier.

On ne saurait trop bien tirer la peau sur le dos et sur les cartons du volume. Cette opération est indispensable pour que la peau s'applique exactement tant sur le dos que sur les plats du livre, et qu'il n'y reste aucun pli, et en même temps pour amener vers la gouttière l'excédant de colle qui peut s'y trouver.

L'on pourra, avec quelque raison, craindre qu'en tirant de toute sa force et à poignées de mains, une couverture sur un volume, par des efforts qui agissent principalement sur le dos, les mors ne se trouvent tellement gênés, qu'ils ne puissent ensuite s'ouvrir qu'avec peine, ou bien qu'ils ne soient dans le cas de casser dans la charnière; l'expérience prouve qu'on doit être sans inquiétude. Le relieur ne trouve pas pour ce travail la main d'une femme assez forte, à moins que ce ne soit pour de très-petits formats. Il ne s'agit ici que de tendre parfaitement la peau, et toutes les précautions ont été prises, comme on l'a vu aux § 9 et 10, pour serrer les cartons, contre les mors, de la quantité nécessaire pour ne rien gêner. Les ficelles sont assez fortes pour soutenir l'effort, et la couverture conserve l'élasticité suffisante pour se prêter à tous les mouvements.

La couverture ne saurait être jamais trop tendue. On enlève légèrement avec le doigt la colle qui se présente au bord du carton, et l'on tourne le volume la queue vers soi ; on ouvre la couverture, et avec le pouce de la main gauche et le plioir de la droite, on rabat la peau qui dépasse sur le dedans du carton le long de la gouttière, en la tendant toujours et empêchant toute espèce de pli. On passe le plioir sur la tranche du carton, afin d'en rendre les angles bien vifs. On en fait autant de l'autre côté en retournant le volume.

Il arrive souvent que, malgré tous les soins possibles, la peau, et surtout le maroquin, se ride sur le long des mors, auprès des nerfs : aussi, les bons ouvriers mettent-ils des nerfs très-minces, surtout pour les petits formats.

Ce qui précède se rapporte aux dos à nerfs. Pour les dos brisés, la peau du dos est soutenue par une bande de carte que l'on y colle et sur les extrémités de laquelle on rabat le bord excédant de la peau.

Quand les deux côtés de la gouttière sont bien couverts, on s'occupe de rabattre de même la peau sur les cartons en tête et en queue, et de *faire la coiffe*. Pour cela, on prend le volume par la gouttière; on pose le dos du livre sur le bout de la table, en laissant tomber dessus les deux cartons, le livre un peu incliné du haut en bas, et l'angle inférieur de la gouttière appuyé contre le bas de l'estomac, où il est tenu solidement dans une situation verticale. Le relieur ayant ainsi les deux mains libres, appuie légèrement sur la tête, en décolle un peu la carte, qu'il pousse en arrière, afin d'obtenir la place nécessaire pour remployer la peau devant la tranchefile et sur les cartons.

Ce pli se fait selon la ligne droite que présente l'extrémité des deux cartons, en ayant toujours soin de tenir la peau avec les pouces, de manière qu'il ne se fasse ni rides ni plis, et que la *coiffe*, qui est à l'extrémité du dos qui recouvre la tranchefile, la déborde un peu. Alors on abat le volume sur la table, on l'y fait reposer sur le dos, en le tenant par la gouttière, les cartons libres : ceux-ci tombent à droite et à gauche ; on achève de coller la peau sur les deux cartons, en se servant du plioir, et avec les précautions que nous avons indiquées pour la coller du côté de la gouttière. Il ne restera plus que les angles à coller, ce qui se fera dans un instant. On retourne le volume de haut en bas, et l'on colle la peau de ce côté, comme on vient de le faire du côté de la tête.

Le relieur soigneux apporte une grande attention à coiffer ses livres, parce qu'il sait que c'est par là qu'ils commencent à se détériorer. Les coiffes des anciennes reliures dépassaient presque toujours les cartons, et cela nuisait à leur conservation dans la bibliothèque.

Observations.

Avant d'aller plus loin, nous avons quelques observations importantes à faire.

1° Si l'on s'aperçoit, en rabattant la peau sur la carte pour faire la coiffe, que celle-ci ne forme pas une assez grande épaisseur, on introduit sous la peau, avant de la rabattre, un petit morceau de peau mince ou un morceau de papier, après l'avoir collé sur les deux surfaces, ce qui donne l'épaisseur convenable.

2° Si la couverture est en maroquin, en mouton maroquiné, en soie, etc. matières qui par leur nature exigent la plus grande propreté, pour ne pas les tacher, ou pour ne pas altérer leurs formes, on ne les tire pas avec toute la force que nous avons prescrite pour la basane et le veau ordinaire. On se contente de bien appliquer la couverture en serrant avec le pouce et le restant de la main, en même temps sur les deux faces du livre auprès du dos; il faut surtout avoir les mains très-propres, un tablier blanc, et travailler sur une table couverte d'une serviette propre pliée en deux ou en quatre. Le maroquin exige surtout de grandes précautions, ainsi que les peaux maroquinées, afin de ne pas abattre leur grain; il faut bien se garder de frotter sur ces peaux avec le plioir, au moins aussi fort que nous l'avons indiqué pour les autres peaux,

3° Lorsqu'il s'agit de faire la coiffe à ces couvertures délicates, il y a aussi une précaution importante à prendre. Pour les couvertures ordinaires, nous avons dit d'appuyer le dos du livre sur le bord de la table, qui doit être arrondi, en l'inclinant un peu vers soi, et le tenant par la gouttière avec l'estomac. Ici, cela se fait de même, mais, pour ne pas s'exposer à tacher le dos, ou pour ne pas faire des marques qu'on ne pourrait peut-être plus enlever, on prend un morceau de carton de la grandeur du volume fermé ; on le met sur le bord de la table, on appuie le dos dessus, et, en le faisant basculer, on entraîne le carton qui garantit le dos précieux qu'on a l'intention de préserver de tout accident. On ne saurait recommander une trop grande propreté dans ces divers cas.

4° Lorsqu'il s'agit de couvertures précieuses ou délicates, on doit coller sur le carton du papier blanc, afin d'éviter les taches que le carton pourrait communiquer aux couvertures. Les ouvriers appellent cela *blanchir le carton.*

5° Avant de couvrir un volume doré sur tranche, on enveloppe les trois parties de la tranche avec du papier bien propre dont on colle les extrémités l'une sur l'autre légèrement, afin de ne pas dégrader la dorure dans les opérations subséquentes, ou lui faire perdre sa fraîcheur. On enlève ces papiers lorsque la reliure est terminée.

6° Si l'on venait à faire disparaître le grain du maroquin, on pourrait y remédier en retravaillant la peau à l'aide de la paumelle, pour en relever le grain, comme on le fait dans la maroquinerie.

§ 16. — COLLAGE DES ANGLES.

On ouvre le volume, on redresse les peaux qui, dans les diverses opérations qui viennent d'être décrites, se sont couchées l'une sur l'autre du côté des angles. On les relève dans une position à peu près perpendiculaire au carton ; on les pince entre le pouce et l'index, comme si l'on voulait les coller l'une sur l'autre, puis, avec des ciseaux, on les coupe en biais jusque tout auprès de la pointe de l'angle du coin, et l'on ne laisse que ce qui est nécessaire pour que les peaux se recouvrent sans laisser voir le carton.

Après cette préparation, on met, avec le bout du doigt, un peu de colle sur les peaux et sur le carton, et on les applique l'une sur l'autre en appuyant avec l'ongle des deux pouces, pour faire passer, sans laisser d'épaisseur, la peau des bords des côtés, sous celle de devant, ensuite on frotte avec le plioir, afin d'éviter tous les plis.

Les angles en parchemin que l'on place avant de coller la couverture, ainsi que nous l'avons dit page 180, se collent de la même manière que nous venons de l'indiquer.

On passe le plioir fortement dans les mors, afin de faire bien coller la couverture dans cette partie, pour les bien arranger et les rendre parfaitement uniformes.

§ 17. — ACHEVAGE DE LA COIFFE.

La *coiffe* est une des parties les plus importantes du volume ; on doit la rendre le plus solide possible. C'est par la coiffe qu'on prend le volume pour le sortir de la bibliothèque ; l'on court le risque de la déchirer si elle ne présente pas une grande solidité, et le volume perd toute sa grâce.

Dans l'état où nous l'avons laissée, elle n'est qu'à moitié faite. Pour la terminer, on prend un petit plioir en os dont le bout est bien arrondi, quoique un peu pointu, et ne présente aucune partie tranchante. On enfonce la pointe du plioir dans les angles du dos près de la tranchefile, afin de bien appliquer les peaux l'une sur l'autre. On appuie fortement avec le même plioir sur les angles du carton, qu'on a coupés près du dos, et qu'on nomme *mors du car-*

ton, afin d'y faire bien appliquer la peau dans tous les sens. On rabat ensuite la peau sur la tranchefile, en frappant doucement dessus avec le plat du plioir incliné vers soi, ce qui s'appelle *coiffer la tranchefile*.

Cette dernière opération ne se fait plus guère aujourd'hui comme nous venons de le dire. On obtient le même résultat d'une manière plus simple.

On prend le volume de la main gauche, on le pose verticalement en travers devant soi, le dos appuyé sur la table; et de la main droite on tient le plioir en os, le même dont on vient de se servir, pourvu qu'il soit bien plat.

Au lieu du plioir, il vaut mieux employer une petite règle en buis, de 5 centimètres de large et de 5 à 7 millimètres d'épaisseur, dont cette petite surface soit bien à angle droit avec sa largeur.

On peut encore y suppléer par une équerre dont l'une des branches repose sur la table, par son épaisseur, tandis que l'autre est bien verticale. On présente cette branche verticale contre la coiffe, on fait basculer circulairement le volume sur son dos, en appuyant le plioir ou mieux l'équerre contre la peau.

Par ce moyen, la coiffe prend une jolie forme régulière, la tranchefile se trouve bien couverte, et cette opération n'exige que quelques instants pour que la coiffe et les cartons ne forment qu'une ligne droite. On en fait autant sur la queue et avec les mêmes précautions.

On place le même plioir sur les bords des cartons, afin qu'ils présentent une face bien carrée, les angles saillants et non arrondis, comme ils le seraient sans cette manipulation.

On glisse, entre les deux cartons de la couverture

et le volume, un morceau de papier qu'on a arraché de la couverture d'une brochure en la débrochant pour la relier. Ce papier, plus épais qu'une feuille simple, garantit le volume de l'humidité. Il ne faut pas perdre de vue que pendant toutes les opérations qui se rapportent à la couvrure, l'ouvrier doit porter la plus grande attention à tenir ses deux cartons toujours à la même hauteur l'un de l'autre.

Aussitôt que le volume est arrivé à ce point, on le met à la presse entre deux *ais à mettre en presse*, afin de bien marquer le mors. Ces ais sont plus épais d'un côté que de l'autre; on place l'angle du côté épais dans le mors et bien également des deux côtés du volume, de sorte qu'en serrant la presse, le volume est seulement comprimé dans ces points ; tout le reste est libre.

Lorsque le mors est bien marqué, ce qui a lieu après quelques minutes, on passe un gros fil qui entoure le volume en passant dans les mors, près du dos, sur la tête et sur la queue, dans les coins de la coiffe. On arrête ce fil après avoir fait plusieurs tours ; il sert à conserver la forme que l'on a désiré donner aux angles de la coiffe. Cela fait, on ôte le volume de la presse, et on le met en pile pour le faire sécher.

Pour les volumes couverts de maroquin, etc., on les met en presse en sens contraire, la gouttière en dessus, afin que les plats ne touchent pas la presse.

Si le volume est couvert en veau, qui doit rester fauve, on frotte toute la couverture avec une légère dissolution d'alun.

Nous devons faire à ce sujet quelques observations. Il faut, pour aluner le veau, se servir d'une éponge fine et pure. Ce genre de reliure veut être traité avec soin. Presque toutes les reliures en veau des XVe et XVIe siècles étaient fauves. Pasdeloup s'est illustré dans la teinte égale d'un jaune-brun, parfois très-foncée, qu'il donnait à ses reliures, qui sont, comme on sait, fort recherchées des grands amateurs.

On n'a prodigué le velours et surtout la moire qu'à la fin du XVIIIe siècle. Ce n'est pas que, bien employée, bien dorée, la moire ne produise un très-joli effet. On double rarement un livre de moire, sans y mettre des charnières (ou *mors*) pareilles au cuir qui couvre le livre. Lorsqu'ils en sont dépourvus, ces livres restent presque toujours raides dans les mors, parce que, pour être employée proprement, la moire doit être collée sur un papier mince, et que cette double épaisseur de papier et de moire rend les mors un peu grossiers.

§ 18. FOUETTAGE ET DÉFOUETTAGE.

Lorsque le volume a été cousu à nerfs, ces nerfs doivent être saillants, et le volume ne peut pas être à dos brisé. Il en est de même des nerfs rapportés sur les volumes grecqués à dos brisé. Pour faire bien paraître les nerfs des uns et des autres, il faut *fouetter* les volumes, c'est-à-dire les lier d'une certaine manière avec une sorte de petite corde qu'on nomme *corde à fouet*.

On prend deux ais plus longs que le volume ; on place ce volume entre les ais, de manière que ceux-ci débordent la gouttière. On fait une boucle au bout de la ficelle, on enveloppe les bouts des deux ais, et l'on serre fortement ; on fait deux ou trois tours et l'on arrête la ficelle : de là on passe à l'autre bout et l'on enveloppe l'excédant des ais de ce côté avec la même ficelle, en serrant bien et faisant deux ou trois tours, et l'on arrête de même : alors, avec le restant de la ficelle, on enveloppe les nerfs en croisant les ficelles.

Pour bien concevoir cette opération, supposons, par exemple, que le dos n'ait que trois nerfs, un vers la queue, un vers la tête et un au milieu. On prend le volume de la main gauche, tournant la queue vers soi; on arrête la ficelle sous les ais près de la queue ; on la fait passer tout près du premier nerf, en laissant le nerf entre la ficelle et la queue ; on entoure le volume et l'on ramène la ficelle contre le même nerf. Les deux ficelles bien tendues se trouvent croisées sur le plat du livre, et le nerf est pris entre deux ficelles. De là on passe au second nerf qu'on embrasse par-dessus, puis par-dessous au second tour; on en fait autant au troisième et à tous les autres; enfin, on arrête la ficelle et l'on met le livre à sécher. On conçoit facilement que le nerf est parfaitement détaché et très-bien marqué.

Lorsque le volume est bien sec, on détache la ficelle, et c'est ce qu'on appelle *défouetter* ou *ôter le fouet.*

On ne peut pas fouetter les volumes couverts en maroquin ou en peau dont la fleur est trop délicate ; on risquerait de gâter le grain qui constitue la beauté de ces couvertures. Dans ce cas, on se sert d'une palette à dorer à deux filets, on la fait un peu chauffer, et l'on embrasse le nerf entre ces deux filets, ce qui les détache parfaitement. On se sert aussi d'un outil spécial nommé *pince à nervures,* au moyen duquel le travail se fait plus vite.

Lorsqu'on désire former un double nerf sur le dos du volume, et dans le même cas, on se sert d'une palette à trois filets qu'on applique de même après l'avoir fait un peu chauffer. Aussitôt que le volume a été porté à ce point, et qu'il est aux trois quarts sec, afin qu'il se trouve toujours dégagé dans les mors, on ouvre les cartons, l'un après l'autre, et avec le tranchant du plioir couché sur le carton et sur le mors tout à la fois, on le passe sur l'angle du carton, et l'on examine le mors, afin d'y passer de la colle dans le cas où il en manquerait dans sa longueur. Il faut bien examiner si le carton touche bien également dans toute sa longueur. On le laisse sécher entièrement dans cette position, les cartons ouverts.

§ 19. — MISE EN PLACE DES PIÈCES BLANCHES.

Avant d'aller plus loin, on s'occupe de boucher les trous qu'on a pu remarquer dans la peau. Cette opération, qu'on appelle *placer les pièces blanches*, consiste à coller sur les trous, à la colle de pâte, des morceaux de peau absolument semblables à la peau de la couverture.

On commence par remplir les trous jusqu'au niveau de la couverture, avec des rognures de parage légèrement enduites de colle, et l'on pose par-dessus les pièces blanches. Ces pièces doivent être aussi petites et parées aussi fin que possible.

Si, au lieu de trous, on n'a trouvé que de simples piqûres, on les remplit, toujours au moyen de la colle, avec des fragments infiniment petits pris sur le bord des parures; cela suffit pour ne pas mettre de pièces blanches, lesquelles, quoiqu'on fasse, sont toujours plus grandes que les trous des piqûres.

§ 20. — BATTAGE DES PLATS.

Les pièces blanches étant placées, si le volume doit rester uni, on le met en presse entre deux ais de bois blanc, de carton ou de poirier, puis, pendant qu'il est en presse, on en *redresse le dos*, opération consistant à le frotter fortement avec un frottoir de buis. On a soin de poser sur le dos un morceau de parchemin, afin que le frottoir ne puisse en altérer la couleur.

Quand le volume ne doit pas rester uni, on en *rabat les plats*, c'est-à-dire qu'avec le marteau à battre on aplanit les plats de la couverture sur la pierre à battre.

Prenant donc le volume de la main gauche, on pose l'un des côtés de la couverture sur le bord de la pierre, la peau en dessus, puis, à petits coups de marteau, on frappe régulièrement sur toutes les parties du plat, en prenant la précaution de ne pas toucher au dos et manœuvrant le marteau de façon qu'il ne laisse aucune empreinte visible. On répète ensuite l'opération sur l'autre plat.

§ 21. POSE DES PIÈCES DE TITRE.

Après le battage des plats, on procède, s'il y a lieu, au *racinage* et à la *marbrure* de la couverture, opérations dont nous parlerons plus loin.

Le titre des ouvrages est ordinairement imprimé directement sur le dos des volumes en lettres dorées, rarement *à froid*. Mais il est des cas, par exemple lorsque la peau est racinée ou bien teinte en fauve, où il est nécessaire d'y coller des *pièces de titre*, c'est à dire des morceaux de peau de couleur plus foncée, destinés à recevoir le titre de l'ouvrage, afin de le rendre plus apparent et plus lisible. Nous allons dire comment on procède à cette opération.

Le relieur doit avoir des patrons pour tous les formats. S'il n'en a pas, voici de quelle manière il se les procure :

Après avoir choisi la palette qui doit lui servir pour marquer le nerf, il la place trois fois de suite à la queue, et il partage le reste du dos en six parties égales. Chacune de ces parties est la hauteur du titre.

Une des trois palettes placées en queue est rapportée en tête, les six entre-nerfs viennent ensuite, et les deux autres palettes restent en queue. Il suit de là que le dos doit être divisé entre six entre-nerfs, et que la tête doit être plus longue d'une palette, et la queue plus longue de deux palettes. Cette règle est générale pour tous les formats.

Ces préparatifs achevés, on prend des morceaux de maroquin ou de mouton maroquiné non cylindrés, c'est-à-dire à grain carré (peu importe la couleur, dont le choix est une affaire de goût), puis, après les avoir étendus sur une planche de hêtre, bien unie, on pose dessus, pour les maintenir, une règle de fer parfaitement droite, et on les découpe en bandes d'une largeur égale à la hauteur d'un des six entre-nerfs.

On pare d'abord ces bandes dans toute la longueur, de manière à les réduire à presque rien sur les bords. On divise ensuite chacune d'elles en fragments d'une longueur égale à la largeur du dos, et on pare les nouveaux côtés qu'on vient de former, comme on a paré les premiers. On diminue également l'épaisseur du milieu, afin de la rendre la plus petite possible.

Quand le volume n'a qu'un titre, la pièce qui doit

porter ce titre se place sur le premier entre-nerf et le second. Quand il en a deux, le second, qui est le *titre du tome,* se met entre le troisième entre-nerf et le quatrième.

On encolle chaque pièce séparément, mais plusieurs à la fois, pour qu'elles aient le temps de bien tremper. On les fixe sur le dos, d'abord avec les deux pouces, puis on met dessus un morceau de papier, et l'on appuie avec la paume de la main.

Sur les volumes auxquels on ne veut pas rapporter des pièces de titre, tels que ceux qui sont couverts en veau, ou en basane de couleur, il est d'usage de donner une teinte plus foncée aux places qui doivent recevoir les titres ou les tomes. On y parvient facilement en se servant d'une forte dissolution de potasse que l'on prend avec un petit morceau de peau coupé parallèlement, d'une largeur un peu moindre que ne serait la pièce de titre, et d'environ 14 à 17 centimètres de long.

Après avoir placé le volume entre deux billots, sur la gouttière, on prend la bande de peau, la chair en dehors, avec le pouce et le troisième doigt, l'index entre les deux bouts, et l'on trempe l'endroit du pli dans la potasse. Alors on déploie la bande, l'on en prend un bout entre le pouce et l'index de chaque main, on l'applique sur le dos à la place, ou aux places qu'on veut foncer, en agitant et en pressant de droite à gauche, afin de faire bien pénétrer la potasse.

Il y a des précautions à prendre pour que la pièce soit bien nette dans tous les sens, car rien ne serait plus laid que si elle était baveuse.

Si l'on ne trouvait pas que le titre fût encore assez foncé, on pourrait y passer du noir de racinage, de la même manière et avec les mêmes précautions.

En remplacement de la potasse et du noir, on peut se servir de l'une des encres dont il sera question plus loin; mais il faut les placer avec un pinceau à plume.

§ 22. — DORURE.

Comme nous avons réservé un chapitre spécial à la DORURE, nous ne nous arrêterons pas ici à cette opération, ou plutôt à l'ensemble d'opérations que l'on désigne sous ce nom. En conséquence, nous supposerons que la tranche n'a pas été dorée, mais simplement teinte d'une couleur unie, ou bien jaspée, ou encore marbrée.

§ 23. — BRUNISSAGE DE LA TRANCHE.

BRUNIR la tranche, c'est en unir toutes les parties au moyen d'un frottement énergique et la rendre aussi brillante que possible.

On commence le brunissage par la gouttière. On prend des ais bien unis, un peu plus longs que le volume, mais à peu près de la largeur du format. Ces ais sont, dans le sens de leur largeur, beaucoup plus épais d'un côté que de l'autre; on les nomme *ais à brunir*. On met quatre de ces ais sur une pressée de dix volumes, un à chaque bout, et les deux autres disposés entre les volumes. Pour cela on appuie les volumes sur la presse par la gouttière, on place les deux ais intérieurs, et enfin les ais des deux bouts, en ayant soin de mettre leur côté épais vers la gouttière; par ce moyen, en serrant toute la pile dans la presse, les gouttières sont plus serrées que le reste du volume.

L'ouvrier placé au bout de la presse met les livres

de son côté, et les élève de ce même côté plus que de l'autre, de manière que les volumes sont dans un sens incliné, puis il serre fortement la presse. Saisissant un brunissoir d'agate ou de caillou très-dur, en forme de dent de loup, et d'une grosseur proportionnée à la tranche, il frotte fortement celle-ci. En exécutant son travail, il tient l'instrument à deux mains, l'extrémité libre appuyée sur son épaule, et il le fait agir partout, sur la gouttière de chaque volume, en évitant de faire des ondes et ayant soin de n'oublier aucune place.

Quand la gouttière est terminée d'une manière satisfaisante, on dépresse et on enlève le paquet de volumes; on ôte les ais et l'on en prend d'autres qui sont, comme les premiers, plus épais d'un côté que de l'autre, mais dans le sens inverse, c'est-à-dire que, dans le sens de leur longueur, ils sont plus épais d'un bout que de l'autre; ceux-ci servent pour brunir la tête et la queue, au moyen d'une dent plate.

Dans cette deuxième opération, on emploie un plus grand nombre d'ais que pour la gouttière; on en met six, dont un à chaque extrémité, et les quatre autres divisés entre les volumes, à volonté. On les place en presse comme dans le premier cas, et, avec le même soin, on brunit la tête. Cela fait, on dépresse, on change les ais de place pour brunir la queue, et l'on emploie les mêmes précautions pour ne pas faire des ondes, et ne pas laisser des places qui n'aient pas été brunies.

Observations.

1° Pour la demi-reliure, on brunit les tranches avant d'avoir couvert les cartons en papier, parce que le papier n'a pas assez de consistance pour pouvoir résister, sans danger de se déchirer ou de se ternir, à toutes les opérations qui suivent celles de la couverture en peau.

2° Les volumes couverts en basane ou en veau doivent être traités avec précaution ; ces peaux peuvent s'écorcher ou se déchirer, et si l'on n'y porte pas continuellement beaucoup d'attention, on peut être dupe de sa négligence ou de son peu de soin.

3° D'un autre côté, la dent à brunir, quoique très-dure, puisqu'elle est d'agate, peut s'écailler par un choc, ou en tombant; d'ailleurs, elle s'use à la longue et devient tranchante; si l'on s'en servait sans l'avoir regardée, elle gâterait tout l'ouvrage.

4° Il est toujours très-avantageux de brunir les volumes avant de les couvrir.

5° Si un volume était trop mince pour qu'on pût le brunir, ainsi que nous venons de l'indiquer, il faudrait ouvrir les cartons et placer les ais sur les gardes ; alors on les brunira sans difficulté, et avec la même facilité qu'un gros volume.

§ 24. — COLLAGE DE LA GARDE.

L'ouvrier pose le volume sur la table, le dos tourné vers lui ; il ouvre la couverture qu'il fait tomber de son côté. Alors il fend avec les doigts la fausse garde ou l'onglet par le milieu de sa longueur, et déchire à droite et à gauche ; et si l'onglet a été cousu, il enlève le fil qui le tenait et qui pourrait le gêner dans le mors. Il fait pirouetter le volume sur lui-même et place la queue devant lui, la couverture toujours rabattue sur la table ; dans cette position, avec le plioir il nettoie le carton sur le bord du mors et sur le plat, afin d'en enlever toutes les ordures et les aspérités qui, enfermées ensuite sous la garde, dépareraient l'ouvrage lorsqu'il serait terminé; ensuite il fait cambrer le carton en forme de gouttière, en dedans, avant de coller la garde, et il laisse sécher dans cette position, afin que le carton conserve cette cambrure qui fait que le volume paraît parfaitement clos lorsqu'il est fermé.

Pour les papiers ordinaires, on emploie généralement la colle forte ou la colle de pâte. Pour les étoffes, les papiers satinés ou moirés, le maroquin, qui pourraient perdre de leur lustre, on se sert de colle de gélatine, qui est plus blanche. Cette règle concerne surtout le collage de la garde. On emploie aussi la gomme arabique bien blanche, dissoute dans de l'eau tiède, ou encore un empois très concentré.

Pour préparer cet empois, on délaie à froid dans de l'eau pure de l'amidon bien blanc, en ayant bien soin qu'il ne s'y fasse pas de grumeaux; on met sur le feu et l'on fait bouillir; on remue continuellement, afin que l'amidon ne se grumelle pas, et on laisse bouillir jusqu'à ce que l'empois ait pris la consistance qu'on désire : il s'épaissit en se refroidissant. Si on l'avait fait trop consistant, on y ajouterait de l'eau bouillante petit à petit en remuant toujours. Quand cet empois a une consistance suffisante, il sèche très-rapidement et ne tache pas.

Quelle que soit la matière agglutinante employée, on la passe sur le volume avec un pinceau, en commençant par le mors, vers le milieu, et allant vers les bords de la feuille tout le tour. Si l'on ne prenait cette précaution, on courrait le risque de mettre de la colle sur la tranche du livre, et l'on collerait les feuilles entre elles, ce qu'il faut surtout éviter et qu'on évite toujours, en plaçant sous la garde qu'on veut enduire de colle, un papier plus grand que le volume; par ce moyen, la colle ne peut pas atteindre la tranche.

La garde ayant été ainsi bien trempée sur toute sa surface, on laisse tomber la couverture dessus, elle saisit la garde et l'entraine avec elle. Ouvrant alors le volume, avec l'index de la main droite, on fait descendre la garde pour la placer bien carrément dans le mors, et de la main gauche posée à plat sur la couverture, on étend doucement la garde, et l'on fait en sorte qu'elle soit bien tendue et bien unie.

Enfin, on pose une feuille de papier sur le tout, et en pinçant par dessus le bord intérieur du carton avec le pouce et l'index réunis, on donne au mors intérieurement une forme bien carrée. On passe également la main à plat sur le papier; au besoin même, on s'aide du plioir, pour que la garde se trouve bien unie, sans plis et sans grosseurs.

Quand la garde est collée sur l'un des côtés de la couverture, on passe à l'autre côté, Pour cela on place un ais sur le volume, et laissant ouvert le côté de la couverture sur lequel on vient de travailler, on retourne le livre, et alors il repose sur l'ais qu'on appuie contre le mors. L'on opère sur ce côté comme on a opéré sur l'autre.

Observations.

Il est bon d'entrer ici dans quelques détails sur plusieurs circonstances particulières que présentent des ouvrages plus soignés que ceux que nous venons de décrire.

1° Si le volume avait, dans l'intérieur de la couverture, une bordure dorée ou gaufrée, qu'il importe de conserver entièrement à découvert, on doit conce voir qu'en mouillant la garde, le papier s'étend dans tous les sens, de sorte que si on collait sans précaution, une partie de la bordure serait cachée. Pour éviter cet inconvénient, on coupe en tête et en queue une petite bande proportionnée à l'extension que prend le papier, et à la largeur de la bordure. On en ferait autant du côté de la gouttière, si la garde se trouvait trop large et couvrait la bordure.

2° Si le volume avait des charnières en maroquin ou en veau; on se rappellera ce qui est dit, pages 154-155, sur la manière de les placer. Nous avons fait observer que cette bande, qui doit former charnière, est pliée en deux dans sa longueur, qu'une partie est d'abord collée sur la garde, et qu'on se réserve de coller l'autre moitié sur le carton, après que le volume aura été couvert. C'est ici le moment de terminer cette opération. On doit d'abord couper et parer les deux angles de cette bande, afin qu'ils forment l'angle d'un cadre. Cette opération doit se faire avant de dorer la bordure, puisque cette partie de la charnière qui forme l'encadrement doit être dorée, mais il faut cependant faire attention qu'on doit laisser assez de peau pour couvrir parfaitement et carrément toute l'épaisseur du carton qui forme le mors. Il faut donc, en coupant ces coins, ne pas aller jusqu'au pli de la peau, mais en laisser une quantité suffisante pour que, lorsque la garde sera collée, on ne puisse pas s'apercevoir que les angles ont été coupés. On pare d'abord le bord de ces deux coupures sur un petit ais ou sur un morceau d'ivoire, que l'on passe par dessous: ensuite on colle cette demi-charnière sur le mors et sur le carton, avec les précautions que nous avons indiquées, en mouillant la peau avec de la colle de farine, à l'aide d'un petit pinceau, et se servant, pour la bien appliquer, du pouce, de l'index et du plioir.

Le charnière ainsi collée, on colle la garde bien proprement avec de la gomme ou de l'empois bien blanc et très-fort, qui sèchent très-vite, et n'altèrent ni la soie, ni le papier précieux dont on veut former la garde.

3° Il faut faire attention que dans le cas où l'on met une charnière en peau, cette charnière doit être vue et ne peut être couverte ni par la soie, ni par le papier, quelque précieux qu'il soit. Par conséquent, la garde ne peut être d'une seule pièce, comme dans les ouvrages ordinaires; elle doit être de deux pièces, l'une qui sera collée sur le côté du volume, et l'autre sur le carton de la couverture.

4° On est assez souvent dans l'usage d'orner les gardes en soie d'un cadre doré. Dans ce cas, avant de les livrer au doreur, on leur fait subir une préparation particulière. Cette préparation consiste à coller la soie sur un papier fin, afin de donner de la consistance au tissu et de l'empêcher de se défiler.

A cet effet, on coupe les gardes à peu près de la grandeur convenable, les laissant de quelques millimètres plus grandes tout autour qu'elles ne doivent être et l'on prend un carton blanc ou propre. On encolle, avec de l'empois blanc, un papier fin; on pose dessus l'envers de la soie ou de l'étoffe, en ayant bien soin que celle-ci dépasse le papier de 3 à 5 centimètres tout autour; on encolle alors avec précaution les bords de la soie et on la rabat avec soin sur le papier que l'on fixe ensuite en appuyant doucement avec la main ouverte, de manière que le tout soit bien tendu et bien uni.

Un seul pli dans le papier ou dans la soie, ou une

seule place qui n'aurait pas été bien encollée, produiraient des effets très-désagréables à la vue. Si l'étoffe de soie était destinée à un in-4° ou à un in-folio, un ouvrier seul ne réussirait pas à bien la placer sur la feuille mouillée, il doit se faire aider par un autre ouvrier. L'un tient, à une certaine hauteur, l'étoffe avec les deux mains, pendant que l'autre pose et fixe le bout opposé ; et au fur et à mesure qu'il appuie les doigts sur l'étoffe, l'autre obéit insensiblement en laissant descendre successivement l'autre bout, jusqu'à ce que le tout soit bien placé. On met dessus une feuille de carton et on laisse bien sécher soit à la presse, soit sous la pression d'un poids suffisant.

Quand le tout est bien sec, à l'aide d'une règle en acier bien droite, d'une bonne équerre, et de l'angle arrondi du couteau à parer, on coupe bien carrément les deux demi-gardes, l'une selon la dimension que présente le cadre du carton, et l'autre selon la dimension du volume. Aussitôt que le carton de la garde est coupé, le papier sur lequel reposait la soie, et qui n'a pas été collé, se détache, et l'on voit la soie à découvert. Il passe alors entre les mains du doreur, et ce n'est qu'après qu'elles ont été dorées qu'on les colle sur le volume.

Quelques relieurs avaient autrefois l'habitude de coller la garde de soie sur le côté du volume avant de le rogner. Cette méthode est tout à fait défectueuse et elle doit être rejetée : dans tous les ateliers, les bons ouvriers ont été obligés d'y renoncer, et d'adopter le procédé que nous indiquons et que nous conseillons d'après l'expérience. Cette manipulation nouvelle met à l'abri de tous les risques qu'on a à courir lorsqu'on opère d'après l'ancien procédé, tant pour la propreté de l'ouvrage, que pour conserver à la dorure tout son brillant et toute sa fraîcheur.

5° Quand un volume est couvert en maroquin, en mouton ou en papier maroquiné, on doit, avant de coller la garde, abattre le grain avec le couteau à parer, sur la partie seulement que la garde doit couvrir, afin d'éviter les épaisseurs que le grain formerait dans ces parties.

On doit encore avoir soin de coller une garde en papier blanc collé, de la grandeur de la garde précieuse, et laisser bien sécher. On colle ensuite avec propreté la garde précieuse sur cette garde blanche; si l'on ne prenait pas cette précaution, il arriverait presque toujours que les acides qui entrent dans la composition du maroquin se déchargeraient sur la belle garde, et formeraient tout autour une tache d'un jaune rougeâtre. Cette tache se porte sur le papier blanc qui, lorsqu'il a été collé, la laisse très-rarement traverser; et, par ce moyen, on évite que la garde précieuse soit tachée.

Lorsqu'on colle cette belle garde avec de la colle forte bien consistante, on évite ces taches.

§ 25. — POLISSURE.

La POLISSURE est la dernière des opérations du relieur. Elle a lieu après la dorure, quand on a eu recours à celle-ci, et consiste à donner à la surface de la couverture, plats et dos, le même aspect uni et glacé que le brunissage a donné à la tranche.

Le volume étant terminé, on le met à la presse entre des ais, et on l'y laisse aussi longtemps qu'on le peut. Au sortir de la presse, on le prépare pour la polissure.

Si le volume est en basane ou en veau, on met un

peu de suif sur un tampon de laine, on frotte bien sur toute la surface du plat de la couverture, et non sur le dos, en décrivant des petits ronds. On a pour but, dans cette opération, de graisser légèrement et uniformément toute la surface, afin de donner au *fer à polir* (fig. 98) la facilité de glisser sur la couverture sans effort.

Pour avoir une idée exacte du *fer à polir*, il faut le considérer comme si on le tenait à la main par son manche en bois, et qu'on le regardât par sa surface inférieure, partie qui sert à polir, et qu'on met en contact avec la couverture. C'est un bloc de fer forgé qui est fixé à l'extrémité d'un manche de bois d'environ trois centimètres de diamètre et de 30 à 35 centimètres de long. La forme de ce bloc est presque impossible à définir. On peut, jusqu'à un certain point, la comparer à celle d'un gros œuf coupé dans sa longueur. La partie inférieure, très-unie et parfaitement lisse, présente tout autour un large biseau. C'est par là que l'outil fonctionne.

Pour se servir du *fer à polir*, on le fait chauffer plus ou moins, selon que l'exige la peau sur laquelle on doit travailler. On ne peut donner aucune règle invariable sur le degré de chaleur auquel il convient de l'élever. Ici, l'expérience seule peut servir de guide. Toutefois, on ne saurait apporter une trop grande attention dans cette opération, car on peut tout gâter si le fer est trop chaud, et ne pas atteindre le but proposé s'il ne l'est pas assez.

L'ouvrier commence par polir le dos. Pour cela, il place le volume sur la table, d'aplomb sur le châssis de devant, en le maintenant de la main gauche, et en tenant le fer de la main droite. Appuyant alors le bout du manche de celui-ci sur la table contre un point résistant, il en fait glisser, en appuyant suffisamment, la partie polie du fer sur toute la surface du dos, à peu près du milieu de sa longueur jusqu'au haut de la tête. En opérant ainsi, il se propose non-seulement de polir cette surface, mais en même temps, si le volume a été doré, de faire disparaître les enfoncements formés sur la peau, par les fers de la dorure, et de ramener cette dorure à la surface, ce à quoi il parvient facilement en appuyant plus ou moins; cependant, il ne doit appuyer, ni frotter assez fort pour enlever l'or.

Quand cette première moitié du dos est terminée, on retourne le volume et l'on opère de la même manière sur l'autre moitié.

On ne doit pas oublier de ne passer le fer que sur les parties qu'on veut rendre brillantes, il faut donc se garder de toucher celles qui sont destinées à rester mates.

Après avoir poli le dos, on fait la même opération sur les plats.

Quel que soit le plat qu'on travaille, le travail se fait exactement de la même manière.

Après avoir placé le volume sur la table, la queue vers lui, l'ouvrier l'assujettit suffisamment pour qu'il ne puisse pas glisser par le mouvement du fer, puis, saisissant ce dernier avec les deux mains, le bout du manche arc-bouté contre l'épaule, il le promène sur le plat en appuyant suffisamment, et en allant du mors vers la gouttière.

Quand le plat a été ainsi travaillé sur toute la surface, l'ouvrier retourne le livre en plaçant le dos vers lui, et après l'avoir bien calé, comme d'abord, il polit dans un sens qui croise le premier à angles droits. Par ce moyen, il parvient facilement à atteindre les places sur lesquelles il n'aurait pas passé dans son opération précédente.

Si la garde est de nature à être polie, on commence par placer le volume en long, devant l'ouvrier, c'est-à-dire la queue vers lui. Il appuie d'abord le fer contre le mors, et il polit cette partie. Ensuite, il fait pirouetter le volume, en amenant la gouttière vers lui, et il polit le bord du carton. Il le fait pirouetter une seconde fois, pour tourner la tête de son côté, et, dans cette position, il achève de polir toute la surface intérieure, en ayant soin d'appuyer fortement sur les coins, qui sont plus épais, afin de les rabattre.

Nous n'avons décrit qu'un seul fer à polir, quoiqu'il en existe d'autres, que chaque ouvrier emploie selon son idée et son goût. Ainsi, il y en a dont le fer est petit, cambré et arrondi sur le bout, de sorte qu'il peut être utilisé sur les dos et sur les plats; ce qui donne beaucoup plus de force, parce qu'on appuie le manche sur l'épaule.

Toutes les étoffes en général, la soie, le papier maroquiné ou chagriné, ne se polissent jamais. On ne doit pas non plus polir les couvertures en papier gaufré; on se contente de les vernir, ainsi que nous allons l'expliquer ci-après.

Pour les papiers qui sont susceptibles d'être polis, on ne peut bien réussir, et surtout sur les papiers unis, sans avoir préalablement encollé le papier avec une eau de colle bien blanche et assez forte, et même délayée sans mélange d'eau, si toutefois la couleur du papier peut la soutenir. Dès qu'il est sec, on le glaire comme si le volume était couvert de peau, et l'on obtient un poli superbe. On peut vernir sur ce poli.

§ 26. — VERNISSAGE.

On vient de voir que lorsque les volumes sont recouverts de soie, ou de maroquin, ou de mouton maroquiné, ou de papier maroquiné, ou enfin de peau ou de papier gaufré, on remplace la polissure par un vernissage.

Quoique les vernis se trouvent dans le commerce, tout fabriqués et prêts à servir, nous allons indiquer, à titre d'exemple, la préparation de quelques-uns d'entre eux.

Dans un matras à col court, d'une contenance au moins de 3 kilogrammes d'eau, on introduit un mélange de 180 grammes de mastic en larmes, 92 grammes de sandaraque en poudre, et 120 grammes de verre blanc grossièrement pilé, dont on a séparé les parties les plus fines au moyen d'un tamisage, puis on y verse 975 grammes d'alcool pur de 86 à 93 degrés centigrades.

On a eu soin de préparer un bâton de bois blanc, arrondi par le bout, et d'une plus grande longueur que la hauteur du matras, afin qu'on puisse agiter facilement les substances mises en digestion dans ce dernier.

Cela fait, on place le matras sur une couronne de paille, dans un plat rempli d'eau, et l'on expose le tout à la chaleur. On soutient l'ébullition de l'eau pendant environ deux heures.

La première impression de la chaleur tend à réunir les résines en masse; on s'oppose à cette réunion en entretenant les matières dans un mouvement de rotation, qu'on opère facilement avec le bâton, sans bouger le matras.

Quand la solution paraît assez étendue, on ajoute 92 grammes de térébenthine, qu'on tient séparément dans une fiole ou dans un pot, et qu'on fait liquéfier en la plongeant un moment dans le bain-marie.

On laisse encore le matras pendant une demi-heure dans l'eau; on le retire enfin, et l'on continue d'agiter le vernis jusqu'à ce qu'il soit un peu refroidi. Le lendemain on le retire et on le filtre au coton; par ce moyen, il acquiert la plus grande limpidité.

L'addition du verre peut paraître extraordinaire. Cependant l'expérience prouve que l'on doit insister sur son usage. Il divise les parties dans le mélange, qu'on doit faire à sec, et il conserve cette propriété lorsqu'il est sur le feu; il obvie aussi, avec succès, à deux inconvénients qui font le tourment des compositeurs de vernis: d'abord en divisant les matières, il facilite et augmente l'action de la chaleur; en second lieu, il trouve dans sa pesanteur, qui surpasse celle des résines, un moyen sûr d'empêcher l'adhérence de ces mêmes résines dans le fond du matras, ce qui colore le vernis.

La recette suivante est de Tingry; Mairet l'a reproduite avec quelques erreurs que nous ferons remarquer, afin qu'on les évite.

Dans trois litres d'esprit-de-vin de la force déjà indiquée, on fait dissoudre 250 grammes de sandaraque en poudre, 62 grammes de mastic en larmes également en poudre, 250 grammes de gomme laque en tablettes, et 62 grammes de térébenthine de Venise.

On doit opérer comme Tingry l'indique; si l'on se contentait de concasser les résines, comme Mairet le conseille, elles ne se dissoudraient que difficilement.

On doit mettre la bouteille dans l'eau froide et faire chauffer le tout ensemble, car si on la mettait dans l'eau très-chaude, elle casserait infailliblement. Enfin, il faut remuer avec un bâton de bois blanc, sans déplacer la bouteille, parce qu'en la retirant très-chaude, et l'exposant à la température ordinaire de l'atmosphère on en déterminerait aussitôt la rupture. Ce n'est qu'après que le bain-marie est froid, qu'on peut la retirer. Enfin, on filtre le vernis le lendemain de sa fabrication, et on le conserve dans une bouteille bien bouchée.

Quel que soit le vernis employé, c'est avec un pinceau de poil de blaireau qu'il se pose.

On commence par le dos du volume, en ayant bien soin de ne pas en mettre sur les points qui doivent rester mats. Quand le vernis est presque sec, on le polit avec un nouet de drap fin, blanc, rempli de coton en laine, et sur lequel on met une goutte d'huile d'olive; on frappe d'abord légèrement, et au fur et à mesure que le vernis sèche et s'échauffe, on frotte plus fort; l'huile fait glisser le nouet, et le vernis devient brillant.

On fait la même opération sur chacun des plats du volume l'un après l'autre.

Au lieu de pinceau, on peut se servir d'une éponge fine. Elle étend parfaitement le vernis; mais pour empêcher qu'elle ne durcisse pendant qu'on vernit, et lorsque le vernis se sèche, il faut la laver dans de bon esprit-de-vin.

Pendant l'hiver et dans les temps humides, les vernis ne prennent pas de brillant, à moins qu'on ne fasse chauffer les plats du volume et l'éponge qui contient le vernis.

Nous venons de voir qu'on passe le vernis sur les volumes qui ne peuvent pas être polis avec le fer, lorsqu'on ne les trouve pas assez brillants. Dans ce cas, il faut que le volume soit entièrement terminé, parfaitement sec, et sans la plus légère humidité : sans cela, le vernis ne prendrait pas, ou l'on ne pourrait pas parvenir à le polir.

Le vernis ne donne pas seulement du brillant aux livres ; il a encore l'avantage de préserver la couverture des gouttes d'eau ou d'huile qu'on peut y laisser tomber par maladresse.

Nous n'avons indiqué ici que deux recettes de vernis, qui nous paraissent suffisantes pour toutes les opérations de la reliure ; ceux de nos lecteurs qui voudraient varier ces produits pourront consulter avec fruit le *Manuel du Fabricant de Vernis*, par M. Romain, où ils trouveront une foule de formules dont ils pourront tirer parti.

IIe SECTION

Demi-Reliure.

C'est aux Allemands que nous devons la DEMI-RELIURE : c'est du moins l'opinion commune. Elle ne diffère de la reliure proprement dite, ou *reliure pleine*, qu'en ce que, dans celle-ci, le volume est couvert en entier de peau, veau, maroquin, mouton maroquiné, chagrin, tandis que dans la demi-reliure, le dos seul est couvert en peau ; quant aux plats, ils sont couverts en papier de couleur ou en percaline, que l'on colle sur les cartons quand le volume est entièrement terminé.

Dans les bibliothèques, la demi-reliure fait absolument le même effet que la reliure pleine, puisque les volumes ne se voient que par le dos. Elle a d'ailleurs l'avantage de coûter infiniment moins cher que celle-ci, et quand elle est faite avec soin, elle en présente toutes les qualités.

Sauf certains détails que nous allons indiquer, la demi-reliure se fait absolument comme la reliure pleine, qu'elle soit à nerfs saillants ou à la grecque, à dos brisé ou à dos plein.

Les opérations sont absolument les mêmes jusqu'au moment où l'on a collé les coins. Cela fait, on prépare une bande de peau de 8 centimètres plus large et de 8 centimètres plus longue que le dos. Après avoir paré cette bande de la même manière que nous l'avons décrit pour la couverture entière, on la colle avec les mêmes précautions que nous avons prescrites pour le dos de la couverture pleine (page 185). Elle doit déborder de 4 centimètres sur chaque carton.

On ne couvre les cartons en papier qu'après que le dos a été doré et que le volume est presque terminé. Ce papier, qui doit former la couverture, se colle sur les cartons à une distance du mors plus ou moins grande, selon le goût de l'ouvrier et la grandeur du format. On peut établir, comme règle générale, que le bord du papier doit arriver près du mors, à la distance où se trouverait un filet d'or que l'on voudrait pousser sur le plat, ainsi qu'on le pratique presque toujours lorsque l'on couvre le dos en maroquin, et les plats avec du papier maroquiné. Dans ce cas, le filet qu'on pousse tout autour doit être disposé de manière que celui qui se trouve du côté du mors couvre la jointure du papier et du maroquin.

Dès qu'on a collé les deux côtés de la couverture, on laisse bien sécher; ensuite on colle les gardes; on met le volume en presse aussi longtemps qu'on le peut, et on le polit avec le fer, si le papier est susceptible de l'être; dans le cas contraire, on le vernit de la manière prescrite. Enfin, on termine le volume comme s'il s'agissait d'une reliure entière.

IIIe SECTION

Cartonnages.

Sous le nom de CARTONNAGES, on désigne des reliures légères, dont les unes sont provisoires et les autres définitives. On les exécute suivant trois systèmes. Le plus ancien constitue le *cartonnage commun*, qui a précédé le *cartonnage allemand* ou *cartonnage à la Bradel*, comme celui-ci, à son tour, a précédé le *cartonnage anglais* ou *cartonnage emboîté*.

§ 1. — CARTONNAGE COMMUN.

Le *cartonnage commun* est le plus ancien de tous. C'est celui qu'on emploie pour les livres à bas prix et, plus particulièrement pour ceux des écoles. Dans les villes où il y a des ateliers distincts de brochage, c'est dans ces ateliers qu'on l'exécute habituellement, et, dans ce cas, comme nous l'avons dit ailleurs, le brocheur prend le nom de *cartonneur*.

Le travail du cartonneur ne comprend que les opérations indispensables de la reliure, c'est-à-dire le cousage, la rognure, la confection de la tranche et la couvrure. Encore même, la troisième est-elle souvent supprimée.

Anciennement, la couverture des cartonnages communs était tout entière en parchemin, ou bien elle avait le dos seulement en parchemin et les plats en papier de couleur. Aujourd'hui, tantôt on recouvre les livres, dos et plats, avec une couverture imprimée, tantôt on fait le dos en percaline et les plats seuls avec les parties correspondantes de la couverture imprimée. Dans ce dernier cas, on colle sur le dos une pièce de titre en papier, qui est généralement imprimée. On prend la même précaution quand, comme l'usage commence à s'en répandre, on se sert, pour le dos seulement ou pour le volume entier, soit de papier parcheminé, soit de parchemin végétal proprement dit.

De quelque manière qu'il opère, le relieur-cartonneur ne doit pas oublier que les ouvrages qui sortent de ses mains sont destinés à des consommateurs peu soigneux, et qu'il doit, par conséquent, par devoir professionnel, faire tous ses efforts pour leur donner relativement au prix qu'on lui en paie, la solidité la plus grande possible.

§ 2. — CARTONNAGE A LA BRADEL.

Le CARTONNAGE A LA BRADEL est d'origine allemande. Le nom qu'on lui donne en France n'est autre que celui du relieur qui l'a importé dans notre pays ou du moins qui l'a pratiqué le premier avec le plus de succès. C'est une véritable reliure à dos brisé où la tranche peut être rognée ou conservée, et dont le dos et les cartons ne sont couverts que de papier. On l'emploie surtout comme moyen de conservation provisoire, pour les livres auxquels on se propose de faire mettre plus tard un riche habillement, et lorsqu'il est exécuté avec soin, il est solide, propre, et figure assez agréablement sur les rayons d'une bibliothèque.

Peu de mots suffiront pour faire comprendre comment on exécute un cartonnage à la Bradel.

Les feuilles sont pliées et battues à l'ordinaire. Ensuite, comme il faut que la bonne marge soit conservée, c'est-à-dire qu'on ne doit couper de chaque feuillet, du côté de la gouttière, que ce qui excède les plis que présente de ce côté chaque feuillet, et en queue ce qui excède la bonne marge, sans toucher en aucune manière à la tête, on se sert d'un patron qui guide dans cette opération. Ce patron est fait d'un morceau de carton fin et laminé que l'on coupe bien carrément à l'aide d'une équerre de tôle ou de ferblanc de la grandeur de la feuille pliée bien d'équerre. On pose le patron sur chaque cahier, puis on les bat ensemble sur la table, en dos et en tête, pour les faire bien rapporter, en commençant par la première feuille, et l'on coupe avec de grands ciseaux ou avec des cisailles, tout ce qui excède le carton, en gouttière ou en queue. On renverse la feuille coupée et on la met de côté; on en fait autant à chacune des suivantes, et on les renverse l'une après l'autre sur la précédente. Et lorsqu'on a fini le volume, les cahiers se trouvent rangés dans l'ordre numérique ou alphabétique des signatures. Si les cahiers n'étaient pas gros, on pourrait en travailler plusieurs à la fois.

On emploie quelquefois un procédé plus expéditif. On prend le volume en entier avant de le coudre, et, après avoir collé les gardes blanches et l'avoir grecqué, s'il doit l'être, on pose dessus le patron ou carton modèle; on les bat sur la table en tête et en dos afin de les bien égaliser; on met derrière un carton plus grand ou une planche en hêtre bien rabotée; on place le tout dans la presse à rogner, et l'on serre fortement. On rogne alors tout l'excédant du carton sans former la gouttière, mais on ne rogne pas en tête. Comme les feuilles qui excèdent la bonne marge n'ont pas de soutien, si l'on se servait du fer ordinaire à rogner, qui est pointu, il déchirerait ou écorcherait les feuillets de fausse marge. Pour éviter cet inconvénient, on a un couteau exprès qu'on a aiguisé en rond, qui ne sert qu'à cela, et on le monte dans un talon à la lyonnaise qui, ne lui laissant que peu de lame en dehors de la monture, le tient ferme et ne lui permet pas d'écart. Enfin, on coud le volume à la grecque avec les précautions d'usage.

La couture terminée, on met le livre en presse entre deux ais, sans arrondir le dos, et l'on passe sur le dos plusieurs couches légères de colle forte assez épaisse; puis on épointe les ficelles, que l'on coupe à 20 ou 25 millimètres de long, et on les colle avec de la pâte sur l'onglet de la fausse garde, qui doit être plus large que dans les reliures ordinaires; cet onglet doit être fait avec du papier fort et collé.

On met le volume à la presse entre deux ais ferrés, ou entre les mâchoires d'un étau à endosser, on l'endosse à l'anglaise (page 150), et l'on forme le mors. On peut aussi, pour plus de solidité, et lorsqu'on est parvenu à ce point, le mettre en paquet avec d'autres et le frotter.

Arrivé à ce point, on prépare une carte, que l'on coupe de 8 centimètres plus large que la largeur du dos, et d'une longueur égale à celle des cartons qui doivent former les châsses. Ensuite on marque en haut et en bas de la carte, deux points, à la distance exacte de la largeur du dos, en laissant à droite et à gauche de ces deux points une distance égale ; mais comme on a formé le dos en arc de cercle, afin d'avoir sa largeur égale, on doit aplatir le dos, ce qui se fait en prenant le volume de la main gauche, par la tête, et dans l'intérieur, en laissant libres à droite et à gauche deux ou trois cahiers, ce qui force le dos à s'aplatir.

Cela fait, avec un compas, on prend la largeur exacte du dos ; on porte cette largeur au milieu de la carte, et l'on marque en haut et en bas deux points. On pose une règle de fer sur ces deux points dans le sens de la longueur de la carte ; on appuie fortement sur la règle, et passant un plioir sous la carte, on la soulève contre l'épaisseur de la règle ; on détermine un pli qu'on forme bien avec le plioir. On fait pirouetter la carte, on en fait autant de l'autre côté. On aplatit ce pli avec le plioir. On retourne la carte sens dessus dessous, et à côté de ce pli et en dehors du dos, on fait de la même manière, de chaque côté, un second pli, en sens inverse du premier, à une distance égale à la largeur du mors du livre. On arrondit la carte au milieu, dans sa longueur, en passant le plioir intérieurement par son tranchant. Cette carte, ainsi pliée, présente la forme du dos d'un volume avec les mors.

Il ne s'agit plus que de coller la carte sur le dos du volume. Pour cela, avec un petit pinceau on passe de la colle de pâte dans le mors et sur les bords qui sont à côté, en ayant l'attention de ne pas en mettre sur la partie qui doit toucher le dos, afin que le volume soit à dos brisé. On met ce dernier en presse entre les deux mêmes ais ferrés, et l'on unit la carte avec le frottoir en buis.

Il s'agit maintenant de préparer les cartons. On en prend deux, qu'on rogne du côté du mors, en tête et en queue, à l'équerre et de la longueur des châsses. Mais nous avons ici une observation à faire sur cette opération, afin d'éviter des erreurs.

Lorsqu'on fait une reliure ordinaire, on rogne les cartons en tête et en queue, en rognant le volume, et alors les cartons ont leurs bords supérieurs et inférieurs parallèles à la rognure du volume ; et si l'on avait commis une erreur en ne rognant pas parfaitement à l'équerre, cette erreur ne serait presque pas sensible. Il n'en serait pas de même dans le cartonnage dont nous nous occupons. Les cartons que l'on rogne ne tiennent pas au volume pendant cette opération, et si l'on était toujours parfaitement assuré de la rognure aux angles droits, il n'y aurait aucun inconvénient ; mais, comme on ne peut pas avoir cette certitude absolue, et si, par exemple, l'angle de la tête excédait l'angle droit, et que celui de la queue fût plus petit, on concevra facilement que le volume ne pourrait pas se placer perpendiculairement sur la tablette, et que les quatre angles ne porteraient pas également.

On rogne ordinairement dix cartons à la fois, après les avoir battus sur la pierre avec le marteau, pour les aplanir et leur donner plus de consistance. Lorsqu'ils sont rognés, on est obligé de les placer l'un sur l'autre, à 3 centimètres environ de distance, c'est-à-dire à une distance égale à la largeur de la partie de la carte qui se trouve sur le plat du livre, puisque c'est sur cette bande de carte qu'ils doivent être collés. On les met l'un sur l'autre pour les tremper de colle tous à la fois ; mais si on les plaçait tels qu'ils se trouvent en sortant de la rognure, sans aucune distinction, et qu'on les trempât ainsi, il arriverait que si l'on avait marqué tous les cartons en tête, du même côté, tels qu'ils se trouvent placés en sortant de la rognure, et si on les avait disposés l'un sur l'autre à la distance convenable, en mettant toutes les marques du même côté, en haut par exemple, lorsqu'on les collerait sur la carte, un des cartons aurait la marque en tête du volume, et l'autre l'aurait en queue, et s'il y avait eu erreur dans la rognure et qu'elle ne fût pas parfaitement à l'équerre, l'erreur aurait doublé et le volume présenterait un aspect désagréable. Pour éviter cet inconvénient, qui, après coup, ne pourrait être que très-difficilement réparé, nous allons voir comment s'y prend un ouvrier intelligent.

Nous venons de voir qu'on rogne ordinairement dix cartons à la fois, ce qui suffit pour la couverture de cinq volumes. Supposons, pour nous faire bien comprendre, qu'on les a tous marqués en tête d'un des premiers chiffres, 1, 2, 3, 4, etc.; on pose le n° 1 sur la table, la tête en haut; à 3 centimètres de distance on place le n° 2 par-dessus, mais en retournant la tête en queue ; ou ce qui revient au même, le chiffre 2 du côté de la queue, le n° 3 par-dessus le n° 2, à la même distance, mais le chiffre en haut ; le n° 4 comme le n° 2, par-dessus, et ainsi de suite jusqu'au dernier. Il résulte de cet arrangement que tous les chiffres impairs sont du côté de la tête, et tous les chiffres pairs du côté de la queue.

D'après cela, en collant chaque carton sur la carte, et les prenant dans le même ordre naturel des chiffres, comme l'on est obligé de retourner les cartons pour les coller, les chiffres 1 et 2, qui sont sur le premier volume, se trouvent tous les deux du même côté, soit en tête soit en queue, selon qu'on a posé le premier dans un sens ou dans l'autre. Cette observation est une des plus importantes, et la précaution que nous indiquons remédie à un inconvénient des plus graves.

Avec un petit pinceau, on passe de la colle sur la carte qui est déjà collée sur le volume, sans la dépasser du côté de la garde, et l'on place dessus le premier carton ; on en fait autant de l'autre côté, et l'on y place le carton nº 2, et ainsi de suite sur les autres quatre volumes ; alors on met les cinq volumes à la presse entre les ais, on serre fortement, et on les y laisse aussi longtemps qu'on le peut.

On a soin, en collant les deux cartons sur chaque volume, de les placer de manière qu'ils arrivent des deux côtés aux extrémités des deux châsses, déjà déterminées par la hauteur de la carte. Il faut aussi avoir soin de bien serrer les deux extrémités des châsses, entre le pouce et l'index, afin de faire coller parfaitement entre elles les extrémités des châsses des cartons, et celles des châsses de la carte, qui, n'ayant aucun soutien en dedans, ont toujours une tendance à se séparer. On laisse bien sécher.

Quand le volume est parfaitement sec, on compasse sur la marge la largeur qu'on veut donner aux cartons sur le devant, et on les rabaisse de la même manière que pour la reliure pleine.

On colle ensuite les coins en parchemin très-fin ; on colle pareillement, en tête et en queue, du même parchemin, que l'on replie en coiffe, en embrassant la carte, afin de donner plus de solidité au dos dans cette partie, et suppléer par là à la tranchefile, que n'a pas ce genre de reliure. On a soin de parer, sur le volume, quand il est sec, le parchemin des coins, pour que, sous le papier, il ne présente pas d'épaisseur saillante.

On pourrait couvrir le dos en peau et le reste en papier, mais, c'est le propre de ce cartonnage de n'employer que du papier, lequel est ordinairement de couleur. Ce papier peut recevoir, par les procédés de la dorure, de l'impression, de la marbrure et de la gaufrure, les enjolivements les plus variés. On le colle sur les cartons avec presque les mêmes soins que la peau.

Il y a une trentaine d'années, le cartonnage à la Bradel avait une vogue qui paraissait devoir durer très-longtemps. Il ne se fait plus guère aujourd'hui, où le cartonnage emboité l'a remplacé.

§ 3. — CARTONNAGE EMBOITÉ.

Le *cartonnage emboîté*, appelé aussi et le plus souvent *emboitage*, n'a d'abord été employé que pour les almanachs qu'on offrait en étrennes. Ce sont les Anglais qui ont imaginé de l'appliquer aux livres de consommation générale. Chez eux, il a à peu près la même destination qu'avait autrefois chez nous le cartonnage à la Bradel : c'est une reliure provisoire qui tient lieu, dans la librairie de nos voisins, de la brochure, à laquelle ils ont rarement recours. En Angleterre, très-peu de livres sont brochés ; la plupart ne sont mis en vente qu'après avoir été emboîtés.

Pour emboîter un volume, on en coud les feuilles sur un certain nombre de ficelles, en plaçant une garde en papier au commencement du premier cahier et une autre garde semblable à la fin du dernier. La couture terminée, on applique les bouts des ficelles sur les gardes.

Cela fait, on rogne le volume, on l'endosse, et l'on en jaspe, marbre ou dore la tranche.

Quand ces diverses opérations sont effectuées, on prépare les cartons. Après que ceux-ci ont été coupés et équarris, on les couche sur une table, à côté l'un de l'autre, mais bien parallèlement, et à une distance égale à l'épaisseur du volume, puis on colle par-dessus une toile taillée dans les dimensions convenables. Cette toile couvre ainsi, tout à la fois, les cartons et l'espace qui les sépare et qui est destiné à recevoir le dos du livre. On la soutient parfois, dans la partie qui correspond au dos, en y collant une bande de carte très-mince.

La couverture est donc faite d'une seule pièce. Par les moyens ordinaires on en décore les plats et le dos, en même temps qu'on ajoute à ce dernier les pièces de titre, s'il y en a, ou mieux le titre lui-même, après quoi on l'attache au volume. A cet effet, on introduit le dos de ce dernier dans la partie de la toile qui a été préparée pour cela, et l'on colle les gardes sur les cartons. Il n'y a plus alors qu'à mettre à la presse.

Il résulte de ce qui précède, que dans ce mode de reliure la couverture n'adhère au corps du livre que par le collage des feuilles de garde, en sorte que si ces feuilles viennent à se déchirer, elle se sépare aussitôt du volume. On atténue en partie cet inconvénient en fixant sur le dos à la colle forte une toile solide que l'on fait assez large pour recouvrir une partie des gardes.

L'emboîtage est, avant tout, une reliure à bon marché. Importé en France, il y est devenu, en quelques années, d'un usage général, pour habiller les livres de prix ou d'étrennes et les ouvrages illustrés.

A l'exemple des Anglais, on y a même très-souvent recours pour remplacer la brochure. A mesure que la mode s'en est répandue, plusieurs grands relieurs parisiens en ont fait une spécialité qui leur a permis d'y introduire des améliorations très-importantes, au quadruple point de vue de la solidité, de l'élégance, de la richesse vraie ou apparente, de la rapidité d'exécution, et de l'économie de la main-d'œuvre.

CHAPITRE IV

Racinage et Marbrure de la Couverture.

Observations préliminaires.

Le maroquin et le mouton maroquiné, le veau de couleur et le chagrin sont naturellement laissés avec les teintes que le teinturier en peau leur a communiquées. Au contraire, la basane ordinaire est enjolivée de différentes manières, afin de rompre l'uniformité de sa nuance, qui est rarement agréable. Il en est de même du veau non teint.

Les enjolivements se font après que la peau a été appliquée et collée sur les volumes. Ils se composent habituellement d'imitations de marbres ou de racines d'arbres. Quand on imite des marbres, l'opération s'appelle *marbrure;* quand on imite des racines, elle prend le nom de *racinage.* On pourrait, avec les précautions convenables, marbrer et raciner les papiers tout aussi bien que les peaux, mais il est plus simple de se procurer ces derniers par la voie du commerce.

Avant de dire comment on procède dans les cas usuels, nous allons indiquer sommairement de quelle manière on prépare les peaux à recevoir les enjolivements, quelles sont les substances dont on a besoin, enfin quels sont les outils, ou instruments nécessaires pour exécuter ce travail.

§ 1. — PRÉPARATION DES PEAUX.

Certaines peaux, plus particulièrement les basanes, sont plus ou moins rebelles à recevoir le racinage et la marbrure. Une longue pratique peut seule permettre de le reconnaître. Quand le cas se présente, on peut remédier à cet inconvénient de la manière suivante :

La veille du jour où vous devez raciner, faites une décoction de 30 à 35 grammes de noix de galle pilée, dans un litre d'eau tiède et ajoutez-y une pincée de sel ammoniac : poussez le lendemain le feu jusqu'à ce que ce bain soit au grand bouillon pendant cinq ou six heures, puis donnez aux basanes une forte couche de cette préparation.

Du papier qui aurait reçu une ou deux couches tièdes de cette liqueur, pourrait être raciné ou marbré comme le veau.

En général, avant de raciner ou de marbrer, la couverture doit être légèrement encollée avec de la colle de farine ou mieux de la colle de parchemin bien limpide. On passe la colle également partout avec une éponge, et l'on marbre ou racine après dessiccation.

§ 2. — PRÉPARATION DES MATIÈRES.

1. Couleur noire.

On peut préparer le noir d'un grand nombre de manières. En voici quelques-unes :

1° Faire dissoudre à chaud, du sulfate de fer (couperose verte) dans de l'eau pure. La peau étant toujours imprégnée de tannin et d'acide gallique dans le procédé du tannage, l'oxyde de fer contenu dans le sulfate se combine avec le tannin et l'acide gallique et donne le noir.

2° Faire bouillir dans une marmite de fonte de fer, deux litres de vinaigre avec une poignée de vieux clous rouillés, ou 31 grammes de sulfate de fer. On fait bouillir jusqu'à réduction d'un tiers, et l'on a bien soin d'écumer. On conserve ce noir dans le même vase bien bouché. Il prend de la qualité en vieillissant. Pour l'entretenir, on verse de nouveau vinaigre, on fait bouillir et l'on écume.

3° Faire bouillir ensemble deux litres de bière; deux litres d'eau dans laquelle on a fait bouillir d'avance de la mie de pain, pour la rendre sûre; un kilogramme de vieux fer, ou de la limaille rouillée, et un litre de vinaigre. On écume comme au n° 2, on fait réduire d'un tiers, et l'on conserve dans un vase bouché.

Tous ces noirs s'emploient à froid. Pour empêcher que l'écume qui se forme en trempant plusieurs fois le pinceau dans la liqueur, ne s'attache à celui-ci, on prend un peu d'huile qu'on étend sur la main, et l'on en frotte l'extrémité des brins du chiendent.

2. Couleur violette.

On prend 250 grammes de bois d'Inde ou de bois de Campêche, coupé en éclats ou effilé; on le fait bouillir à grand feu dans quatre litres d'eau, on y ajoute 31 grammes de bois de Brésil, aussi bien effilé ou en poudre; on fait réduire à moitié, et l'on tire à clair. Après avoir remis ce liquide sur le feu, on y ajoute 31 grammes d'alun en poudre ou simplement concassé, et 3 grammes de crème de tartre; et l'on fait bouillir assez de temps pour que ces sels soient dissous.

Cette couleur s'emploie à chaud.

3. Bleu chimique.

Le procédé donné par *Pœrner* est tout à la fois le plus simple et le meilleur. Il consiste à verser dans un vaisseau de verre 125 grammes d'acide sulfurique à 66°, et 31 grammes d'indigo finement pulvérisé; à délayer peu à peu la poudre dans l'acide, de manière à former une espèce de bouillie bien homogène; à chauffer le tout pendant quelques heures, soit au bain de sable, soit au bain-marie, à une température de 30 à 38 degrés centigrades; à laisser refroidir, et à ajouter alors une partie de bonne potasse du commerce, sèche et réduite en poudre. On agite bien le tout, on laisse reposer vingt-quatre heures; et l'on met dans une bouteille bouchée pour s'en servir au besoin.

La couleur de cette dissolution est d'un bleu si foncé, qu'il paraît presque noir; mais on l'amène à telle nuance de bleu que l'on désire, par l'addition d'une quantité d'eau plus ou moins grande.

Quand on veut employer la préparation, on ne doit en prendre que la quantité nécessaire pour le travail, après l'avoir étendue de la quantité d'eau suffisante pour obtenir la nuance voulue. Si, après le travail, il reste de la couleur, on doit la mettre dans une bouteille à part pour s'en servir une autre fois; mais il faut bien se garder de la verser dans la bouteille qui renferme la dissolution première et non étendue: cette addition la gâterait entièrement.

4. Couleurs rouges.

On emploie trois sortes de *rouges*: 1° le rouge commun; 2° le rouge fin; 3° le rouge écarlate.

A. *Rouge commun.*

Dans un chaudron de cuivre étamé, on fait bouillir dans trois litres d'eau 250 grammes de bois de Brésil, ou bois de Fernambouc, réduit en poudre, et de 8 grammes de noix de galle blanche concassée. Quand le tout est réduit aux deux tiers, on y jette 31 grammes d'alun et 15 grammes de sel ammoniac, l'un et l'autre en poudre. Enfin, aussitôt que ces sels sont dissous, on retire la décoction du feu et on la passe à travers un tamis.

On emploie cette couleur bouillante; on la fait par conséquent chauffer si elle s'est refroidie.

B. *Rouge fin* dit *écaille.*

Dans six litres d'eau, on fait bouillir un demi-kilogramme de bois de Brésil ou de Fernambouc avec trente grammes de noix de galle blanche concassée. On passe au travers du tamis, on remet le clair sur le feu et l'on y ajoute 61 grammes d'alun en poudre, et 30 grammes de sel ammoniac pareillement en poudre. On laisse jeter un bouillon, et lorsque les sels sont dissous, on y verse plus ou moins de la solution *d'étain par l'eau régale*, connue sous le nom de *composition pour l'écarlate*, dont nous indiquerons plus bas, page 221, le procédé, après avoir parlé des couleurs. On emploie une plus ou moins grande quantité de cette solution selon la nuance qu'on désire.

Cette couleur s'emploie de la même manière que la précédente, c'est-à-dire bouillante.

C. *Rouge écarlate* dit *belle écaille*.

Dans deux litres d'eau bouillante, on jette 31 grammes de noix de galle blanche en poudre, et 31 grammes de cochenille aussi en poudre. Après quelques minutes d'ébullition, on y ajoute 15 grammes de la *composition pour l'écarlate*, dont nous venons de parler.

Cette couleur s'emploie chaude, comme les deux autres rouges.

5. Couleur orange.

Dans trois litres d'une dissolution de potasse à deux degrés, ou d'une bonne lessive de cendres de bois neuf, bien limpide, on fait bouillir 250 grammes de bois de fustet; on laisse réduire le liquide à moitié, et l'on y ajoute 31 grammes de bon rocou pilé et broyé avec la lessive. Après quelques bouillons, on ajoute 8 grammes d'alun pulvérisé, et l'on tire à clair.

Cette couleur s'emploie chaude.

6. Jaune, à chaud.

Dans trois litres d'eau, on jette 245 grammes de graines de gaude, et on laisse bouillir. Lorsque la liqueur est réduite à moitié, on passe au travers du tamis, puis on ajoute au clair 61 grammes d'alun en poudre. On fait jeter quelques bouillons.

Cette teinture s'emploie chaude. Elle peut servir également pour le papier et la tranche des livres; mais il faut la coller soit avec de l'amidon, soit avec de la gomme arabique.

7. Jaune à froid.

On fait macérer du safran du Gâtinais dans une

suffisante quantité d'esprit de vin ou de bonne eau-de-vie. La couleur est plus ou moins foncée suivant la plus ou moins grande quantité de safran qu'on emploie.

Cette liqueur s'emploie à froid; elle se conserve dans des flacons bien bouchés. On peut l'employer comme la précédente, pour le papier et pour les tranches des livres, en la collant de la même manière.

8. La couleur fauve.

On fait bouillir dans deux litres d'eau jusqu'à la réduction de moitié, 31 grammes de tan et autant de noix de galle noire, l'un et l'autre en poudre. On obtient ainsi une couleur fauve, qui est bonne pour faire un bon racinage, dont le fond doit être fauve, mais qui ne donne pas l'avantage de pouvoir conserver un fond blanc.

9. Couleur brune.

On peut obtenir de très-beaux bruns avec le brou de noix bien préparé. Pour cela, au moment où l'on recueille les noix, on ramasse une quantité suffisante de leur enveloppe verte; on pile cette matière dans un mortier pour en exprimer le suc; on l'introduit dans un grand vase capable de contenir trois ou quatre seaux d'eau; on verse dessus de l'eau suffisamment salée, jusqu'à ce que le vase soit plein; on remue bien avec un bâton, et on laisse macérer après avoir très-exactement bouché. Après un mois de macération, on passe au travers d'un tamis, et l'on exprime bien le jus, même à la presse. Enfin, on met en bouteilles, dans lesquelles on ajoute du sel de cuisine, et l'on bouche.

Ce liquide qui, loin de corroder les peaux, les adoucit, se conserve d'un an à l'autre, et ne produit de bons effets que lorsqu'il commence à prendre la fermentation putride.

10. Eau-forte ou acide nitrique.

Il ne faut pas employer, pour les racinages et les marbrures, cet acide pur ; il ne doit jamais être au degré de concentration où on le trouve dans le commerce, parce qu'il corroderait les peaux et les gâterait absolument. Il est donc indispensable de l'étendre, c'est-à-dire de l'affaiblir. Pour cela, on y ajoute d'abord la moitié de son volume d'eau, sauf à y en ajouter plus tard davantage, selon les circonstances que nous expliquerons.

11. Dissolution d'étain dans l'eau régale ou *composition pour l'écarlate.*

L'eau régale, à laquelle on a donné ce nom parce qu'elle dissout l'or, qu'on appelait autrefois le *roi* des métaux, se compose d'acide nitrique et d'acide chlorhydrique.

Les sels qui contiennent de l'acide chlorhydrique, dissous dans l'acide nitrique, apportent dans cet acide l'acide chlorhydrique nécessaire pour changer sa nature et lui donner la propriété de dissoudre l'or, etc.; mais, outre l'acide chlorhydrique que contiennent ces sels, tels que le sel ammoniac et le sel de cuisine, ils contiennent encore des alcalis qui donnent au rouge une teinte vineuse.

Il est donc plus avantageux d'employer l'acide chlorhydrique pur, au lieu de ces sels, et l'on a une bien plus belle couleur. Indiquons le procédé à suivre.

Lorsqu'on s'est bien assuré de la pureté des deux acides chlorhydrique et nitrique, qui doivent servir à composer l'eau régale, et qu'on est certain de leur degré de concentration, qui doit être de 33 degrés pour l'acide nitrique, et de 20 degrés pour l'acide chlorhydrique, on mélange ces deux acides avec les précautions suivantes :

On prend un ballon de verre d'une capacité double de l'acide que l'on veut avoir, en ayant soin de le choisir avec le col très-long ; on le place sur un lit de sable, l'orifice en haut. On y verse une partie d'acide nitrique pur,, et trois d'acide chlorhydrique On laisse dégager les premières vapeurs, qu'il serait dangereux de respirer ; après quoi on couvre l'orifice avec une petite fiole à médecine renversée, qui ne joigne pas assez exactement avec le col du ballon pour trop contraindre les vapeurs, qui pourraient causer la rupture du vaisseau, mais qui puisse les retenir, autant que possible, sans faire courir aucun danger. L'eau régale est aussitôt formée.

On pèse exactement le ballon qui contient l'eau régale ; on l'avait déjà pesé vide; on distrait ce premier poids du dernier pour connaître le poids de la combinaison des deux acides sur lesquels on doit opérer. On projette dans cet acide, et par petites parties, le huitième de son poids d'étain.

Supposons que le ballon à moitié plein contienne 4 kilogrammes d'eau régale, on pèse bien exactement un demi-kilogramme d'étain fin en rubans ou en filets. On divise cet étain en trente-deux parties à peu près égales, de 15 grammes chacune ; on projette une de ces portions, et l'on couvre l'orifice du ballon avec la fiole à médecine renversée. L'acide attaque immédiatement l'étain et le dissout. Pendant ce temps, il s'élève beaucoup de vapeurs rougeâtres qui ne sortent pas du ballon, s'il a le col très-long, et qui se trouvent même retenues en grande partie par la fiole à médecine, lorsqu'elles arrivent jusque-là, ce qui est même rare, si l'on a eu la précaution de projeter l'étain par petites quantités. Quand on s'aperçoit que la première portion d'étain est presque entièrement dissoute, l'on en projette une seconde avec les mêmes précautions que pour la première, et l'on opère de même jusqu'à ce que les trente-deux portions aient été employées.

On remarque que les vapeurs *rutilantes* ou rougeâtres diminuent au fur et à mesure que l'acide se *sature* d'étain ; qu'il finit par ne plus s'en former, et que même, vers la fin de l'opération, les vapeurs qui remplissaient le ballon ont disparu, soient qu'elles rentrent dans la masse du liquide, soient qu'elles se divisent dans l'atmosphère.

Lorsqu'on emploie l'étain pur, il n'y a point de précipité ; mais comme l'étain n'a pas ordinairement le degré de pureté convenable, on obtient un précipité noir et insoluble, plus ou moins abondant, selon que l'étain est chargé de plus ou moins de parties étrangères. L'étain de Malacca est le plus pur ; il est avantageux de ne pas en employer d'autre.

Aussitôt que l'étain est complétement dissous, et que la liqueur est entièrement refroidie, on la verse dans des flacons fermés avec des bouchons de cristal usés à l'émeri, et on la conserve pour le besoin.

Au moment de l'employer, on en prend une partie qu'on étend du quart de son poids d'eau distillée.

En agissant ainsi, il ne se forme jamais, au fond du vase, le précipité blanc plus ou moins abondant que les teinturiers obtiennent presque toujours par les procédés qu'ils emploient.

Ce précipité blanc n'est autre chose que de l'oxyde d'étain, qui est perdu pour la teinture, puisqu'on se garde bien de s'en servir. La composition contient donc alors moins d'étain en dissolution qu'on ne se proposait de lui en faire contenir, et l'on est surpris, après cela, de trouver des résultats différents en opérant sur les mêmes substances, quoiqu'on en emploie les mêmes quantités.

12. *Autre* composition pour l'écarlate.

Pour préparer la composition d'étain, beaucoup de petits relieurs emploient le procédé qui suit, bien qu'il soit très-inférieur à celui que nous venons de donner.

Dans un pot de grès suffisamment grand, on jette 62 grammes de sel ammoniac en poudre, et 182 grammes d'étain fin de Malacca en rubans ou en filets : on y verse ensuite 375 grammes d'eau distillée, et on ajoute 500 grammes d'acide nitrique à 33 degrés. On laisse opérer la dissolution. On obtient toujours un précipité blanc, plus ou moins abondant, qui est de l'oxyde d'étain perdu pour l'opération. On laisse reposer, et l'on n'emploie que la partie liquide.

Cette dissolution ne peut se conserver que deux ou trois mois; la première, au contraire, se conserve indéfiniment.

13. Potasse.

On fait dissoudre, dans un litre et demi d'eau, 245 grammes de bonne potasse de Dantzick ou d'Amérique ; on tire à clair, et l'on conserve la liqueur dans une bouteille bouchée.

14. Eau à raciner.

Dans un vase quelconque on verse un ou deux litres d'eau bien limpide, et l'on y ajoute quelques gouttes de la dissolution de potasse, dont nous venons d'indiquer la préparation.

15. Préparation de la glaire d'œuf

Sur les glaires de douze œufs on met 8 grammes d'esprit-de-vin ; on bat bien le tout avec un moussoir à chocolat, qu'on fait rouler vivement entre les deux mains jusqu'à ce qu'on ait beaucoup de mousse; on laisse déposer, on enlève la mousse, et c'est le liquide clair qu'on passe avec une éponge fine sur toute la couverture. Il faut passer bien uniment et ne laisser ni globule, ni autre corps étranger.

Cette liqueur peut se conserver en bouteille pendant quelque temps.

Quand on glaire plusieurs fois, il faut bien laisser sécher la première couche avant de passer à la seconde, et ainsi de suite.

§ 3. — OUTILLAGE.

De la célérité que l'on emploie, en racinant ou en marbrant les couvertures des livres, dépend la réussite de cette opération. Il est donc important que tout ce dont on peut avoir besoin soit disposé d'avance et sous la main, afin de pouvoir opérer le plus promptement possible.

Indépendamment des préparations dont nous venons d'indiquer la composition, il faut encore avoir des *pinceaux*, des *éponges* de différents degrés de finesse, des *tringles* en bois et des *pattes de lièvre*.

Les *pinceaux* sont faits avec des racines de riz, ou des racines de chiendent. Ils sont gros et ressemblent plutôt à des balais qu'à des pinceaux. Enfin, leurs manches sont d'un bois dur, tel que le houx, ont 3 centim. de diamètre, et sont formés d'une branche de cet arbrisseau. Il faut un pinceau pour chaque couleur et pour chaque ingrédient.

Pour raciner, il faut deux *tringles*, de 8 centim. de

large, 4 centim. d'épaisseur, et de 2 mètres à 2 mètres 30 cent. de long. Elles sont creusées en gouttière profonde, dans toute leur longueur. On les fixe l'une à côté de l'autre sur deux blocs de bois, qui les retiennent inclinées du même côté, et dont l'un est plus haut que l'autre de 8 à 11 centimètres. Ces deux tringles sont placées à une distance assez grande pour que toutes les feuilles du volume puissent se loger entre elles. Les deux cartons de la couverture sont étendus sur les tringles.

Une troisième tringle est nécessaire pour couvrir le dos du volume lorsqu'on ne veut pas le raciner ou le marbrer. Cette tringle a 6 centimètres de large, plus ou moins, selon l'épaisseur du volume; elle est creusée en rond, selon la forme du dos, et sa partie supérieure est creusée en gouttière.

Les pattes de lièvre s'emploient quelquefois en guise de pinceaux. On en coupe carrément, avec des ciseaux, le bout du poil à l'extrémité.

§ 4. — RACINAGE.

RACINER, c'est, on l'a vu, imiter avec plus ou moins de fidélité, des racines d'arbres, parfois aussi des arbres entiers, des arbres dépouillés de leurs feuilles. On prétend que ce procédé a été inventé en Allemagne, qu'il a passé en Angleterre, puis est venu en France. Pour le pratiquer, on place les volumes sur les tringles ci-dessus, la tête en haut, tous les feuillets entre les deux tringles, et les deux cartons posés à plat sur les mêmes tringles. On en met huit à dix à la suite l'un de l'autre, autant que les tringles peuvent en contenir. Ainsi que nous venons de le dire, quand on ne veut pas raciner le dos, on le garantit en le couvrant avec la tringle concave. Nous allons expliquer les moyens qu'on peut employer pour obtenir plusieurs sortes de *racinages*.

1. Bois de noyer.

Selon la direction que l'on veut donner aux racines, on cambre les cartons, soit pour les creuser, soit pour les arrondir. Si l'on voulait, par exemple, que les racines partissent du milieu de la couverture, on creuserait les cartons ; on les bomberait au contraire si l'on voulait que les veines se réunissent sur les bords.

Cela fait, et les livres placés sur les tringles, comme nous l'avons dit, avec un des gros pinceaux dont nous avons parlé, on jaspe de l'eau bien également, et à grosses gouttes sur toute la surface de la couverture, et aussitôt qu'on voit les gouttes se réunir, on jaspe du noir en gouttes très-fines avec le pinceau du noir, et partout bien également ; on doit avoir soin de n'en pas trop jeter.

Après avoir jaspé en noir, et selon que la racine est plus ou moins foncée, on donne une teinte rougeâtre en jaspant plus ou moins avec de l'eau de potasse.

On laisse foncer les veines suffisamment, après quoi on essuie à l'éponge et on laisse sécher. Ensuite, on frotte toute la couverture et le dos, à sec, avec un morceau de drap fin, ce que les ouvriers appellent *serger* ou *draper*. On ne doit jamais se servir de serge pour cette opération. Cette étoffe serait trop rude; non-seulement elle enlèverait la couleur, elle attaquerait même l'épiderme de la peau. Il ne faut employer qu'un drap fin ou une flanelle; ils unissent bien la surface et en commencent le polissage.

Quand le racinage est achevé, on noircit les champs

et le dedans du carton avec du noir étendu de deux fois son volume d'eau, qu'on passe avec une patte de lièvre. Cette dernière opération se répétant à tous les volumes, nous ne la décrirons plus : nous l'indiquerons seulement lorsqu'on emploiera une autre couleur que le noir.

Observation.

Nous supposons ici que la peau est de sa couleur naturelle, c'est-à-dire fauve; mais si le volume se trouvait déjà couvert avec une peau teinte d'une couleur quelconque, comme le vert, le bleu clair, etc., il faudrait faire l'inverse, c'est-à-dire qu'après avoir jeté l'eau, on jasperait la potasse, et ensuite le noir. Sans cette précaution, le racinage ne pourrait pas prendre à cause de l'acide qui entre dans la composition de ces couleurs.

Cette observation étant générale et s'appliquant à tous les jaspés, nous ne la répéterons plus.

2. Bois d'acajou.

Ce racinage se fait comme celui du bois de noyer (page 240). La seule différence consiste à laisser un peu plus foncer le noir et, un peu avant qu'il ne soit parfaitement sec, à lui donner, avec la patte de lièvre, deux ou trois couches de rouge bien unies. On laisse bien sécher, puis on frotte avec le drap et l'on termine par noircir les champs et le dedans des cartons.

En employant le même procédé, on peut faire des racines de toutes couleurs ; il suffit pour cela de donner une teinte unie. Le bleu s'emploie étendu dans la moitié de son volume d'eau, ou moins, suivant la nuance qu'on désire.

3. Bois de citronnier.

Lorsque le racinage est fait, comme pour le bois de noyer, mais le noir moins foncé, et un peu avant qu'il ne soit parfaitement sec, on appuie légèrement avec une petite éponge commune et à gros trous, trempée dans la couleur orange (nº 5, page 232), et l'on imprime sur différentes places de la couverture et du dos, de petites taches en forme de nuages très-éloignés les uns des autres. Aussitôt après, avec une autre éponge semblable, on prend du rouge fin (nº 4, page 232), et l'on répète la même opération, et presque sur les mêmes places. On laisse sécher, et l'on donne ensuite deux ou trois couches de jaune (nº 7, page 232). On laisse sécher de nouveau et l'on frotte avec le drap. Cette teinte jaune doit être donnée avec la patte de lièvre, et de plus être abondante; elle doit couler sur la couverture, sans cela elle ne pénétrerait pas dans le veau, et ne serait pas unie.

4. Loupe de buis.

Pour bien imiter les veines contournées de la loupe de buis, on cambre les cartons en cinq ou six endroits différents et en divers sens, puis on place le volume entre les tringles. Cela fait on jaspe de l'eau à petites gouttes, en procédant comme pour le bois de noyer (page 240); et on laisse sécher. On remet le volume entre les tringles, on jaspe de l'eau à grosses gouttes, et dès qu'elle coule, on jaspe par petites gouttes du bleu étendu dans un volume d'eau égal au sien. On fait en sorte de faire tomber les gouttes vers le dos, et pour cela on se sert de la barbe d'une plume. Ces gouttes se mêlent avec l'eau et coulent sur le plat sous forme de veines déliées, irrégulières et écartées les unes des autres. On laisse sécher et l'on essuie avec une éponge humide. Ensuite avec le rouge écarlate (n° 4, page 232), on fait sur différents endroits des plats et du dos, comme on l'a fait pour le bois de citronnier. On laisse sécher, après quoi on donne deux ou trois couches, avec la patte de lièvre, de la couleur orange (n° 5, page 232); on laisse sécher et l'on frotte avec le drap.

§ 5. — MARBRURE.

Appliquée à la couverture des livres, la MARBRURE est une simple variété de racinage. Elle donne le moyen d'imiter assez bien la plupart des marbres proprement dits et des autres matières minérales auxquelles on donne vulgairement le même nom. Nous allons indiquer quelques-uns des procédés qu'on emploie.

1. Marbre imitant la *pierre du Levant*.

On jaspe à gouttes larges, sur toute la surface de la couverture, du noir affaibli par environ neuf fois son volume d'eau. Lorsqu'on voit les gouttes se réunir, on jette sur le dos de la potasse avec les barbes de deux plumes réunies, et par intervalles de 3 à 4 centimètres, et tout près des mors, afin qu'elle coule sur les plats et qu'elle se réunisse au noir.

Pendant que la potasse coule, on jette de la même manière, et près de la potasse, de la composition d'écarlate; elles coulent ensemble en se réunissant sur leurs bords, et forment chacune des veines séparées qui se fondent entre elles. Cela imite parfaitement les veines qu'on aperçoit sur la pierre du Levant. On laisse sécher le marbre, on le lave à l'éponge, on laisse bien sécher de nouveau, et l'on frotte avec le drap.

Faisons remarquer, en passant, que pour faire tous les marbres, on doit jeter le noir le premier; sans cette précaution, il ne prendait pas sur les autres couleurs.

2. Marbre imitant l'*agate verte*.

On opère comme pour le nº 1; la seule différence consiste à remplacer la potasse par le vert, qu'on prépare à l'avance en mêlant du bleu avec du jaune en plus ou en moins grande quantité, selon qu'on veut la nuance plus ou moins foncée.

3. Marbre imitant l'*agate bleue*.

Le procédé est le même que pour le nº 1; on remplace seulement la potasse par du bleu (page 230), plus ou moins étendu d'eau, selon la nuance qu'on veut avoir.

4. Marbre imitant l'*agatine*.

On opère encore ici comme pour le nº 1. Seulement, après avoir jeté la composition d'écarlate (page 232) sur toute la couverture, on jaspe du bleu étendu dans quatre fois son volume d'eau, à petites gouttes écartées l'une de l'autre; on laisse sécher, on lave à l'éponge; on laisse bien sécher encore, puis on frotte avec le drap.

5. Marbre imitant l'*agate blonde*.

On commence par jasper du noir à petites gouttes très-écartées, ensuite on jaspe sur toute la couverture, à grosses gouttes, de la potasse étendue dans deux fois son volume d'eau; enfin, on opère pour le reste comme au nº 1.

On peut aussi, par un procédé analogue, imiter l'*écaille*, mais cela n'est plus guère usité.

6. Marbre imitant le *cailloutage*.

On jaspe à grosses gouttes du noir étendu dans dix fois son volume d'eau, sur toute la couverture; on laisse sécher à demi, ensuite on jaspe de même de la potasse étendue dans deux fois son volume d'eau, et on laisse sécher. On reprend le volume, et l'on jaspe bien également, et par petites gouttes, du rouge écarlate (page 232), et on laisse sécher de nouveau. Enfin, on jaspe de même de la composition d'écarlate; on laisse sécher et l'on frotte avec le drap.

7. Marbre imitant le *porphyre veiné*.

On jaspe bien également, et en grosses gouttes, du noir étendu dans deux fois son volume d'eau. Après avoir laissé sécher à demi, on jaspe de même de la potasse étendue dans une fois son volume d'eau, et on laisse sécher. On jaspe ensuite du rouge écarlate de la même manière, et on laisse encore sécher; on jaspe ensuite du jaune presque bouillant et à grosses gouttes. Pendant que ces gouttes cherchent à se réunir, on jaspe du bleu étendu dans trois fois son volume d'eau, et tout de suite on jaspe la composition d'écarlate contre le bleu. Ces trois couleurs coulent alors ensemble sur les plats de la couverture, et forment des veines bien distinctes. On laisse sécher, et l'on frotte avec le drap.

8. Marbre imitant le *porphyre œil de perdrix*.

On jaspe sur toute la couverture du noir étendu dans huit fois son volume d'eau; les gouttes doivent être petites, mais très-rapprochées, sans se confondre cependant. Dès que le noir commence à couler, on jaspe, sur le dos, de la potasse étendue dans deux fois son volume d'eau. On la jette près des mors, afin qu'en coulant sur les plats elle se mêle avec le noir qu'elle entraîne. On laisse sécher, ensuite on lave à l'éponge, et avant que le tout ne soit sec, on passe deux ou trois couches de rouge fin; on laisse sécher et l'on frotte avec le drap. Enfin, on jaspe sur toute la surface avec la composition d'écarlate, en grosses gouttes également distribuées; on laisse sécher et l'on frotte avec le drap.

9. Autre porphyre *œil de perdrix* ou *à petites gouttes*.

Avec la patte de lièvre, on passe la couverture en entier en rouge, ou en jaune, ou en bleu, ou en vert, bien uniformément; sur l'une de ces couleurs, et lorsqu'elle est sèche, on passe de même du noir, étendu dans six ou huit fois son volume d'eau, et on laisse sécher; ensuite, avec la composition pour l'écarlate, on jaspe par dessus des gouttes plus ou moins grosses, selon le goût du relieur. On obtient par ce moyen de petites taches plus ou moins grandes, rouges, jaunes, bleues ou vertes, selon qu'on a employé d'abord l'une ou l'autre de ces couleurs; on laisse bien sécher et l'on drape, c'est-à-dire qu'on frotte avec le drap fin.

L'œil de perdrix, proprement dit, est formé du bleu qu'on jaspe sur du noir étendu d'eau; et, lorsqu'il est sec, on y jaspe de la composition d'écarlate.

10. Marbre imitant le *porphyre rouge*.

On commence par jasper sur toute la couverture, du noir étendu dans huit fois son volume d'eau, bien également et à petites gouttes; on laisse sécher et l'on drape. On glaire ensuite (*voyez* n° 15, p. 238). et l'on donne, avec une patte de lièvre, deux couches de rouge fin; puis une de rouge écarlate, et on laisse sécher. Enfin, on jaspe, à petites gouttes, et le plus également qu'on le peut, de la composition d'écarlate ; on laisse sécher et l'on drape.

11. Marbre imitant le *granit*.

On jaspe sur la couverture, à points tres-fins, du noir étendu dans vingt-cinq à cinquante fois son volume d'eau, selon qu'on veut une teinte plus ou moins foncée. On laisse sécher, et l'on réitère cette opération cinq à six fois ; on laisse sécher à demi, et l'on jaspe par dessus de la potasse à petits points également répandus ; on laisse sécher, on drape, ensuite on glaire (n 15 page 238) légèrement. Enfin, on jaspe avec la composition d'écarlate, comme on a jaspé avec la potasse ; on laisse parfaitement sécher, et l'on drape.

12. Autre *marbre cailloutè* imitant le *granit*.

On doit ce procédé à Courteval. Trempez le pinceau à jasper dans le noir ; plongez-le ensuite dans 6 litres d'eau environ,. selon ce que vous voulez marbrer. Secouez le pinceau sur une cheville de fer, jusqu'à ce que rien n'en tombe. Jaspez alors le livre. Quand il est bien couvert de taches imperceptibles, laissez bien sécher, puis jaspez légèrement çà et là avec une solution de sel de tartre. Laissez bien sécher de nouveau, sergez, glairez avec légèreté, puis, si vous le jugez à propos, jaspez encore avec de l'eau-forte affaiblie qui forme de petites taches blanchâtres. Le tout produit un cailloutage charmant.

13. Marbre imitant le *porphyre vert*.

Sur le volume encollé avec la colle de peau ou de la colle de parchemin, on forme un vert avec du bleu chimique (n° 3, page 230) et du jaune de graine d'Avignon (p. 164), qu'on mélange en plus ou moins grande quantité, selon la nuance qu'on veut avoir. On jaspe à très-petites gouttes, et on laisse sécher; on recommence à jasper de même jusqu'à trois fois; on laisse bien sécher, et l'on frotte avec le drap.

Pour avoir un porphyre plus élégant, on jaspe du noir, on laisse sécher; ensuite on jaspe du vert dont nous venons de parler, et, après que le tout est sec, on jaspe du rouge fin nommé *écaille* (n° 4, page 328); mais comme ce rouge ne pourrait pas mordre assez si l'on ne prenait que le clair, on y mêle un peu de son marc, et l'on y ajoute un peu de composition d'écarlate, qui sert de mordant. L'on jaspe avec cette liqueur, on laisse sécher et l'on drape.

14. Marbrures arborescentes.

Ce genre de marbrure, fait pour la première fois en Allemagne, puis très-usité en Angleterre, est exécuté comme il suit. On courbe les plats de la couverture en forme de gouttière, puis on applique les couleurs liquides sur les bords du côté du dos et du côté de la gouttière, de sorte qu'en coulant vers le milieu, où elles se réunissent, elles forment des ramifications semblables à des branches d'arbres.

Observation générale.

Les exemples que nous venons de donner sont plus que suffisants pour diriger celui qui se livre à la reliure; il ne faut que du goût et l'amour de son état. A l'aide des couleurs que nous avons décrites, et des procédés que nous avons indiqués, il est facile de varier à l'infini les marbres sur les couvertures des volumes. En voici un exemple pris au hasard sur le *marbre imitant la pierre du Levant.*

Il est facile de comprendre qu'avec un peu de goût, l'ouvrier peut varier cette sorte de marbre de mille manières différentes, en combinant deux à deux, trois à trois, quatre à quatre, cinq à cinq, six à six, les six couleurs qu'il a à sa disposition : 1° la couleur de racine posée du dos à la gouttière; 2° la potasse forte ou faible; 3° le vert plus ou moins foncé; le bleu pur ou affaibli; 4° le rouge plus ou moins intense; 5° la composition écarlate. Il serait superflu d'entrer dans de plus grands détails sur cet objet; passons aux teintes unies ou rehaussées d'or.

§ 6. — TEINTES UNIES OU REHAUSSÉES D'OR.

Nous avons dit que pour les jaspés et pour les marbres, il faut toujours commencer par encoller les couvertures avec de la colle de parchemin bien limpide; il en est de même pour les teintes unies; ainsi nous ne le répéterons pas à chaque article.

1. Couleur terre d'Égypte.

Avec la patte de lièvre, on passe également de l'eau de javelle sur toute la surface du veau encollé, jusqu'aux mors. On passe plus ou moins de fois, selon qu'on désire une nuance plus ou moins foncée. Il est bon d'observer que les teintes noircissent toujours par les opérations subséquentes, telles que l'encollage, qui est indispensable pour les veaux unis, le glairage et la polissure; par conséquent on doit les laisser plus claires qu'on ne veut les avoir.

Il en est de même sur la basane, mais les nuances ne sont pas aussi belles.

2. Couleur raisin de Corinthe.

Après l'encollage, on donne, avec la patte de lièvre, une couche de noir étendu dans vingt ou vingt-cinq parties d'eau, selon la nuance. On fait en sorte que cette couche soit bien uniforme et sans nuages; lorsqu'elle est à moitié sèche, on passe de même, et bien également, une couche de potasse étendue de partie égale d'eau; on laisse sécher, on frotte avec le drap, ensuite on glaire, et l'on donne deux ou trois couches de rouge fin (n° 4, page 232); on laisse bien sécher et l'on frotte avec le drap.

3. Couleur verte.

Après avoir glairé légèrement sur l'encollage sec, on donne, avec la patte de lièvre, trois ou quatre couches de vert qu'on a préparé d'avance comme pour le porphyre vert (page 247). On laisse sécher, puis on lave avec de l'eau-forte étendue dans trente fois son volume d'eau, de manière à présenter au goût l'acidité du vinaigre. On peut y suppléer par du bon acide pyroligneux étendu dans six fois son volume d'eau; on laisse bien sécher et l'on drape.

4. Couleur bleue.

On glaire légèrement; ensuite avec la patte de lièvre, on passe quatre ou cinq couches de bleu chimique (n° 8, page 230), étendu dans une plus ou moins grande quantité d'eau selon la nuance qu'on désire. Cette couleur tire un peu sur le vert, à cause de la couleur jaune du veau, qui lui donne ce reflet; mais on la ravive en lavant la couverture avec de la composition d'écarlate étendue dans trois ou quatre fois son volume d'eau; on laisse bien sécher, et l'on drape.

5. Couleur brune.

On donne trois ou quatre couches parfaitement égales de noir étendu dans trois ou quatre parties d'eau, en prenant bien soin que ces couches soient parfaitement unies et sans nuages. Lorsque la couverture est à demi-sèche, on donne une couche de potasse qui fait prendre au noir une teinte roussâtre.

On peut varier cette couleur à l'infini, en étendant le noir, ainsi que la potasse, dans une plus ou moins grande quantité d'eau.

On peut encore obtenir des couleurs brunes unies, très-belles et agréables, par l'emploi du brou de noix, dont on donne deux ou trois couches, toujours avec la patte de lièvre. On étend le brou dans une plus ou moins grande quantité d'eau, selon la nuance désirée. Dans ce dernier cas, on laisse bien sécher; puis on drape.

6. Couleur Tête-de-Nègre.

La tête-de-nègre est une couleur noire tirant sur le bleu, avec un reflet rougeâtre; pour l'imiter, on donne trois couches de noir étendu dans un volume d'eau égal au sien; on laisse sécher, on glaire, et l'on donne deux ou trois couches de rouge commun (lettre A, p. 231); on laisse sécher et l'on drape.

7. Couleur gris-de-perle.

Cette couleur est la plus difficile à obtenir dans tout son éclat, bien unie et sans nuages. Pour y parvenir, on mouille d'abord bien également, avec une éponge, la peau dans toute son étendue, ensuite on donne plusieurs couches d'eau dans laquelle on a délayé quelques gouttes de noir, pour former un gris très-pâle. Plus ce gris est faible, mieux on réussit; plus on passe de couches, plus on rend le gris foncé. Lorsqu'on a atteint la nuance qu'on désire, on passe une légère couche de rouge fin, écaille ! (nº 4, p. 232), étendu dans beaucoup d'eau, pour donner un léger reflet rougeâtre; il faut que ce rouge puisse à peine être distingué.

On peut obtenir un gris clair très-agréable, en passant, au lieu de rouge, une couche de potasse étendue dans beaucoup d'eau.

8. Couleur de lapis-lazuli.

Tout le monde sait que le *lapis-lazuli* est une matière minérale bleu clair, veinée d'or. L'imitation de ses veines et de tous ses accidents n'est pas aisée, il faut connaître un peu l'art de la peinture, et savoir assez habilement manier le pinceau, pour bien imiter la nature. Aussi ne fait-on cette couleur que sur des ouvrages précieux et pour lesquels on est dédommagé des soins qu'on se donne.

Après l'encollage on place le volume entre les tringles à raciner, et, avec une éponge qui présente de grands trous, et qu'on a trempée dans du bleu chimique étendu dans dix fois son volume d'eau, on fait des taches légères sur toute la couverture, à des distances irrégulières; ces taches sont comme de légers nuages. On ajoute un quart de partie de bleu de Prusse, et après l'avoir bien mêlé, on imprime de nouveaux nuages un peu plus foncés. On répète cinq ou six fois cette opération, en ajoutant à chaque fois un quart de partie de bleu. Toutes ces couches doivent former des nuances qui se dégradent comme dans la nature, et il serait bon d'avoir un modèle artistement peint, afin d'en approcher le plus possible. On laisse bien sécher, ensuite on drape.

On ne doit poser les veines d'or que lorsque la couverture est dorée, les gardes collées, en un mot, quand le livre est prêt à être poli.

L'on veine en or avec de l'or *en coquille*; le mordant dont on se sert pour le faire prendre et tenir solidement, se prépare avec une partie de blanc d'œuf auquel on ajoute une partie d'esprit-de-vin et deux parties d'eau bien claire; on bat le tout ensemble, et l'on tire à clair. On humecte une petite quantité de poudre d'or avec ce liquide, et on l'applique avec un de ces très-petits pinceaux dont se servent les peintres en miniature. Avec le doigt on masse l'or et on le fond en différents endroits pour imiter la nature : on ne peut donner aucune règle à cet égard; le goût seul doit diriger l'ouvrier.

Lorsque cette opération délicate est terminée, on laisse bien sécher, et l'on polit avec un fer à polir à peine chaud. C'est une des plus belles reliures de luxe qu'on puisse exécuter.

9. Marbre en or.

On peut l'exécuter sur toutes sortes de fonds unis. On prend un morceau de drap fin, plus grand qu'un côté de la couverture, on le plie par la moitié de sa longueur ; on pose ce drap ainsi plié, sur un carton, et on le déplie, en laissant retomber la moitié sur le carton. On étend sur cette moitié du drap, à gauche, la moitié d'une feuille d'or battu, en faisant attention de ne pas dépasser la grandeur de la couverture, après en avoir distrait quelques lignes pour la place de la roulette que l'on se propose d'y pousser; cette précaution est nécessaire pour ne pas employer de l'or en pure perte.

Ces préparatifs terminés, on replie le drap sur l'or, et on passe la main dessus en appuyant fortement, sans laisser glisser le drap. Cette compression divise la feuille d'or en une infinité de petits points, qu'on écarte même entre eux, avec la pointe d'un couteau, dans le cas où ils ne le seraient pas assez.

L'or étant ainsi préparé, on passe sur un côté du volume du blanc d'œuf délayé dans son volume d'eau, et l'on applique ce côté de la couverture sur le drap couvert d'or, en appuyant fortement avec la main. Alors, en ayant bien soin de ne pas déranger le volume de place, et de ne pas le laisser glisser, on soulève avec précaution, et tout à la fois le volume, le drap et le carton ; on retourne le tout sens dessus dessous, on enlève le carton, on le remplace par une feuille de papier sur laquelle on passe fortement la main afin de bien appliquer l'or sur la couverture. Après avoir ôté le papier, on enlève proprement le drap, et tout l'or reste fixé sur ce côté de la couverture, en y plaçant une feuille de papier et frottant dessus avec la paume de la main.

Quelque soin que l'on ait pris pour ne pas laisser passer l'or sur l'endroit que l'on a voulu réserver pour la roulette, il est rare qu'il ne s'en écarte pas. Dans ce cas, on mouille le bout du pouce, on le pose sur la seconde phalange de l'index plié à angle droit; cela forme une espèce d'équerre, de manière que le pouce déborde de toute la largeur du dessin de la roulette qu'on a choisie : on fait glisser l'index plié contre le bord du carton, et le pouce, en frottant sur le plat de la couverture, enlève avec facilité l'or qui est parvenu de ce côté puisque le blanc d'œuf n'est pas encore sec. Ce procédé est prompt et peu dispendieux.

Observations générales sur le contenu de ce dernier paragraphe.

Il serait superflu de s'étendre davantage sur les moyens de donner aux couvertures toute l'élégance dont elles peuvent être susceptibles. Il eût été facile de multiplier les procédés en en combinant plusieurs ensemble ; mais c'eût été fatiguer le lecteur par des redites continuelles. Nous avons préféré laisser au goût et à la sagacité de l'ouvrier le soin d'en inventer de nouveaux.

§ 7. — OPÉRATIONS COMPLÉMENTAIRES.

Aussitôt que le livre est sec, après qu'il a été raciné ou marbré, on le met en presse entre deux ais bien propres, et que l'on a soin de placer bien juste aux mors. On serre fortement, afin de bien unir les plats, et pendant qu'il est ainsi serré, on efface sur le dos, à petits coups de marteau, quelques petites éminences que l'humidité a occasionnées sur la peau pendant le racinage et la marbrure. On doit surtout frapper en tête et en queue, pour abaisser ces deux extrémités, qui ont toujours de la tendance à s'élever, ce qui rend le dos creux dans sa longueur, tandis qu'au contraire il doit présenter une ligne droite bien parallèle à la goutière.

Il suffit de laisser le volume en presse pendant une heure. On peut le sortir au bout de ce temps. Néanmoins, si la presse est libre, il ne peut que gagner à y rester davantage.

CHAPITRE V.

Marbrure sur Tranche.

Observations préliminaires.

On appelle *marbreur*, celui qui s'occupe spécialement d'imiter, sur la tranche des livres ou sur des feuilles de papier isolées, les couleurs et les nuances irrégulières du marbre par des moyens tout à fait différents de ceux qu'emploient les fabricants de papiers peints. C'est un art particulier qu'une très-longue pratique peut seule permettre d'exercer d'une manière satisfaisante, qui ne saurait rien produire de convenable quand on n'exerce qu'accidentellement, de loin en loin, et qui, dans les villes où la reliure a lieu sur une très-grande échelle, se trouve monopolisé entre les mains d'un fort petit nombre d'ouvriers d'élite. Nous allons en décrire les procédés généraux, mais en faisant remarquer qu'ici, comme en tant d'autres choses, le tour de main est presque tout.

§ 1. — OUTILLAGE.

Les outils ou instruments dont le marbreur a besoin ne sont pas en grand nombre. Ce sont :

1° Un *baquet* en chêne de 83 centimètres de long sur 50 à 55 centimètres de large pour qu'un volume in-folio puisse y être à l'aise, et de 5 à 8 centimètres de profondeur ; il doit être absolument imperméable à l'eau, et muni d'un couvercle à rebords pour que la poussière ne puisse y pénétrer quand on ne travaille point ;

2° Un petit *bâton rond*, pour remuer les matières;

3° Plusieurs *vases de terre*, pour renfermer les couleurs et les diverses préparations;

4° Un petit *fourneau*;

5° Un *porphyre* et sa *molette* pour broyer les couleurs;

6° Un *seau* avec son couvercle, pour préparer l'eau gommée que nécessite la marbrure;

7° Un *tamis de crin serré*, pour passer l'eau gommée et en séparer les résidus;

8° Plusieurs *pinceaux à longs poils*, pour jeter les couleurs, autant que de couleurs différentes, le fiel compris. Pour les faire, on prend, d'une part, des brins d'osier, de 3 centimètres environ de largeur et 4 millimètres de diamètre ; d'autre part, une quantité convenable de soies de porc de la plus grande longueur possible. On place une centaine de ces soies tout autour de l'extrémité la plus mince de chaque brin d'osier, et on les lie fortement avec de la ficelle. Ces pinceaux ont plutôt l'air de balais ;

9° Un *rondin de bois*, sur lequel on frappe avec la hampe des pinceaux comme pour jasper ;

10° Un morceau de bois mince, large de 8 centimètres et de la longueur de la caisse à marbrer, nommé *ramasseur de couleurs*, afin d'enlever les couleurs de dessus l'eau gommée, lorsqu'on veut changer la marbrure ;

11° Plusieurs *peignes*, c'est-à-dire des liteaux de bois percés de trous à différentes distances, dans lesquels on fait entrer à force des petits bâtons ronds, des osiers, par exemple, de 17 centimètres ; ils servent agiter les couleurs, afin de déterminer des parties tantôt angulaires, tantôt onduleuses, tantôt tortueuses, serpentantes, rondes ou ovales.

§ 2. — MATIÈRES EMPLOYÉES.

Outre les matières colorantes, le marbreur emploie : la *gomme adragante*, la *cire*, le *fiel de bœuf*, l'*essence de térébenthine*.

§ 3. — COULEURS EMPLOYÉES.

Les *couleurs végétales* et les *ocres* sont les matières colorantes qui conviennent le mieux. La plupart des couleurs minérales, autres que les ocres sont trop lourdes et ne pourraient pas être supportées à la surface de l'eau gommée.

Pour le *jaune*, on prend ou *le jaune de Naples*, ou la *laque jaune de gaude*, ou *le jaune de chrome*. Le *jaune doré* se fait avec la *terre d'Italie* naturelle.

Pour les *bleus* de différentes nuances, on emploie l'*indigo flor*, les *bleus de Paris* et *de Berlin*, *l'outremer artificiel*.

Pour le *rouge*, on se sert ou du *carmin*, ou de la *laque carminée en grains*.

Le *brun* se fait ordinairement avec la *terre d'ombre*, ou le *brun de Cassel*.

Le *noir* s'obtient avec le *noir d'ivoire*, ou celui *de Francfort*.

Le *fiel* seul produit *le blanc*.

Avec la *terre d'Italie*, l'*indigo flor* et la *laque carminée*, on fait une très-belle tranche qu'on peut varier à l'infini.

Pour imiter exactement certaines sortes de marbres, il faut bien étudier les couleurs qui les caractérisent, et les formes qu'elles affectent, les veines qu'elles dessinent. Alors on cherche par des essais variés, faits avec des couleurs, à en produire de semblables, et l'on peut y parvenir aisément, en jetant plus ou moins certaines couleurs avec le pinceau sur l'eau de marbrure, et en les y jetant dans l'ordre le plus propre à reproduire l'aspect du marbre que l'on a choisi pour modèle.

§ 4. — PRÉPARATION DE LA GOMME.

On met dans un vase propre un demi-seau d'eau et l'on y fait dissoudre à froid 93 grammes de gomme adragante, en remuant de temps en temps pendant cinq à six jours. Cette dissolution est ce qu'on peut appeler *l'assiette*, c'est-à-dire la couche sur laquelle se posent les couleurs qui doivent servir à la marbrure, avec laquelle elles ne doivent pas se mêler, comme on le verra par la suite. La quantité ci-dessus est suffisante pour marbrer quatre cents volumes.

On doit avoir toujours de la gomme préparée plus forte que celle que nous venons d'indiquer, afin de pouvoir augmenter la force de cette dernière, si cela était nécessaire, lorsqu'on en fera épreuve, comme nous allons l'expliquer.

On peut remplacer la gomme par une décoction épaisse de graine de lin, que l'on fait bouillir dans de l'eau de pluie, en agitant fréquemment avec un bâton.

On peut aussi se servir pour assiette de mousse caraghen qu'on fait bouillir dans l'eau et qu'on passe au tamis pour en former une gelée pure et translucide.

§ 5. — PRÉPARATION DU FIEL DE BŒUF.

On verse dans un plat un fiel de bœuf auquel on ajoute une quantité d'eau égale à son poids, et l'on bat bien ce mélange : après quoi on ajoute encore 18 grammes de camphre qu'on fait dissoudre préalablement dans 25 grammes d'alcool ; on bat bien le tout ensemble et l'on filtre au papier joseph. Cette préparation doit se faire au plus tôt la veille du jour qu'on veut marbrer ; sans cela elle risquerait de se gâter.

§ 6. — PRÉPARATION DE LA CIRE.

Sur un feu doux, et dans un vase vernissé, on fait

fondre de la cire vierge (cire jaune). Aussitôt qu'elle est fondue on la retire du feu, et l'on y incorpore, petit à petit, et en remuant continuellement, une quantité suffisante d'essence de térébenthine, pour que la cire conserve la consistance du miel. On reconnait qu'elle a une fluidité convenable, lorsqu'en en mettant une goutte sur l'ongle et la laissant refroidir, elle a la fluidité du miel. On ajoute de l'essence lorsqu'elle est trop épaisse.

De même que le fiel de bœuf, la cire ne doit pas être préparée trop longtemps à l'avance.

M. Thon assure avoir remplacé avec succès la cire par la préparation suivante :

Belle gomme laque.	25 gram.
Savon de Venise.	8

qu'on fait fondre sur un feu doux, en remuant constamment, dans 80 ou 100 grammes d'alcool, filtrant la liqueur et la conservant dans un flacon. Si, avec le temps, ou en refroidissant, la masse devient trop ferme, on y ajoute de l'alcool et l'on agite vivement.

§ 7. — PRÉPARATION DES COULEURS.

Les couleurs ne sauraient être broyées trop fin. On les broie à la consistance de bouillie épaisse sur le marbre ou porphyre, avec de la cire préparée et de l'eau dans laquelle on a jeté quelques gouttes d'alcool. Lorsqu'elles sont broyées, on en prend un peu avec le couteau à broyer, et l'on renverse celui-ci : si elles sont au point convenable elles doivent tenir dessus.

Au fur et à mesure qu'on a broyé une couleur, on la met dans un pot à part ; elles doivent être toutes séparées.

§ 8. — PRÉPARATION DU BAQUET A MARBRER.

On verse dans le vase qui contient la gomme préparée, 200 grammes d'alun en poudre fine, et l'on bat bien pour dissoudre celui-ci. On prend ensuite une cuillerée ou deux de la dissolution et on la met dans un petit pot conique, afin de faire les épreuves nécessaires pour s'assurer si l'eau gommée a trop ou trop peu de consistance.

D'un autre côté, on prend un peu de couleur qu'on a délayée, en consistance suffisante, avec du fiel de bœuf; on en jette une goutte sur la gomme dans le pot, et l'on agite en tournant avec un petit bâton. Si elle s'étend en formant bien la volute, sans se dissoudre dans la gomme, celle-ci est assez forte; si, au contraire, la couleur ne tourne pas, l'eau gommée est trop forte, il faut y ajouter de l'eau, et la bien battre de nouveau : enfin, si la couleur s'étend trop et se dissout dans l'eau gommée, on ajouter de l'eau gommée forte qu'on a en réserve.

Toutes les fois qu'on ajoute de l'eau ou de la gomme, on doit bien battre l'eau pour que le mélange soit parfait. A chaque essai que l'on fait, on doit mettre l'essai précédent dans un vase à part, et reprendre de nouvelle eau gommée. Enfin, quand on a amené cette eau au point de consistance voulue, on la passe au tamis, et on la verse dans le baquet à marbrer jusqu'à ce qu'elle y atteigne une hauteur de 3 centimètres.

Le baquet ainsi préparé, on *colle* toutes les couleurs avec le fiel de bœuf préparé, et l'on fait en sorte qu'elles ne soient ni trop consistantes ni trop liquides. Plus on met de fiel, plus elles s'étendent sur l'eau gommée. Si elles ne s'étendaient pas comme on le désire, on n'aurait, pour obtenir l'effet voulu, qu'à ajouter quelques gouttes d'essence à la couleur en retard.

On appelle *jeter* l'opération d'ajouter les couleurs à l'eau gommée. Cette opération se fait avec les pinceaux dont il a été question plus haut; elle consiste à prendre chaque couleur avec son pinceau correspondant, et à la faire tomber en pluie çà et là, sur la surface de la gomme, en frappant avec le manche du pinceau sur le rondin de bois.

La couleur rouge, est ordinairement la première qu'on jette.

Les couleurs ne se mêlent pas. Au contraire, toutes les fois qu'on en jette une nouvelle, celle-ci pousse de tous les côtés la précédente, qui s'étend ainsi de plus en plus et occupe une plus grande place.

Quand toutes les couleurs que l'on veut employer sont jetées, le baquet est prêt à servir.

Supposons qu'on veuille que la marbrure présente des volutes. Pour obtenir l'effet voulu, il suffit d'enfoncer peu profondément le bâton rond dans le baquet, et de le faire tourner par ci par là en spirale.

Supposons encore qu'on veuille former la marbrure qu'on désigne sous le nom d'*œil de perdrix*. On a préparé deux sortes de bleu avec l'indigo flor, l'un tel que nous l'avons indiqué plus haut, et que nous désignerons sous le nom d'indigo n° 1; l'autre, qui est le même indigo qu'on a mis dans un vase à part, et auquel on a ajouté une plus grande quantité de fiel préparé, que nous désignerons par le n° 2. On jette: 1° la laque carminée; 2° la terre d'Italie; 3° l'indigo flor n° 1; 4° l'indigo flor n° 2, auxquels on ajoute, avant de les jeter, deux gouttes d'essence de térébenthiné qu'on remue bien; puis on agite en volute, lorsque cela est nécessaire.

Le bleu n° 2 fait étendre toutes les autres couleurs, et donne un bleu clair pointillé qui produit un si joli effet. C'est à la seule essence de térébenthine qu'est due cette propriété. On peut incorporer cette essence dans toutes les couleurs qu'on voudra jeter les dernières; elle serait sans effet, si on l'incorporait dans les précédentes.

Si l'on veut faire la marbrure qu'on appelle *peigne* rien n'est plus simple, du moins théoriquement. Au lieu de remuer les couleurs avec le bâton rond; il faut se servir des instruments qu'on nomme peignes, en les choisissant et les manœuvrant de la manière la plus convenable pour produire l'effet voulu.

On conçoit qu'il est possible de varier les marbrures à l'infini. Cela dépend du goût et de l'habileté du marbreur, du nombre et de l'intensité des couleurs qu'il emploie, et de l'ordre suivant lequel il les dispose.

§ 9. — MARBRURE DES TRANCHES.

Quant tout est disposé comme il vient d'être dit, on passe à la marbrure proprement dite. Commençons par celle des tranches.

Le marbreur travaille à la fois un certain nombre de volumes, une douzaine par exemple, et il marbre d'abord les gouttières.

Prenant donc chaque volume, il le pose sur une table par le dos, laisse tomber les cartons, appuie sur les mors pour aplatir la gouttière, puis place le volume entre des ais, les cartons en l'air. Il n'a plus alors qu'à le saisir avec les deux mains, ou même avec une seule, à le bien serrer et à le plonger dans le baquet à une profondeur telle qu'il ne puisse se charger que de la préparation colorante strictement nécessaire pour produire l'effet voulu.

La gouttière marbrée, on la laisse sécher. Quand elle est suffisamment sèche, on marbre de la même manière, la tête et la queue, successivement. Après avoir rabattu les cartons, on les frappe pour les faire rentrer jusqu'au niveau de la tranche, puis sans mettre le volume entre des ais, on le plonge dans le baquet.

§ 10. — MARBRURE DU PAPIER.

Le *papier marbré* se fait exactement comme la tranche des livres, avec les mêmes matières, les mêmes préparations, le même outillage.

L'ouvrier prend d'une main entre le pouce et l'index, une feuille de papier blanc, par le milieu de l'un des petits côtés, et de l'autre main, entre les mêmes doigts, le milieu du côté opposé. Cela fait, il la couche sur le baquet, et la relève sans la faire glisser sur la gomme, après quoi il l'étend immédiatement sur un châssis, la couleur en dessus, pour qu'elle puisse sécher. Quand elle est sèche, on la lisse et la plie.

Toute la difficulté de cette marbrure consiste à savoir poser la feuille de papier à plat sur l'eau gommée qui supporte les couleurs, et à la retirer sans que la disposition de ces dernières en soit dérangée.

Aujourd'hui, l'on a rarement recours à ce procédé pour se procurer le papier marbré. Celui qu'on emploie, soit pour les gardes des livres, soit pour les demi-reliures est produit par des fabricants spéciaux, dont l'industrie a été décrite avec détails par M. Fichtenberg, dans son *Manuel du Fabricant de Papiers de fantaisie.*

CHAPITRE VI.

Dorure et Gaufrure.

Observations préliminaires.

Il en est de la dorure comme de la marbrure, et à plus forte raison, une pratique constante donne seule le moyen de la faire d'une manière satisfaisante. Voilà pourquoi les relieurs peu occupés, surtout ceux des petites villes, ne sauraient l'aborder avec succès. A peine leur est-il possible de *pousser* les titres et les ornements les plus simples qui enjolivent les dos; encore même, parviennent-ils rarement à donner à leurs ouvrages la netteté et la régularité indispensables. D'ailleurs, outre l'habileté de main, le doreur véritablement digne de ce nom, doit posséder deux choses qui ne s'acquièrent pas et sont un don de la nature, savoir : un goût irréprochable et un sentiment élevé de l'art.

La dorure pour reliure forme deux branches qui, à Paris, Vienne, Londres, Lyon et autres grandes villes, sont exercées par des ouvriers spéciaux, ce sont :

La *dorure sur tranche*,

Et la *dorure sur le dos et la couverture.*

Dans l'une et dans l'autre, on emploie exclusivement l'*or au livret*, qui est fourni par le batteur d'or. Toutefois pour les reliures à bon marché et surtout pour les emboitages, on fait un usage constant de feuilles de *faux or*, c'est-à-dire de laiton, qui sont fabriquées en vue de cette application par les mêmes procédés que celles d'or vrai. Cette *dorure au cuivre*, comme on l'appelle, a tout le brillant de l'or, au moment où l'on vient de l'exécuter, mais la durée de ce luxe apparent est tout à fait éphémère.

§ 1. — DORURE SUR TRANCHE.

La *dorure sur tranche* se fait de plusieurs manières :

Sur tranche blanche,
Sur tranche marbrée,
Sur tranche antiquée,
Sur tranche peinte,
Sur tranche damassée, etc.

Avant de dire comment on procède dans chacun de ces divers cas, donnons quelques détails sur les outils nécessaires au doreur sur tranche.

1. Outillage.

L'outillage du doreur sur tranche comprend les objets suivants :

1° Une *presse à dorer*; elle se compose de deux pièces de bois parallèles que l'on éloigne ou rapproche l'une de l'autre, en agissant sur deux grosses vis à main. Tout se fait sur cette presse (fig. 67), depuis les opérations préparatoires jusqu'au brunissage, c'est-à-dire depuis le commencement jusqu'à la fin de la dorure. On la place, perpendiculairement aux vis, sur une caisse ouverte, afin que les parcelles d'or qui se détachent toujours ne puissent pas se perdre ;

2° Plusieurs *grattoirs ;* chacun de ces instruments consiste en une lame d'acier mince comme un fort ressort de pendule, et qui est arrondie à une extrémité et droite à l'autre. Le côté rond sert pour les gouttières et le côté droit pour les deux bouts. On l'affûte avec un fusil. Quant à sa largeur, elle est en rapport avec celle de la tranche qu'on veut travailler. Aussi, faut-il en avoir de différentes largeurs.

3° Plusieurs *brunissoirs* d'agate, les uns larges et arrondis, les autres minces et pointus, mais tous parfaitement polis. Les ouvriers les désignent sous le nom de *dents de loup*, parce que certains d'entre eux ont à peu près la forme d'une dent de loup ;

4° Un *coussinet à placer l'or* pour le couper ; il est formé d'une planche rectangulaire, d'environ 30 centimètres sur 20, qui est recouverte d'une peau de veau, le côté chair en dehors ; cette peau est bien unie, fortement tendue et matelassée avec du crin fin ou de la laine ;

5° Un *couteau à couper l'or* ; il a la forme d'un couteau de table non fermant, avec cette différence que le tranchant de la lame doit être sur une seule et même ligne droite ; il a le manche court et la lame longue de 23 à 24 centimètres ;

6° Un *compas à coucher l'or* ; il diffère du compas ordinaire en ce que ses deux branches sont pliées de manière à former du même côté, une espèce d'angle très-obtus ;

7° Deux *boîtes* pour contenir, l'une les cahiers d'or, l'autre les fragments qu'on n'a pu employer immédiatement et qui doivent servir plus tard. La première s'ouvre par dessus et par devant, comme les cartons de bureau. La seconde est tapissée intérieurement de papier très-satiné, parce que les morceaux d'or ne peuvent s'attacher au poli de ce papier.

2. — Dorure sur tranche blanche.

Le volume étant serré entre deux ais plus épais d'un côté que de l'autre, on prépare la tranche pour recevoir l'or et pour le retenir.

Pour cela, on l'encolle avec de la colle de pâte fraîche, qu'on laisse sécher, puis on la gratte avec un grattoir, et on la brunit en frottant en travers avec la dent, jusqu'à complète siccité.

On passe ensuite sur la tranche une couche de bol d'Arménie, préalablement dissous dans de l'eau additionnée de blanc d'œuf, puis on la brosse pour la faire reluire. C'est alors qu'on applique une couche légère de blanc d'œuf étendu de dix fois son poids d'eau, ce qu'on appelle *glairer ;* le blanc d'œuf joue ici le rôle d'assiette et retient l'or, qu'on a soin de poser avant qu'il soit sec.

On laisse sécher imparfaitement, puis on fixe l'or au moyen d'un pinceau lisse qu'on promène sur la tranche, sur laquelle on frotte de nouveau avec la dent à brunir. On laisse sécher entièrement, puis on brunit encore une fois sur l'or même.

Pour dorer la gouttière, on commence par la rendre bien plate en appuyant sur les mors des deux côtés, et en laissant tomber les cartons par derrière, puis on met le volume en presse entre deux ais.

Pour appliquer l'or, on le coupe de la largeur du volume à dorer avec un couteau de doreur et on le dépose sur le coussinet ; on enlève ensuite l'or avec un morceau de papier non lissé, ou avec une carte dédoublée. La feuille d'or s'attache au duvet de ce papier, ce qui permet de la transporter facilement sur la tranche où elle se fixe ; on l'étend en soufflant dessus et on l'assujettit avec de l'ouate.

On prend aussi quelquefois la feuille d'or avec le compas à longues branches coudées, ou bien avec un de ces pinceaux plats, qu'on nomme *palettes*.

La gouttière dorée, on dore de la même manière la tête et la queue, après avoir fait descendre les cartons au niveau de la tranche. On incline les volumes dans la presse, du côté du dos; on les serre chacun entre deux ais qui garantissent les mors.

On laisse sécher la dorure à la presse (il faut six heures environ), après quoi l'on brunit avec une agate en travers du volume; ce brunissage doit être fait légèrement et avec précaution pour ne pas enlever l'or, et bien également pour ne pas faire de nuances.

Quand le brunissoir a été promené partout, on passe très-légèrement sur la tranche un linge très-fin et enduit d'un peu de cire vierge, après quoi on brunit de nouveau, mais un peu plus fort. On recommence cette opération plusieurs fois, jusqu'à ce qu'on n'aperçoive aucune onde faite par le brunissoir, et que la tranche soit bien unie et bien claire.

Les ébarbures de l'or s'enlèvent avec du coton en rame que l'on jette dans la caisse au-dessus de laquelle se font toutes les opérations de la dorure.

Au lieu de procéder comme ci-dessus, d'autres préfèrent opérer de la manière suivante :

Après avoir serré le volume dans la presse, on le glaire légèrement et on laisse sécher. On donne ensuite une couche très-mince d'une composition obtenue en broyant à sec un mélange de parties égales de bol d'Arménie, de sucre candi et d'une très-petite quantité de blanc d'œuf. Quand cette couche est sèche on gratte et l'on polit, puis, avant d'appliquer l'or, on mouille la tranche avec un peu d'eau pure, et l'on appuie les feuilles d'or comme il a été dit. Enfin, quand celles-ci sont sèches, on polit avec la dent de loup.

Dans le système de Mairet, on procède comme il suit :

« La première opération de la dorure se fait en rognant le volume, sur la tranche duquel on passe, au pinceau, avant de le sortir de la presse, une bonne couche de décoction safranée. Ce liquide, qu'on emploie tiède, se prépare en faisant bouillir dans un verre d'eau une pincée de safran du Gâtinais; puis en ajoutant à la décoction retirée du feu, gros comme une noisette d'alun de roche pulvérisé, et un peu moins de crème de tartre. On met cette couleur sur chaque côté du livre à mesure qu'on le rogne, et avant de desserrer la presse, afin que la couleur ne pénètre pas trop profondément, ce qui pourrait tacher les marges.

« Quand la tranche est bien sèche, on la serre entre deux ais étroits, dans la presse à endosser, en faisant pencher la gouttière un peu du côté de la queue, et les bouts du côté du dos. Cette précaution est nécessaire pour que la couleur s'écoule de manière à ne rien gâter. Alors on gratte la tranche pour la dresser et l'unir parfaitement, tout en ayant soin de ne pas la toucher avec les doigts, dans la crainte de la graisser et d'empêcher l'or de tenir.

« On s'occupe ensuite d'une autre opération. On pile dans un vase plusieurs oignons blancs, et l'on en exprime le jus dans une grosse toile. Alors, sur la tranche grattée et brunie à l'agate, on donne successivement trois ou quatre couches de jus d'oignon;

on frotte aussitôt fortement, et jusqu'à siccité, avec une poignée de rognures bien douces, ne cessant que lorsque la tranche fait glace partout et présente un beau brillant.

« C'est alors qu'elle est prête à recevoir le blanc d'œuf appelé *mixtion pour attacher l'or*, et obtenu en battant un blanc d'œuf dans deux fois son volume d'eau à laquelle on a ajouté huit gouttes d'alcool. Ce mélange doit être battu avec une fourchette de bois jusqu'à consistance d'œufs à la neige, puis reposé et passé à travers un linge très-fin. La liqueur qu'il a produite peut se garder quelques jours, à condition d'être passée à travers un linge chaque fois qu'on veut s'en servir.

« Cette mixtion doit être posée une première fois sur la tranche avec un blaireau plat de poils de rat ou de cheveux. Cette première couche sèche, on frotte légèrement avec des rognures douces, puis on souffle afin qu'il ne reste rien de sali. On donne ensuite une seconde couche, de manière à ce que la mixtion fasse glace partout, puis on pose immédiatement l'or avec la carte. On a dû éviter, en appliquant la mixtion, de passer le blaireau plusieurs fois sur la même place, car cela ferait faire des bulles et l'or ne s'attacherait pas sur ces points.

« Le brunissage à l'agate a lieu ensuite après siccité complète. On connaît que la tranche est assez sèche quand l'or a pris une teinte uniforme, et brille partout également. On y passe alors à nu, sur toute la surface, le gras de l'avant-bras pour amortir l'or, et faire mieux glisser le brunissoir. On passe l'agate, puis on termine comme précédemment. »

3. Dorure sur tranche après la marbrure.

On choisit une marbrure dont le dessin soit peu confus et qui ait les couleurs les plus saillantes possible.

Le volume étant dans ces conditions, et bien sec, on gratte la tranche et on la brunit ; on y passe ensuite du blanc d'œuf délayé dans l'eau, et l'on dore comme nous l'avons indiqué, puis l'on brunit en travers. Quand le tout est sec, on aperçoit la marbrure à travers l'or.

Cette dorure, fort en vogue autrefois, a été abandonnée depuis ; on y revient de nos jours. La mode la fait reprendre de temps en temps.

4. Dorure sur tranches antiquées.

Après que la dorure a été faite comme nous l'avons dit dans le premier procédé, et qu'elle est brunie, avant de sortir le volume de la presse, on passe promptement et avec précaution une couche très-légère de blanc d'œuf délayé dans l'eau, en évitant de passer deux fois sur la même place pour ne pas détacher l'or. On laisse sécher, puis on passe un linge fin légèrement imbibé d'huile d'olive. On applique dessus une feuille d'or d'une autre couleur que la première, on pousse à chaud des fers qui représentent divers sujets, et l'on frotte avec du coton en rame. L'or qui n'a pas été touché par le fer chaud ne tient pas, il est enlevé et il ne reste que les dessins que les fers ont imprimés, ce qui produit un très-joli effet, mais dont la mode est passée.

Les albums photographiques avec tranche bleue, verte, etc., décorée d'ornements en or, se font d'une autre manière. Cette tranche ayant été préparée comme pour la dorure, on la colore en vert avec le vert de

Schweinfurt, en bleu avec l'outremer ou le bleu de Prusse, en rouge avec le carmin. Avant d'être appliquées, ces couleurs sont broyées avec du blanc d'œuf. Quand elles sont sèches, on les polit à la dent de loup, et comme elles portent avec elles leur assiette, on dore alors par place et à chaud avec des fers appropriés, qu'on fait chauffer et qu'on applique sur des feuilles d'or préalablement posées sur la tranche.

5. Dorure sur tranches damassées.

Les procédés sont les mêmes que pour la dorure sur tranches unies; seulement on ne brunit pas, et la tranche étant dorée, on la marbre au baquet à deux couleurs :

1° On jette du bleu beaucoup plus collé au fiel que pour les tranches ordinaires ;

2° On emploie le même bleu, mais encore plus collé, et dans lequel on a mis une goutte d'essence de térébenthine. Ces deux couleurs doivent être imperceptibles sur l'or.

Quand les trois côtés de la tranche sont marbrés, on laisse sécher et l'on brunit avec les précautions accoutumées.

6. Dorure sur tranches à paysages transparents.

Lorsque la tranche est préparée comme pour la marbrure, et qu'elle a été bien grattée et bien polie, on y fait peindre à l'*aqua-tinta* un sujet quelconque, tel qu'un paysage; cela fait, on y passe une couche de blanc d'œuf délayé dans l'eau, et l'on dore immédiatement comme à l'ordinaire. Quand le volume est fermé, la dorure couvre le paysage, et on ne le voit pas; mais lorsqu'on courbe les feuilles, on l'aperçoit facilement et on ne voit pas la dorure.

M. Mairet agit différemment. Il omet le safran

qu'ordinairement il préfère, gratte bien la tranche, l'enduit plusieurs fois de jus d'oignon, laisse sécher, frotte avec des rognures douces, retire le livre de la presse et le lie fortement entre deux planchettes de même grandeur que le volume, et de telle sorte que la tranche soit à découvert du côté de la gouttière. En cet état, on y dessine à la mine de plomb un sujet quelconque, puis on le peint avec des couleurs liquides, afin qu'il n'y ait pas d'épaisseur. Les encres de couleur, excepté la gomme-gutte, conviennent pour cet usage.

7. Tranches ciselées.

Les *tranches ciselées* font aussi partie des travaux de l'art du doreur. Par tranche ciselée, on entend une tranche qui a été dorée, et par-dessus l'or de laquelle on a imprimé ou peint un dessin ou un objet analogue à la matière traitée dans l'ouvrage. Parfois aussi ce sont des arabesques qui s'harmonisent avec le style de la couverture. Le dessin, le sujet ou les arabesques sont découpés en patrons dans des papiers épais tailiés exactement de la grandeur de la tranche, et après que cette tranche dorée a été polie, on les imprime en couleur. Si le dessin est peint ou est une vignette, le relieur confie ce travail à un artiste. Toutes ces bizarreries n'ont rien de commun avec l'art de la reliure.

8. Tranches caméléon.

On connaît aussi, sous le nom de *tranche caméléon* ou *tranche grecque*, un mode d'ornementation d'ailleurs peu usité, qui consiste, après que le livre a été rogné et couvert, à l'ouvrir, en rabattant le dos de manière que toutes les feuilles qui forment la tranche se dépassent l'une l'autre, et constituent un escalier à degrés très-fins. Alors on met cette tranche en couleur, et lorsque celle-ci est sèche, on renverse le livre sur le plat opposé et l'on opère de même, mais en une autre couleur. Enfin, quand le tout est sec, on ferme le livre à l'état ordinaire; et on dore la tranche ou bien on la peint en une troisième couleur. De cette façon lorsqu'on ouvre le livre, la tranche paraît tantôt rouge, tantôt bleue ou dorée, ou mélangée de ces couleurs.

On fait aussi de cette manière des tranches où les dessins, les paysages, etc., n'apparaissent que lorsqu'on ouvre le livre.

Observations.

On dore quelquefois les tranches avec de l'or impur ou allié, ou bien on les argente. Dans l'un et l'autre cas, on procède comme avec l'or pur ; seulement l'albumine doit être bien plus épaisse, parce que cet or et cet argent ne pouvant être battus aussi mince que l'or pur, seraient cassants si l'assiette n'avait pas plus de force d'adhérence.

§ 2. — DORURE SUR LE DOS ET LA COUVERTURE.

Quand on veut dorer la couverture d'un livre, on fait deux opérations, qui consistent, l'une à *coucher* l'or, l'autre à le *fixer*. La première est l'ouvrage du *coucheur d'or*, la seconde celui du *doreur* proprement dit. L'un et l'autre commencent par le dos, continuent par le dedans des cartons, puis passent au bord sur l'épaisseur de ces derniers, et terminent par les plats.

1° *Opérations du coucheur d'or.*

1. Outillage.

L'outillage du coucheur d'or comprend tous les outils et instruments du doreur sur tranche, notamment les *boîtes* à renfermer l'or, le *coussinet* pour le poser, le *compas*, les *pinceaux* et les *tampons* de coton pour le transporter, le *couteau* pour le couper, etc. On y trouve, en outre, les objets suivants :

1° Un *huilier* (fig. 72) ; c'est une petite boîte en bois ou en fer-blanc, dont un côté A B est élevé, et qui renferme un godet C dans lequel on met de l'huile de noix bien limpide. Il est muni d'un couvercle D que l'on tient constamment fermé lorsqu'on ne travaille pas, afin de garantir l'huile de la poussière ou des ordures qui pourraient la salir. Cette boîte est étroite et longue, sa largeur intérieure est suffisante pour contenir le godet au milieu, et de chaque côté un espace vide d'environ trois centimètres. Sa longueur est assez grande pour renfermer certains outils ;

2° Une *éponge ;* c'est un morceau d'éponge fine fixé au bout d'un manche de bois que l'on fait plus large du côté où doit être l'éponge que dans tout le reste ;

3° Un *bilboquet* G (fig. 76); c'est une plaque de bois de 1 centimètre et demi de large sur 8 centimètres de long, qui est doublée en drap collé par dessus H, et qui porte au milieu de sa longueur un manche I ;

4° Un *couchoir* J, en buis ; c'est une planchette longue d'environ 16 centimètres sur 2 millimètres d'épaisseur, dont la section présente à peu près la forme d'un S (fig. 77).

5° Une *carte ;* ce n'est autre chose qu'un morceau de papier pâte tel que nous l'avons décrit plus haut;

6° Des *pinceaux* doux de poils de blaireau ; on en a de plusieurs formes, de ronds et de plats qu'on nomme *palettes* (fig. 78) ;

7°, *Deux billots cubiques* de même hauteur et de même dimension ; on s'en sert pour étendre les deux couvertures dessus, en faisant tomber, entre les deux, les feuilles du volume. Par ce moyen, on a la facilité de coucher l'or sur les plats sans danger d'enlever les parties déjà couchées (fig. 79);

9° Un *petit compas* (fig. 81).

Le bilboquet, le couchoir, la carte et le compas se renferment dans le tiroir de l'huilier.

Il faut beaucoup de propreté dans le travail du coucheur d'or ; son atelier ne doit avoir aucun courant d'air qui s'opposerait aux opérations et ferait perdre beaucoup d'or.

2. Travail du coucheur d'or.

Comme son nom l'indique, la travail du coucheur d'or consiste à découper les feuilles d'or et à les disposer sur les points qu'elles doivent occuper, et qui ont été préalablement *apprêtés* par le doreur, c'est-à-dire encollés et glairés.

Le coucheur prend un cahier d'or, l'ouvre à l'endroit où se trouve une feuille, passe le couteau par dessous celle-ci, la soulève, la porte sur le coussin, l'y pose, et l'étend parfaitement en dirigeant un léger souffle sur son milieu. Cela fait, après avoir pris avec un petit compas, la largeur et la longueur des places où il doit coucher l'or, il coupe la feuille avec le couteau en tenant celui-ci par le manche, le tranchant sur les points marqués, appuyant d'un doigt de la main gauche sur la pointe de la lame, et enfin en agitant légèrement son outil comme s'il sciait.

Notons, en passant, qu'avant de prendre l'or, on applique sur chaque endroit apprêté, et bien sec, une couche imperceptible d'huile de noix avec l'éponge, ou un pinceau à palette large et doux, ou un pinceau ordinaire, selon les emplacements où l'on doit le poser. Très-souvent, on doit se servir de suif, que l'on étend sur un morceau de drap, et qui remplace l'huile avec d'autant plus d'avantage, qu'il tache beaucoup moins. On passe avec le bout du doigt le drap, ainsi apprêté, sur toutes les places où cela est nécessaire. Il est même préférable pour le doreur, de prendre des livres ainsi couchés, plutôt que s'ils étaient préparés avec l'huile, puisqu'il doit comprendre que le cuir est moins imbibé avec le suif qu'avec l'huile.

Après cette préparation, soit avec la carte dédoublée ou le morceau de papier pâte, soit avec le bilboquet, on prend l'or et on le transporte immédiatement, sans hésitation, sans trembler et avec assurance, sur l'endroit que l'on a préparé. Il faut poser l'or juste à la place où il doit rester, car il happe tout de suite, et si l'on voulait le tirer pour le pousser d'un côté ou de l'autre, on le déchirerait et la dorure serait mauvaise.

Avant de prendre l'or, soit avec la carte, soit avec tout autre instrument, on avait soin autrefois de passer légèrement la carte ou l'instrument sur le front à la naissance des cheveux, afin qu'il s'y chargeât d'une humeur onctueuse dont la peau est toujours un peu humectée dans cette partie, ce qui y faisait attacher un peu la feuille d'or. Cette pratique est inutile. Les ouvriers d'aujourd'hui sont même assez adroits pour coucher l'or sur le dos des livres avec le couteau seulement. Pour y parvenir, ils soulèvent la feuille avec la lame de cet instrument, l'emportent avec, la posent sur le dos, puis la fixent avec du coton en laine.

En couchant l'or sur le dos du livre, on le laisse un peu plus long qu'il ne faut, en tête et en queue, afin de pouvoir l'appliquer parfaitement sur les coiffes.

L'or se couche sur la bordure intérieure, soit avec le couchoir, soit encore mieux avec le bilboquet.

Chaque fois qu'on a couché de l'or, on frotte l'instrument dont on s'est servi sur un linge fin et propre, qu'on a sur soi ou à côté de soi.

On couche l'or pour les filets des plats de la même manière, mais il est toujours nécessaire de tirer une ligne droite du côté du mors, car si les trois autres côtés ne présentent aucune difficulté, parce qu'on se trouve fixé par le bord, il n'en est pas de même pour celui-ci. On marque un trait avec le tranchant du plioir que l'on dirige le long d'une règle. Lorsqu'on couche à la main, on tient à pleine main les feuilles du volume de la main gauche, les cartons libres; celui sur lequel on veut travailler est appuyé sur le pouce de cette main, le dos tourné vers soi. Alors on pose l'or sur le côté de tête ou de queue, qui se trouve du côté du bras gauche; on fait ensuite pirouetter le volume de manière que la gouttière soit vers le bras gauche, on couche ce côté; on fait tourner encore le volume pour terminer par l'autre petit côté.

On peut aussi coucher l'or pour les filets sur les

plats à la carte ou au bilboquet, sans tenir le livre. Pour cela, on prend les deux billots cubiques, et on les place sur la table l'un à côté de l'autre, à une distance suffisante pour que toutes les feuilles du volume puissent se loger entre eux. Enfin on ouvre les deux cartons et on les fait reposer à plat sur les deux faces des billots. Alors toute la couverture est à plat et le volume pend entre les deux billots. On a ainsi beaucoup de facilité pour coucher uniformément et symétriquement les filets et tout ce qui doit orner les plats.

On ne doit pas glairer, sur un volume en veau, les places qu'on veut laisser sans brillant.

La moire et les autres étoffes de soie ne doivent pas être glairées, lorsqu'on ne veut pas coucher de l'or dessus, parce qu'elles portent avec elles leur brillant naturel. En outre, elles se glairent avec du blanc en poudre, ou mieux, avec de la *poudre de Lepage*. Quand c'est avec du blanc, on haleine dessus pour le rendre humide; ensuite on couche l'or, qui happe tout de suite.

2° *Opérations du doreur.*

Le *doreur* est l'ouvrier qui, avec des instruments de cuivre gravés en relief par un bout et montés dans un manche de bois par le bout opposé, fixe l'or sur tous les points que touchent les saillies de la gravure. Ces instruments s'appellent *fers*. Leurs dimensions sont toujours très restreintes. Néanmoins il y en a dont la petitesse est telle qu'on les désigne spécialement sous le nom de *petits fers*.

C'est le doreur qui applique sur le dos des livres

les titres et les ornements; c'est également lui qui exécute les enjolivements de tout genre qui enrichissent les plats, et, ce que beaucoup de personnes ignorent, il obtient toutes ces merveilles en combinant et ajustant ensemble un nombre infini de menus éléments qui, pris isolément, ne représentent à peu près rien. C'est de lui qu'on veut parler quand on dit que la dorure des livres exige un goût irréprochable et un sentiment élevé de l'art.

Le doreur opère toujours à chaud, c'est-à-dire qu'il n'applique ses fers qu'après les avoir fait chauffer. Quelquefois, au lieu d'un ornement doré, il veut simplement produire une gaufrure. Dans ce cas, on ne couche point l'or. Souvent on fait valoir la gaufrure en y passant quelque encre de couleur. C'est ce genre de travail qu'on appelle très-improprement *dorure à froid* et dont le nom véritable est *tirage en noir* ou *tirage en couleur*, suivant qu'on emploie une encre noire ou une encre de couleur.

1. Outillage du doreur.

L'outillage doit être rangé, sous la main de l'ouvrier, sur une table solide et placée de telle sorte qu'il reçoive directement sur son ouvrage toute la lumière du jour. Outre des collections de modèles et ce qui est nécessaire pour écrire, calquer et dessiner, il comprend les objets que voici :

1° Un *fourneau* pour chauffer les fers. Il est audevant du doreur, un peu sur la droite, et se compose de deux parties : le fourneau proprement dit, qui occupe le derrière, et le laboratoire, qui est sur le devant (fig. 82, pl. 4).

Le fourneau proprement dit renferme le corps A, la hotte B et la cheminée C. A peu près à la moitié de sa hauteur intérieure, se trouve une grille en fer sur laquelle on place le charbon. Sur le devant sont pratiquées deux ouvertures qui peuvent être entièrement ouvertes ou fermées, vers le milieu de leur hauteur, par deux portes G et H, qui se meuvent sur des charnières verticales, selon que les parties que l'on a à faire chauffer sont plus ou moins grandes. Au-dessous et sur le devant, est pratiquée une large ouverture E, pour l'introduction de l'air nécessaire à la combustion ; cette ouverture peut être fermée par une porte, qu'on voit à travers les barreaux de la partie antérieure, selon qu'on a besoin d'un tirage plus ou moins fort. Sur le côté, on voit un tiroir D qui sert à recevoir les cendres du charbon, pour s'en débarrasser lorsqu'il est plein. Toutes les parties de ce fourneau sont construites en tôle.

La partie antérieure a sa base F en tôle ; tout le reste est construit en petites tringles en fer, comme l'indique la figure ; ces tringles servent à supporter les fers, les palettes et les roulettes dont se sert le doreur ; elles reposent, par leur partie métallique, sur les dents de la crémaillère que l'on aperçoit près du fourneau, et par leur manche, sur les traverses que l'on voit en avant.

Tel est l'ancien fourneau *à charbon de bois*, qui était adopté par tous les relieurs, avant que le gaz d'éclairage ait été employé au chauffage. Il sert encore dans les petits pays où le gaz n'existe pas, et il rend les mêmes services qu'autrefois ; c'est pourquoi nous le mentionnons ici.

Le nouveau fourneau *à gaz* (fig. 82 *bis*) a beaucoup d'analogie avec l'ancien fourneau à charbon de bois. Il se compose d'un petit rectangle en fonte, monté sur quatre pieds également en fonte, et ouvert en partie sur sa face antérieure. Cette face est fermée aux deux tiers par une plaque en fonte et quelquefois en tôle, pourvue à sa partie la plus élevée d'une crémaillère, entre les dents de laquelle l'ouvrier doreur pose ses roulettes, ses palettes ou ses fers à dorer, lorsqu'il veut les chauffer. Au centre de l'appareil et dans sa longueur, existe un tube en fonte percé en dessus de trois rangées de petits trous par lesquels sort le gaz à brûler. Ce brûleur tient au fourneau par ses extrémités au moyen de deux renflements. L'un de ceux-ci est percé et reçoit un tuyau d'un diamètre plus petit que le brûleur ; ce tuyau en laiton est muni d'un robinet d'introduction ou d'arrêt pour le gaz, qui y arrive par un tube en caoutchouc, qu'on y adapte ou qu'on en retire à volonté. Le renflement dans lequel est soudé le tuyau en laiton est percé de trous qui permettent l'introduction de l'air nécessaire à la combustion du gaz.

On approche devant ce fourneau une tôle montée sur quatre pieds, un peu plus basse que la crémaillère ; elle est destinée à recevoir les manches des outils que l'on y place à chauffer. Cette disposition permet de séparer les deux parties de ce fourneau, ce qui le rend moins encombrant que s'il était d'une seule pièce.

2° Un *petit vase* en terre vernissée ou en faïence, d'une forme oblongue, de 20 à 23 centimètres sur 5 centimètres et demi de large environ ; il est plein d'eau (fig. 83);

3° Deux *petits billots* en forme de parallélipipède rectangle, contre lesquels on appuie le volume pour pousser les palettes, les lettres et les fleurons sur le dos de ce volume (fig. 84). Deux des faces contiguës sont fortement inclinées, afin que, dans le mouvement circulaire que la main du doreur est obligée de décrire pour poser les fers sur le dos du livre, elle ne soit pas gênée. Ce plan incliné est sur la droite de l'ouvrier, et le volume est appuyé contre le plan à gauche, et repose par sa gouttière sur la table.

Afin d'empêcher les billots de remuer, car ils doivent présenter un point inébranlable à l'effort du doreur, qui appuie le livre contre, on a placé deux chevilles en bois à la surface inférieure, lesquelles entrent dans deux trous pratiqués dans le dessus de la table.

Les billots devant être moins épais que la largeur du volume, on en a plusieurs appropriés à chaque format.

Les chevilles sont placées toutes à la même distance, afin de ne pas cribler la table de trous.

Tous les billots sont mobiles. Pour plus de sûreté, on doit en avoir un de 5 à 6 centimètres de hauteur, qui, fixé à demeure sur la table, sert à empêcher les autres de pencher de côté, dans le cas où les chevilles qui les retiennent viendraient à vaciller. Il concourt ainsi à maintenir le volume bien verticalement;

4° Une *brosse* plate, rude, comme une brosse à souliers ou à frotter les appartements; elle est placée près du fourneau et sert à passer les fers dessus pour en nettoyer la gravure (fig. 85);

5° Un morceau de *veau* pour essayer la chaleur des fers; il est disposé à côté du vase long à l'eau;

6° De nombreuses *roulettes*; ce sont des disques dont la tranche présente différents dessins, et qui tournent sur un axe disposé à l'extrémité d'un manche ou fût. Suivant le besoin, on les monte isolément ou plusieurs ensemble sur le même fût.

La figure 86 représente une roulette ordinaire dans son fût particulier. Ce fût *a* est en fer, et en forme de fourchette à l'une de ses extrémités pour recevoir la roulette *b*, qui y est fixée par une cheville qui la traverse ainsi que les branches de la fourchette. Cette cheville est à frottement dur dans les deux branches de la fourchette, et libre dans le trou de la roulette, qui peut tourner facilement sur son axe et contre les deux joues de la fourchette. L'autre extrémité du fût est pointue et s'engage solidement dans le manche *c* qui, pour plus de solidité, est cerclé en fer. Les roulettes sont gravées sur leur circonférence convexe.

Comme le doreur emploie beaucoup de roulettes différentes, et qu'il était embarrassant de les avoir toutes montées séparément chacune sur un fût particulier, on a imaginé un fût commun qui pût les recevoir toutes avec promptitude et facilité ; alors on conserve toutes les roulettes en garenne dans une boite, et l'on ne monte sur ce fût que celle dont on a besoin sur-le-champ. C'est un instrument de ce genre que nous représentent les figures 87, 88.

La fig. 87 montre une roulette *b* montée sur le fût commun *a*; on voit en *c* une partie du manche. — La figure 88 indique les détails de cet instrument. La partie inférieure *a* du fût porte la jumelle *b* et une travere *c*. Ces trois pièces sont invariablement unies ensemble et ne forment qu'un seul corps. La traverse c entre dans une mortaise pratiquée dans le bas de la jumelle *d*, qui, lorsqu'elle est rapprochée au point nécessaire pour laisser à la roulette la liberté de rouler, est fixée par la petite vis à oreilles *e*, qui est taraudée dans l'épaisseur de la jumelle *d* ;

Dans cette construction, l'axe de la roulette entre à frottement dur dans la roulette, qui tourne librement dans les trous des deux jumelles *b* et *d*. Il est, par conséquent, nécessaire d'avoir autant d'axes que de roulettes. Cependant il serait facile de n'avoir qu'un seul axe commun, en lui donnant deux oreilles comme à la petite vis *e*, le faisant entrer à vis dans la jumelle *b*, faisant tout le reste de la tige cylindrique et uni; cette partie traverserait librement la roulette, et son extrémité entrerait juste dans le trou de la jumelle *d*.

7° Un *billot* à dorer les bords (fig. 89); il a une face fortement inclinée contre laquelle on appuie le volume. L'ouvrier présente le volume par les bords, tout près de l'angle *a*, et il appuie la roulettte contre cet angle, qui lui sert de règle pour ne pas s'écarter de l'épaisseur du carton;

8° Une collection aussi nombreuse que possible de *fers à dorer*; on a vu qu'on appelle ainsi des instruments de cuivre dont l'un des côtés porte des ornements en relief: le côté opposé est muni d'un manche pour qu'on puisse les manier. Il y en a une infinité d'espèces, auxquelles on donne des noms différents. Ceux de dimensions très-restreintes, constituent, on l'a vu, ce qu'on appelle les *petits fers*. Pour reproduire, surtout sur les plats, avec rapidité et économie, des dessins très-compliqués ou d'une grande étendue, on remplace souvent les fers par des plaques de cuivre également gravées en relief; mais ce moyen de décoration facile est plus particulièrement à l'usage de la reliure industrielle.

9° Un *composteur* (fig. 90) et sa *casse* (fig. 91).

Le composteur sert à faire sur le dos des volumes les titres et les tomaisons. Il consiste en deux plaques de laiton *a* disposées parallèlement entre elles et retenues à une distance convenable pour recevoir juste les lettres *m* dont on compose les mots qu'on doit pousser sur les titres. Ces petites plaques *a* sont solidement fixées dans une armature *b*, portant latéralement une vis à oreilles *d*, qui sert à serrer les lettres afin qu'elles ne ballottent pas. La queue de l'armature est solidement enfoncée dans un manche en bois *c*, cerclé d'une frette ou virole en fer *g*. Tout cet instrument est en laiton, ainsi que les lettres.

La casse qui accompagne le composteur et qu'on voit figure 91, est une boite à compartiments qui renferme dans chacun d'eux : 1° toutes les lettres de l'alphabet, et dont chacune est en nombre suffisant pour tous les besoins ; 2° pareillement les caractères des chiffres arabes pour le titre du tome. Cette boîte qui se ferme par un couvercle à coulisse *e*, est assez grande pour contenir aussi deux composteurs, parce que souvent on en emploie deux à la fois.

Le doreur doit être pourvu de six à sept jeux de lettres variés selon ses besoins, afin d'avoir de gros et de petits caractères, selon que les formats sont plus ou moins grands. Il est fort agréable, dans le même titre, d'avoir deux sortes de grosseurs de lettres, de manière que les mots indispensables soient en gros caractères, et les autres en plus petits.

Le composteur est assez grand pour recevoir la composition de deux ou trois lignes, car on en a rarement un plus grand nombre à pousser.

Le doreur compose la première ligne qu'il place sur le composteur à gauche ; puis il met une espace, ensuite il compose la seconde ligne qu'il place à la suite ; puis une espace, et enfin la troisième ligne qu'il met à la suite. Si le composteur n'est pas assez grand pour y placer le titre en entier, il met le reste sur le second composteur; mais il doit avoir soin de ne pas couper une ligne par le milieu en en plaçant une partie sur un composteur, et l'autre sur l'autre. Il faut qu'une ligne entière soit sur le même composteur, sans cela il s'exposerait à pousser la ligne d'une manière désagréable ou incorrecte;

10° Une *cloche à l'or* (fig. 92); c'est un vase en grès fermé par un couvercle en carton et concave par sa partie supérieure, sur laquelle on dépose les petits chiffons et le coton en rame dont on se sert pendant le travail de la dorure. On y conserve également les mêmes chiffons jusqu'à ce qu'ils soient suffisamment chargés d'or;

11° Une *palette à pousser les coiffes* (fig. 93); elle est arrondie en forme de segment de cône creux; de plus elle est gravée en portions de rayon, se dirigeant vers le sommet du cône dont elle serait supposée faire partie;

12° Des *grattoirs*, semblables à ceux que nous avons décrits plus haut, et un *fusil* pour les affûter;

13° Des *brunissoirs* d'agate ou *dents de loup*;

14° Des *chiffons de linge fin* et *propre*, et une *serge en laine* pour reprendre tout l'or qui n'est pas fixé, et que le linge blanc n'a pas enlevé.

2. Travail du doreur.

Tous les outils dont il vient d'être question sont étalés sur la table et par ordre, afin que l'ouvrier ne soit pas obligé de chercher continuellement celui dont il veut se servir. On n'atteindrait cependant pas ce but, si, après avoir fini d'un fer, on le posait au premier endroit venu: il faut, au contraire, avoir le plus grand soin d'en former des tas différents selon leurs usages, afin de les retrouver tout de suite sous la main, lorsqu'on en a besoin : tels que les palettes ordinaires, les palettes à queue, les fleurons, les petits fers qui servent à en composer de gros, etc.

Pendant que l'ouvrier dispose sur la table les divers outils qui lui sont nécessaires, on allume un feu de charbon dans le fourneau, afin qu'il puisse commencer à travailler aussitôt que les fers sont chauds.

Le petit billot (figure 84) est placé devant lui. Comme la coiffe du volume serait dans le cas de se détériorer, si l'on ne commençait pas par elle, l'ouvrier prend le volume de la main gauche, le pose en travers, par la queue, sur le billot, la coiffe en dehors, afin qu'elle ne touche à rien, et prenant de la main droite la palette de la coiffe, il l'applique dessus lorsqu'il s'est assuré qu'elle est au degré de chaleur convenable.

Pour connaître si les fers sont suffisamment chauds, il les trempe à plat par le bout, dans le petit vase qui contient l'eau (fig. 83); au degré du bouillonnement que fait l'eau, il juge si le fer a le degré de chaleur convenable. Quelques ouvriers font cet essai en touchant le fer avec le bout du doigt mouillé, ce qui est préférable, parce qu'ils ne mettent de l'eau que sur le côté du fer, et ne touchent pas à la gravure. Par là, ils sont assurés qu'il n'entre pas d'humidité dans le dessin, ce qui est d'une grande importance; car si, après avoir trempé le fer dans l'eau, on n'attendait pas, pour s'en servir, assez de temps pour que cette eau soit évaporée, l'or deviendrait gris, il perdrait son brillant, l'eau ferait tache, ou bien l'or pourrait être enlevé par le fer chaud. On fait la même opération sur tous les fers; on peut aussi les essayer sur la peau de veau que nous avons dit qu'on plaçait sur la table. Un peu d'exercice et d'habitude rendent maître dans cette partie. Si le fer était trop froid, l'or ne prendrait pas.

Dès que les coiffes sont dorées, c'est-à-dire que le fer a été poussé, et qu'on est alors assuré que l'or est bien fixé, on en enlève l'excédant avec un linge propre qu'on ne fait servir qu'à cet usage, et qu'on jette ensuite, lorsqu'il est suffisamment chargé, dans la cloche à l'or, pour en tirer parti comme nous l'indiquerons plus tard.

On place ensuite le volume contre le billot, la gouttière contre la table, comme le montre la figure 84; on pousse les palettes qui doivent marquer les nerfs, en commençant par celle de queue et allant et montant vers la tête. Il faut surtout avoir soin de les placer sur les marques que nous avons indiquées, en faisant bien attention de les pousser toujours bien perpendiculairement au côté du volume.

Lorsqu'on pousse les fleurons sur les entre-nerfs, on doit faire attention de les poser bien au milieu, et qu'ils ne penchent d'aucun côté.

Si le fleuron n'est pas assez grand pour remplir l'espace d'une manière bien agréable, on doit choisir dans les petits fers des sujets qui puissent, en les ajoutant au grand, présenter un ensemble qui plaise. On ne peut fixer aucune règle à ce sujet; nous donnerons ci-après un exemple qui aidera le relieur intelligent, et pourra faciliter son travail.

Lorsque parmi les fers du relieur, il s'en trouvera

qui soient particuliers à la nature de tel ou tel ouvrage, il faut bien se garder de les pousser sur des traités auxquels ils ne se rapporteraient en aucune manière. Si, par exemple, il y en avait qui représentassent des poissons, ou des insectes, ou des fleurs, on aurait soin de ne les pousser que sur des ouvrages qui traiteraient de l'histoire naturelle des poissons, ou de celle des insectes, ou de celle des végétaux; et on ne les pousserait pas sur des livres de littérature, sur des romans, moins encore sur des livres d'église, comme nous en avons vu des exemples. De pareils défauts dénoteraient le mauvais goût ou l'insouciance de l'ouvrier.

Pour le titre, l'ouvrier le compose dans le *composteur*. Ce titre doit être aussi court que possible, mais toujours parfaitement clair, et s'il renferme des abréviations, il faut qu'elles soient non-seulement immédiatement intelligibles, mais encore exemptes de tout ce qui pourrait donner lieu à des interprétations inexactes, à plus forte raison ridicules ou absurdes.

Si le volume est un ouvrage de science ou de littérature, la première ligne doit être le nom de l'auteur, avec un trait au-dessous; le titre proprement dit vient ensuite.

Habituellement, la grosseur des lettres est en rapport avec le format du volume. Toutefois cette règle ne saurait être absolue. On conçoit, en effet, que si un volume in-8° était mince, et qu'on voulût se servir des lettres admises pour ce format, on ne pourrait en employer que quelques-unes, ce qui exposerait à raccourcir le titre au point de le rendre inintelligible. En thèse générale, il faut approprier le caractère non au format, mais à la longueur indispensable du titre pour se faire bien comprendre.

Quand on a à dorer un ouvrage de beaucoup de volumes, parmi lesquels il s'en trouve de différentes épaisseurs, quoique, à la batture, on ait fait tout son possible pour qu'ils soient égaux ; on prend un volume d'une épaisseur moyenne, sur lequel on place le nom de l'auteur en caractères aussi gros que peut le comporter la largeur du dos, au-dessous, après avoir placé un filet droit, on pousse le numéro du volume. Dans l'autre pièce, on place le titre du sujet avec un plus petit caractère, auquel on ajoute par-dessous, en plus petit caractère aussi, le numéro d'ordre des volumes de cette division. Ces divers caractères, une fois adoptés, ne doivent plus varier pour toute la collection.

Lorsqu'on veut pousser le titre, on prend le volume par la tête, à pleine main, de la main gauche, le pouce en l'air, contre le second entre-nerf; ce pouce sert à diriger le composteur, qu'on présente sur le volume sans l'appuyer. Alors on voit le mot on le place au milieu de la distance, et lorsqu'on est bien fixé sur la place qu'il doit occuper, on appuie suffisamment, et l'on décrit un arc de cercle sur le dos, afin que toutes les lettres appuient sur toute sa rondeur.

Lorsque le volume est très-épais, ou qu'il offre quelque difficulté, comme, par exemple, d'être rempli de cartes, ou de planches, ou de tableaux pliés, on le met dans la presse à tranchefiler, ou mieux dans la presse à gaufrer le dos. Celle-ci se compose de deux vis comme la presse à tranchefiler, avec la seule différence que les jumelles sont épaisses de 11 à 14 centimètres par le bas, et que la partie supérieure est en plan incliné de chaque côté, ne réservant du côté de l'intérieur qu'une épaisseur de quelques millimètres. Cette disposition permet à l'ouvrier de tourner le poignet en arc de cercle, afin de pousser la palette depuis un mors jusqu'à l'autre.

Pour pousser des roulettes ou des filets sur le plat, on place le volume entre les deux billots de forme cubique, ainsi que nous l'avons indiqué (page 280) pour coucher l'or, et l'on pousse ainsi la roulette avec facilité, en appuyant le bout du manche sur l'épaule, et tenant l'autre bout de ce même manche à pleine main.

Si l'on craint de ne pas aller droit, on peut diriger la roulette contre une règle que l'on tient fixement sur le carton de la main gauche; on en fait de même pour les pousser dans l'intérieur, mais on appuie la couverture sur un ais qu'on pose sur la table, afin de ne pas gâter le dos.

Il est important de ne pas oublier, avant de se servir de la roulette, de s'assurer si elle tourne librement dans sa chappe, et si elle n'y a pas trop de jeu. Si elle était trop gênée, on lui donnerait la liberté convenable en graissant le trou avec un peu de suif; si elle avait trop de jeu, on rapprocherait les deux branches de la chappe, ou bien on changerait la goupille.

Si l'on voulait pousser une roulette dans un encadrement, l'on pourrait se servir d'un *passe-partout*, c'est-à-dire d'une roulette épaisse, qui porte seulement un ou deux filets sur chacun de ses côtés, et dont le milieu est entièrement évidé. Mais le moindre défaut devient très-sensible, en ce qu'il agit sur les deux côtés à la fois : nous préférons faire cette opération en deux fois, afin d'être plus sûr du travail. Voici comment on procède :

On compasse et l'on trace le carré de la dimension qu'on désire, on le glaire et on couche l'or ; ensuite on pousse les filets à la place qu'on a tracée, de sorte qu'à chaque angle il se forme un petit carré, dans le milieu duquel on pousse un fleuron. Aux quatre coins de ce même carré, on pousse un point qui le forme en entier. On essuie entièrement l'or de ce carré, et on le couvre d'un morceau de papier double qu'on tient appliqué par le pouce de la main gauche. Alors on peut pousser la roulette gravée à égale distance des filets, et elle va s'arrêter vers le pouce qui tient le papier, sans faire aucune marque sur la place que ce papier occupe. Moyennant cette précaution, la roulette va d'un carré à l'autre sans l'outrepasser.

Les ouvriers qui travaillent sans attention et sans goût, poussent les filets tout au bord du livre, parce que c'est plutôt fait. Il vaut mieux laisser un intervalle entre le bord et le filet, intervalle que l'on remplit agréablement d'une sorte de petite dentelle dorée.

Si la roulette gravée représente une arabesque, il ne faut la pousser que des deux côtés en montant, et en faisant attention que la roulette soit tournée du côté convenable pour que les figures ne soient pas renversées lorsque le volume est debout, la tête en haut. On pousse une autre roulette insignifiante dans le haut et dans le bas.

Pour les bords des cartons, on appuie la couverture sur le plan incliné du billot à dorer les bords ; et, comme on le voit figure 89, l'on pousse la roulette contre le bord supérieur du billot, qui la dirige suffisamment.

Quelquefois on veut seulement pousser de la dorure sur la coiffe et sur les coins. On emploie la palette ordinaire pour là coiffe, et on la termine par un gros point ou une petite ligné. Pour les coins, on prend une palette dans le même genre, mais droite, et qui est ordinairement divisée en deux parties égales par une éminence qui sert de guide, afin de ne pas avancer plus d'un côté que de l'autre, et que les huit côtés soient égaux. Chaque partie de la palette est gravée d'un dessin particulier.

Après avoir doré, l'ouvrier s'aperçoit facilement si son fer a été trop chaud, ou si le volume sur lequel il l'a poussé présentait quelque humidité. Dans ces deux cas, l'or devient gris.

Lorsque le doreur a tout terminé, il enlève l'or superflu en frottant toutes les places avec un linge fin et propre, comme nous l'avons dit pour la coiffe, et il conserve à part ce linge, qu'on nomme *drapeau à l'or*, jusqu'à ce qu'il soit suffisamment chargé de ce métal; il le jette alors dans la cloche à l'or (fig. 92), ou bien dans un grand vase, où il le laisse en dépôt jusqu'au moment qu'il aura choisi pour en séparer le métal, comme nous l'indiquerons plus bas.

§ 3. — COMBINAISON DES FERS.

Savoir combiner entre eux les fers employés dans la dorure sur cuir est un des points les plus importants de l'art du doreur. Il est facile à l'ouvrier intelligent et que le goût dirige, de produire, avec un petit nombre de fers, une série très-nombreuse de fleurons extrêmement agréables et continuellement variés. Un exemple que nous allons prendre au hasard suffira pour donner l'intelligence de ces procédés.

Le grand fleuron, fig. 101 est formé seulement des deux fers fig. 101 *x* et *z*. Comme il s'agit non-seulement de faire sur le plat de la couverture un joli fleuron dont on a conçu la composition, mais encore de le placer d'une manière agréable et de façon qu'il ne penche ni d'un côté ni de l'autre, pour cela l'ouvrier trace sur le plat, avec le tranchant d'un plioir, deux traits AA, BB, à angles droits, qui partagent la hauteur et la largeur du volume en deux parties égales, et se croisent dans le milieu du plat.

Il pose ensuite son fer, fig. 101 *z* de manière à ce qu'il remplisse un des angles droits que les deux lignes présentent au milieu; il pousse une fois ce fleuron. Il en fait autant pour les trois autres angles droits. Cela fait, il a obtenu un grand fleuron désigné par les lettres *a,a,a,a*. Il ajoute ensuite sur chacune des lignes tracées le fleuron 101 *x* aux places marquées *b,b,b,b*, et il a obtenu le grand fleuron qu'il avait déjà conçu dans son imagination.

Si l'emplacement ne lui avait pas permis de placer sur les deux côtés le fleuron fig. 101 *z* il aurait pu le supprimer, n'y rien mettre, ou bien y pousser un gros point, ou bien un fer à étoile, à grénetis, à pointes de diamant, etc.; le fleuron n'en aurait pas été moins agréable. Il aurait pu également pousser aux points *c,c,c,c,c,c,c,c* le même fer : le grand fleuron aurait été encore plus orné.

Il serait superflu de multiplier davantage les exemples; ce que nous venons de dire suffira aux lecteurs intelligents pour concevoir toutes les ressources que le goût peut leur donner, afin de former, avec un petit nombre de fers bien choisis, une infinité d'ornements plus agréables les uns que les autres.

§ 4. — CHOIX DES FERS.

En parlant des fers, nous avons dit qu'ils doivent être, autant que possible, appropriés à la nature des matières traitées dans les ouvrages. Ce n'est pas tout : il est encore indispensable qu'ils soient en rapport avec le style de l'époque où le livre a été imprimé ou est censé l'avoir été. Rien ne serait plus choquant que de voir un roman de nos jours décoré avec des fers du quinzième siècle ou l'un des premiers produits de l'art de Gutenberg avec des fers de 1810 ou de 1830. Malheureusement, il n'est pas rare de rencontrer des relieurs, même parmi ceux qui jouissent d'une grande réputation, manquer entièrement à ces principes, parce qu'ils ignorent l'histoire de leur art.

C'est pour les mettre en mesure de ne plus tomber dans de semblables erreurs que nous avons jugé à propos de joindre à la nouvelle édition de notre manuel quelques spécimens de fers, choisis parmi les monuments les plus authentiques de la reliure du quatorzième siècle à la fin du dix-huitième. Ils ont été exécutés par MM. A. Lofficiau et Munzinger, 40, rue de Buci, à Paris, qui, véritables artistes, sont au premier rang de nos graveurs de fers à dorer. Le dessin de ces spécimens a été fait par M. Munzinger; ils ont été reproduits en photogravure par M. Michelet, de manière que les dessins ne subissent aucune altération à la gravure.

Quelques mots maintenant sur nos modèles.

Page 299. *Fers monastiques*. Imitations des ornements dont les premiers imprimeurs enjolivaient leurs livres de piété, ils annoncent la seconde moitié du quinzième siècle et le commencement du seizième. Leur nom vient de ce qu'ils sont comme la continuation des merveilleuses miniatures dont les moines du moyen âge enrichissaient leurs manuscrits.

On sait que l'imprimerie a été inventée par Gutenberg à la suite d'essais et de tâtonnements sans nombre, dont les premiers eurent lieu à Strasbourg, vers 1436, et les derniers à Mayence vers 1450. On sait aussi que le premier atelier typographique fut établi dans cette dernière ville par l'inventeur lui-même; et que, à partir de 1461 ou 1462, l'art nouveau se répandit si promptement qu'en une dizaine d'années il se trouva établi dans toutes les contrées de l'Europe.

Les premiers imprimeurs s'appliquèrent à imiter les manuscrits, et ces imitations furent quelquefois si parfaites que certains d'entre eux purent faire passer les ouvrages sortis de leurs presses pour des œuvres de calligraphie, et les vendre comme telles. Cette supercherie ne cessa réellement que lorsque le caractère romain, créé à Rome, en 1466, par Swenheym et Pannartz, eût été généralement adopté.

C'est à cause de l'usage dont il vient d'être question, que les plus anciens livres imprimés ont leurs caractères en gothique, c'est-à-dire semblables à l'écriture du temps, et qu'en outre ils présentent des vignettes et des encadrements qui se rapprochent plus ou moins des vignettes et des encadrements des manuscrits véritables, et, pour rendre la ressemblance encore plus frappante, on y faisait souvent exécuter, après l'impression, des enjolivements à la main par les plus habiles calligraphes.

I. — FERS MONASTIQUES

(XIVᵉ. ET XVᵉ SIÈCLES).

Page 301. *Fers italiens.* Empruntés, comme les précédents, aux monuments de la typographie, plus particulièrement à ceux d'origine italienne. On les appelle aussi *aldins,* parce que les éditions des Alde, célèbres imprimeurs de Venise, en ont fourni de nombreux motifs. Ils caractérisent également la fin du quinzième siècle et, en outre, le commencement du siècle suivant. Ils furent d'abord pleins ; mais si, tirés en noir dans l'intérieur des livres, ils faisaient un bel effet, on trouva bientôt qu'ils étaient lourds sur la couverture, parce qu'ils donnaient en or des masses trop grandes, et l'on chercha à les rendre plus légers. Leurs contours furent respectés, mais on les allégit en les remplissant de fines hachures. Cette innovation produisit les *fers azurés,* qui abondent dans les reliures contemporaines de Grolier, dont ils sont une des marques distinctives. A la même époque, d'autres artistes, ne la trouvant pas suffisante, évidèrent complétement les fers, de manière à n'en plus laisser que les contours. Ces nouveaux fers reçurent le nom de *fers à filets,* et ils partagèrent avec les précédents, la faveur des bibliophiles.

C'est en Italie, à la fin du xve siècle, c'est-à-dire dès les premiers développements de l'imprimerie, qu'est née la reliure moderne. Nos bibliophiles en durent la connaissance aux grandes guerres de Charles VIII, Louis XII et François Ier. Jean Grollier, de Lyon, celui d'entre eux qui contribua le plus à en répandre le goût en France, était trésorier des guerres et intendant de l'armée du Milanais à l'époque de ce dernier prince, et il profita de son séjour à Milan pour commencer la formation de sa célèbre bibliothèque.

II. — FERS ITALIENS

(XVIe SIÈCLE).

Page 303. *Fanfares, fers de Legascon.* A partir du règne de Henri II, en France, la gravure des fers ne s'inspire plus de l'imprimerie ; elle demande ses motifs aux plus habiles dessinateurs. Alors paraissent les *fanfares* (moitié supérieure de la planche), fers de petites dimensions dont la combinaison formait des dessins de l'effet le plus heureux, et qui doivent leur nom, tout moderne, à un volume de Charles Nodier, appelé *Fanfare*, sur lequel Thouvenin avait reproduit un dessin de ce genre.

Au commencement du dix-septième siècle, Legascon, en inventant ou plutôt en généralisant l'emploi des *fers pointillés* (moitié inférieure de la planche), créa une ornementation d'une élégance infinie malgré la prodigieuse abondance des détails. « Bien qu'il se soit servi d'un canevas ancien, dit excellemment M. Marius, l'aspect de ses reliures est tellement changé, si nouveau par l'invention, ou, pour mieux dire, par l'application des fers pointillés, que Legascon restera pour toujours maître, et un maître qui est à la hauteur de ceux du XVIe siècle. Science solide dans l'ensemble, richesse, élégance, abondance, sans lourdeur dans les détails, il réunit toutes les qualités du décorateur. » Notons, en passant, que c'est Legascon qui a fait le premier usage, sur une grande échelle, des *petits fers.*

III. — FERS FANFARE. (XVIIe SIÈCLE).

IV. — FERS LEGASCON. (XVIIe SIÈCLE.)

Page 305. *Fers à tortillons.* Ils caractérisent le dix-septième siècle. C'est également à cette époque que l'usage des riches dentelles a commencé à devenir général.

« Le plus grand mérite de Legascon est d'avoir su garder, au milieu de sa prodigieuse richesse de détails, les savantes qualités d'ensemble des maîtres. Au dix-septième siècle, on procède d'une autre manière : c'est par la répétition des mêmes motifs, dans des positions différentes, que l'on arrive à un ensemble. Les belles reliures auxquelles Du Seuil a donné son nom, ces reliures à filets, soit droits et courbes, avec coins et milieux richement ornés, procèdent de cette manière. A la même époque, les armoiries jouent aussi un grand rôle dans la décoration du livre. On les trouve soit seules, soit accompagnées d'une marque, d'un emblême placé aux angles. Il y eut des bibliothèques dont tous les volumes étaient ornés de cette seule marque de leur propriétaire (M. Marius). »

Nous venons de nommer Du Seuil. Il s'appelait Augustin et était né aux environs de Marseille, vers 1673. Après avoir travaillé chez Philippe Padeloup, dont il épousa la fille, il devint, quelque temps avant 1714, relieur du duc et de la duchesse de Berry.

V. — FERS A TORTILLONS.

(XVIIe SIÈCLE).

Page 307. *Fers de la transition, fers mosaïques.* Ils marquent la fin du dix-septième siècle et le commencement du dix-huitième. L'ornementation est un peu moins élégante qu'à l'époque précédente. Les fleurs, les oiseaux, etc., se montrent au milieu des rinceaux les plus délicats.

Au commencement du dix-huitième siècle, les doreurs procèdent comme ceux du dix-septième; mais les fers ont déjà subi des transformations importantes par l'introduction, comme il vient d'être dit, de fleurs, d'oiseaux, etc., au milieu de leurs rinceaux. En outre, à mesure qu'on avance, la décadence s'accentue de plus en plus.

Les reliures dites *de Padeloup,* appartiennent à cette époque; elles doivent leurs « qualités décoratives plutôt à l'heureux emploi des maroquins de différentes couleurs qu'au mérite du dessin ou de l'exécution. » On compte treize relieurs portant le même nom de Padeloup, et appartenant à la même famille. Le plus ancien, Antoine, était établi bien avant 1650. Celui dont les œuvres sont devenues célèbres, est probablement Antoine-Michel, né en 1685, qui fut nommé relieur du roi en 1733, et qui le devint peut-être aussi de madame de Pompadour; il mourut en 1758. Jean, un de ses fils, dut continuer les bonnes traditions de son père, car il fut nommé relieur du roi de Portugal.

VI. — FERS DE LA TRANSITION.

(XVIIe ET XVIIIe SIÈCLES).

Page 309. *Fers du XVIIIe siècle.* La gravure des fers est en pleine décadence. Elle emprunte la plupart de ses motifs aux imprimeries de bas étage et ne produit, sauf de très-rares exceptions, que des ornements pâteux et sans caractère. Les reliures de De Rome, qui sont les plus sérieuses de l'époque, n'approchent pas, sous ce rapport, de celles de la période antérieure. Nous allons faire, pour la famille de ces artistes, ce que nous avons fait pour celle des Padeloups.

Il y a eu quatorze De Rome, et non Derome, comme on écrit souvent ce mot, tous relieurs et de la même famille, depuis le milieu du dix-septième siècle jusqu'à la fin du dix-huitième. Quel est le célèbre, celui dont on veut parler quand, dans un Catalogue de vente, un livre est signalé comme relié par De Rome ? On n'en sait positivement rien ; mais on suppose que ce doit être Jacques-Antoine, né vers 1696, et mort le 22 novembre 1761 : il est qualifié, dans son acte mortuaire, de « maître relieur et doreur de livres, ancien garde de sa communauté. »

VII. — FERS DU XVIIIe SIÈCLE.

Page 311. *Petits fers*. On a vu ailleurs ce qu'on entend par là. L'emploi de ces outils minuscules paraît remonter au seizième siècle, et c'est en les répétant des milliers de fois sur le plat des livres qu'on exécute ces compositions si gracieuses qui font l'admiration des amateurs. D'après Marius Michel, le doreur le plus renommé de notre époque, l'usage de donner à ce genre le nom de *dorure à petits fers*, a pris naissance du vivant de Legascon.

Nous arrêterons ici le nombre de nos modèles, ceux que nous donnons nous paraissant suffire pour guider, dans son choix, un ouvrier intelligent. Plus tard, quand nous réimprimerons notre volume, nous compléterons ce travail en offrant au lecteur une collection de reliures entières, plats et dos. Nous en trouverons des originaux, dont elles seront des spécimens fidèles, dans les collections publiques les plus riches et les cabinets particuliers les plus renommés.

VIII. — PETITS FERS.

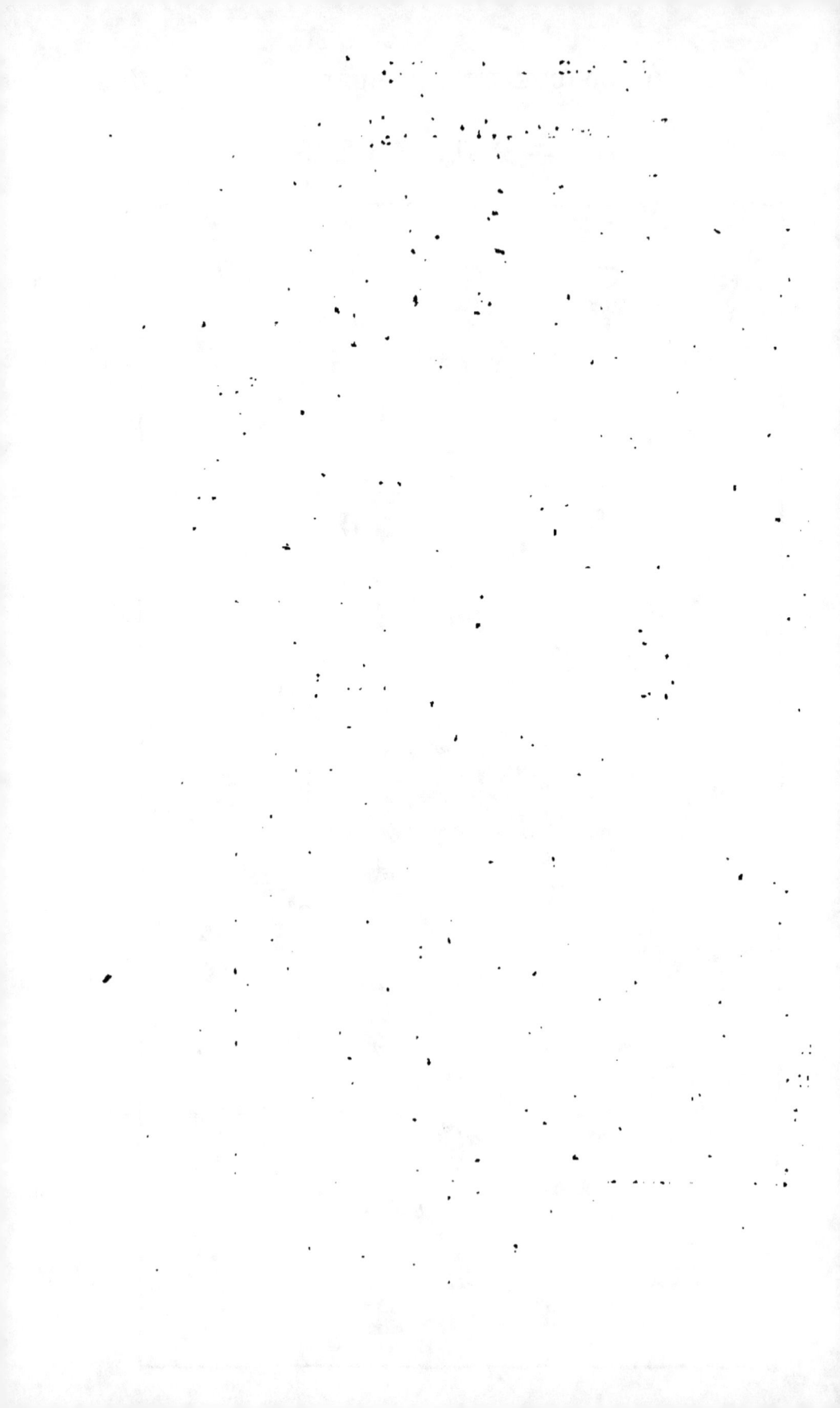

§ 5. OBSERVATIONS DIVERSES

1° *Dorure de la Soie.*

Nous n'avons parlé, à la page 280, de la manière de dorer la soie que comme d'un procédé commun à toutes les autres substances, parce qu'effectivement nous savons, par expérience, que le procédé qu'on suit pour appliquer l'or sur les peaux peut être également employé avec succès sur la soie. Quelques détails sur ce procédé nous paraissent indispensables.

On fait parfaitement dessécher le blanc d'œuf, afin de pouvoir le piler et le réduire en une poussière impalpable qu'on passe au tamis de soie. On met cette poudre dans une petite fiole qu'on coiffe d'un parchemin mouillé et bien tendu, comme les bouteilles dans lesquelles on renferme de la sandaraque en poudre pour l'usage des bureaux. On perce avec une épingle, quelques trous dans ce parchemin lorsqu'il est sec, et c'est de cette poussière de blanc d'œuf qu'on se sert pour l'*assiette* de l'or. On saupoudre ce blanc d'œuf sur toutes les places où l'on veut poser l'or; on peut même se servir de sandaraque, cela est plus usité, surtout en Angleterre. Ensuite on prend une roulette d'un diamètre tel que sa circonférence convexe soit d'une étendue plus grande que la longueur du filet que l'on veut poser; c'est avec cette roulette que l'on prend la feuille d'or laquelle a été coupée d'avance de la largeur convenable.

Il est facile de concevoir que si la roulette ne présentait pas une circonférence assez longue pour contenir, sans la doubler, une seule épaisseur d'or, le premier bout de la bande qu'on aurait pris, et qui se serait attaché à la roulette, serait recouvert par la fin de la bande; il y aurait à ce point deux épaisseurs qu'on ne pourrait pas détacher: il est donc important que la roulette soit assez grande pour qu'on n'ait qu'une seule épaisseur.

Tout cela ainsi disposé, et après avoir fait chauffer la roulette plus fortement que pour le cuir et le maroquin, on passe dessus un peu d'huile avec le bout du doigt, on enlève avec elle l'or de dessus le coussin, et on le pose tout de suite sur la place où l'on a mis la poudre. On termine la dorure comme à l'ordinaire

Lorsqu'on veut coucher l'or sur la soie après le glairage, en suivant le procédé indiqué page 280, on doit humecter les places glairées en dirigeant fortement l'haleine dessus, afin de donner au blanc d'œuf une certaine moiteur, et l'on pose l'or aussitôt. On pourrait le coucher à l'huile, en usant des précautions nécessaires pour ne pas tacher l'étoffe; mais pour le velours, par exemple, rien ne vaut le blanc d'œuf en poudre et surtout la *poudre de Lepage*.

Quelques relieurs tracent d'abord l'ornementation, puis saupoudrent la soie avec de la poudre de Lepage et prennent l'or avec l'ornement dont ils se servent pour dorer. Le graissage de ce fer doit être très léger : une simple passe dans les cheveux suffit.

2° *Dorure des milieux sur les plats.*

Qu'on veuille pousser, sur le plat des volumes, des armoiries, des coins, des fleurons, il faut faire attention si tous les ornements doivent conserver ou non des portions mates. On glaire avec le blanc d'œuf et avec un pinceau, toutes les parties qui ne doivent pas être mates; puis, sans attendre que ce glairage soit entièrement sec, car il doit conserver une légère humidité, on couche l'or. Pour cela, on ouvre la couverture du volume, on place le carton sur le billot qu'on a déjà mis sur la presse, exactement au-dessous de la vis, le restant du volume tombant en dehors. L'or étant couché, on pose par dessus la plaque gravée, chaude au point de pouvoir à peine la tenir dans la main, lorsque la couverture est en veau, et moins chaude pour le maroquin. Cela fait, on serre la presse fortement, comme par un coup de balancier, et l'on desserre sur-le-champ.

L'ouvrier ne saurait porter une trop grande attention dans la manière dont il place les plaques sur la couverture en les mettant à la presse. Comme rien ne serait plus ridicule et plus désagréable à la vue qu'une plaque mal disposée, il doit prendre les précautions suivantes : Il doit se servir de l'équerre, d'un compas et de la règle, mesurer bien les distances, afin que les armoiries ou les fleurons soient bien au milieu du plat, que les distances aux quatre bords soient bien égales entre elles, si la plaque le permet, ou au moins que les champs du haut et du bas soient parfaitement égaux entre eux, ainsi que les champs de côté. Il faut de plus que le fleuron, quel qu'il soit, ne penche ni d'un côté ni de l'autre. Rien ne prouve plus l'ignorance ou la négligence de l'ouvrier, que l'aspect d'un ornement mal disposé sur la couverture d'un livre; il vaudrait beaucoup mieux qu'il n'y en eût pas.

Le meilleur guide est celui que l'on confectionne soi-même en coupant un papier du format du volume. On le plie en quatre pour avoir exactement le milieu ; les plis prolongent la mesure dans les deux sens ; en multipliant ces plis, on obtient des points de repère sur toute la surface.

Il faut bien faire attention, quand on applique une dorure au balancier, de ne pas frapper avec celui-ci des coups trop violents qui ont l'inconvénient, quand la peau ou le maroquin sont trop épais, de donner une dorure baveuse et où la délicatesse des lignes est gravement compromise par une pression trop forte. Le goût du relieur doit le guider ici comme dans toutes les autres parties de son art.

3° *Observations Rebec.*

Un habile relieur et doreur, M. A. Rebec, a publié dans le *Technologiste*, une notice dans laquelle il a décrit sommairement les procédés qu'il a eu l'occasion de recueillir ou de pratiquer dans l'art de dorer les livres, les albums, les portefeuilles, le cuir, la toile, le papier, le parchemin, le velours et la soie. On nous saura gré de reproduire une partie de sa notice.

« *De l'assiette en général pour cuir et papier* Une des manipulations principales de la dorure est l'établissement de l'assiette qu'on néglige cependant assez souvent. Les éléments de l'assiette sont, 1° la dissolution de gélatine, 2° le blanc d'œuf.

« 1° *Dissolution de gélatine*. On prend un pot qui puisse aller au feu, et on découpe en petits morceaux du parchemin fait avec de la peau de cochon (et non pas avec de la peau de mouton). On introduit dans le pot, on fait bouillir jusqu'à évaporation de la moitié du liquide, et la dissolution est prête. La proportion des ingrédients est d'environ une partie en poids de parchemin pour trois parties d'eau.

« 2° *Blanc d'œuf*. Beaucoup de relieurs étendent leur glairage avec de l'eau et du vinaigre, mais je préfère beaucoup laisser le blanc d'œuf d'abord entier et sans le battre, et verser dessus pour chaque œuf, trois gouttes d'amoniaque puis battre avec soin.

« J'indiquerai à chaque article la manière de se servir de ces deux ingrédients.

« I. *Cuir marbré ou à une seule teinte foncée.* La couverture en cuir ayant été appliquée au volume, on la frotte avec de bonne huile de noix, on polit au brunissoir, ou dent, on étend un peu de colle de farine, on lave le tout avec de l'urine et on laisse sécher. Alors on fait chauffer la dissolution de gélatine, on en enduit une fois la couverture; on laisse sécher, et enfin on glaire deux fois le tout au blanc d'œuf.

« Lorsque cette assiette est sèche au point de pouvoir passer impunément la main dessus, on la polit au brunissoir, comme à l'ordinaire, mais non pas aussi chaud, et l'on dore à l'huile de noix.

« La chaleur pour la dorure de l'écusson et des filets doit être modérée.

« II. *Cuir apprêté anglais et allemand.* Quand on veut dorer ces sortes de cuir avec beaucoup de propreté, il faut procéder avec un soin extrême, parce que autrement ils perdent toute leur beauté et leur mérite. Le volume ayant été couvert, on y imprime aisément le dessin à une chaleur modérée, on frotte à l'huile de noix, on étend un peu de colle de farine très-fluide, et on lave largement à l'eau seconde étendue. Enfin le dessin imprimé est glairé à deux reprises différentes avec un pinceau doux, et on dore à l'huile de noix. La chaleur pour la dorure est modérée pour le noir, le vert, le violet et le rouge, et un peu plus élevée pour le brun.

« III. *Chagrin gros grain et Chagrin.* Ces deux sortes de cuirs exigent une attention et une propreté toutes particulières, attendu qu'elles acquièrent facilement des taches luisantes et graisseuses qu'il est difficile et même impossible d'enlever.

« Ces cuirs sont particulièrement propres aux impressions en noir et en or, et peuvent fournir de fort beaux produits. Le dessin doit être préalablement imprimé. On le décore en or ou en noir.

« Pour imprimer en or, on donne une seule couche au blanc d'œuf pur ou deux couches en coupant le blanc d'œuf ; il ne faut jamais en donner trois, ces couches superposées formant trop d'épaisseur, ce qui donne au cuir une teinte grise et sale.

« On doit huiler avec grand soin, autrement le cuir prend des taches qui ne disparaissent plus, et la dorure s'altère quand on veut les faire disparaître par le lavage. Lorsque le dessin est doré, on procède à l'impression en noir qui s'exécute à la cire blanche. La cire est étendue sur un petit morceau de peau sur lequel on applique le fer qu'on imprime aussitôt, puis on pinceaute avec le vernis des relieurs pour qu'elle prenne un beau noir et de l'éclat.

« La chaleur à la dorure et à l'impression en noir doit toujours être modérée.

« IV. *Gros grain* ou *marocain.* Les apprêts anglais ne sont pas bons ; il faut employer ceux des allemands.

« V. *Encollage du veau.* Quand le volume est recouvert de la peau, on mouille celle-ci avec de l'eau au moyen d'une éponge propre, pour n'avoir pas de taches. Quand elle est sèche, on l'enduit à deux couches avec de la gélatine claire ou de la colle d'amidon.

ou encore à trois couches avec du blanc d'œuf pur. La chaleur doit être assez forte.

« Le veau ou la basane ne peuvent supporter l'huile avant l'encollage. On doit éviter d'employer les acides qui détruisent la peau, le vinaigre excepté.

« VI. *Dorer mat le veau à la main.* La peau sur le volume étant lavée et bien séchée, on y trace le dessin, on encolle une fois avec de l'eau de colle de pâte, une fois avec du lait, une fois avec la dissolution de gélatine, et deux ou trois fois avec le blanc d'œuf. Pour huiler avant de dorer, il faut procéder avec beaucoup de précaution pour ne pas faire des taches, qui ne disparaîtraient plus. L'assiette, lors de l'impression, doit être encore un peu humide. Dans cette opération, les fers doivent être très-chauds.

« VII. *Imprimer le veau à la presse.* Tout étant disposé, on imprime à la presse son fer à froid ; on enduit une fois avec du lait, puis deux à trois fois avec le blanc d'œuf. Dans cette dorure on laisse bien sécher l'assiette, afin que les dégradations ou nuances du fer se détachent et soient bien purés. L'or s'applique sans huile, et on le fixe en le pressant avec force avec du coton fin.

« VIII. *Dorer le veau en couleur à la presse.* Le travail étant imprimé, il faut découper des papiers un peu plus grands que le champ du fer ou de la plaque, les coller sur les bords en trois ou quatre doubles et imprimer simultanément ceux-ci. Alors on prend un couteau pointu et l'on pratique des découpures en parties distinctes, suivant le goût ou le besoin. Ce découpage terminé, on en colle les diverses parties à la colle de pâte, on laisse bien sécher le papier, on l'imprime une seconde fois, puis on enlève celui qui est encore sur le dessin. On enduit une fois avec du lait, deux fois avec le blanc d'œuf; on laisse bien sécher, et enfin on imprime à une chaleur tiède, mais vivement.

« On dore comme précédemment. Bien entendu que le papier fin satiné est ce qu'il y a de meilleur pour cet objet.

« IX. *Dorure sur cuir de Russie.* On imprime le cuir lorsqu'il est sec; on y passe un pinceau chargé de dissolution de gélatine, et on glaire deux fois. On applique l'or à l'huile avec précaution. La chaleur, pour la dorure, doit être modérée.

« X. *Velours.* Quand on veut dorer sur velours, il faut doubler cette étoffe avec du papier: autrement l'or se détacherait promptement. Pour doubler, on se sert indistinctement de colle de gélatine ou de pâte, ou de gomme arabique dissoute dans de l'eau. Cette dernière est ce qu'il y a de mieux. Lorsqu'on a préparé son volume ou tout autre objet, on imprime assez chaud le dessin avec le fer, afin de rabattre le poil du velours, puis on saupoudre, sur une assez forte épaisseur, le dessin avec de la gomme-gutte réduite en poudre très-fine; on prend l'or avec le fer et l'on applique une chaleur modérée et telle qu'[illegible] la main puisse aisément la supporter, mais d'une manière vive et en passant partout également, seul moyen de relever le fer parfaitement net.

« La gomme-gutte pulvérisée finement est introduite dans un cylindre de carton fermé d'un bout et sur l'autre extrémité duquel on colle un morceau d'étoffe de soie ou de gaze, et qu'on frappe avec le ploir. Toute la portion fine se tamise ainsi, et l'on broie de nouveau le reste.

« Le velours doit être constamment net et propre, attendu que la moindre malpropreté enlève l'or de dessus le velours.

« Quand l'or s'attache au fer, on frotte celui-ci avec un peu d'huile de noix qu'on verse sur un peu de coton.

« XI. *Dorure sur soie.* Il faut infiniment d'attention pour dorer sur étoffes de soie, à cause de leur faible épaisseur. Du reste, on procède absolument comme pour le velours, sinon que la pression n'a pas besoin d'être aussi considérable.

« XII. *Dorure sur papier blanc et sur papier marbré.* On procède sur papier comme au n° VI.

« XIII. *Dorure et argenture des cartes de visite.* D'abord on fait une petite matrice en carton, puis on y pratique un léger rebord de la même substance, de manière à maintenir fermement les cartes pendant l'impression. Quand tout a été imprimé ainsi, on enduit le fer à deux reprises différentes avec du blanc d'œuf épais, et l'on sèche jusqu'à ce qu'il n'y ait presque plus d'humidité. On pose alors sur ce fer l'or ou l'argent; on l'y presse, puis on donne au tout un coup de presse seulement. Le fer ne doit pas être trop chaud, mais imprimé presque à froid. Cela fait, on enlève l'excédant d'or avec du coton.

XIV. *Papier maroquiné.* — Le papier maroquiné doit être glairé à deux reprises; cette opération se fait à une chaleur modérée.

« XV. *Titres sur papier.* On procède comme pour le papier maroquiné.

« XVI. *Dorure sur toiles anglaises.* Ces toiles sont enduites de colle-forte, bien séchées, puis chargées, en une seule fois, d'une forte dissolution de gélatine et parfaitement séchées. De cette manière on parvient très-bien à les dorer. Cependant on peut, si on le veut, les glairer une fois. On peut aussi employer très-bien pour cet objet la *pommade à dorer*, mais alors il ne faut pas de blanc d'œuf.

« XVII. *Dorure sur parchemin blanc.* Le parchemin ayant été lavé à l'urine, le dorer à la graisse de porc et imprimer tiède et presque froid.

« XVIII. *Autre manière.* On prend du parchemin lavé comme ci-dessus, on le découpe en morceaux, on le fait bouillir pour en faire une colle et l'on enduit son parchemin en une seule fois, puis on glaire deux fois avec du blanc d'œuf frais et bien pur. Alors on dore à la graisse de porc et à une chaleur très-basse.

« Le parchemin coloré et mat peut être imprimé à la gomme-gutte et à une chaleur très-modérée.

XIX. *Pommade à dorer.* Il vient d'être question de la pommade dite *à dorer*. Pour faire cette composition, on prend :

Axonge	90 gram.
Graisse de cerf	30
Le blanc d'un œuf.	
Sucs d'oignons de scille	3 gouttes.
Huile de noix	15 gram.

« On fait fondre l'axonge et la graisse de cerf dans un pot, on bat les trois autres ingrédients ensemble et avec soin, puis on les verse dans les matières grasses, lorsque celles-ci sont légèrement figées. Alors on bat vigoureusement ce mélange jusqu'à ce qu'il n'adhère plus aux parois du pot. »

On prépare la pommade à dorer de bien d'autres

manières qu'on a tenues secrètes, mais on en fait actuellement moins d'usage. Voici toutefois une formule plus simple et qui réussit très-bien :

Axonge	125 gram.
Suc de scille maritime	30
Pommade à la rose	30
Le blanc de 3 œufs.	

« On bat ensemble les blancs d'œufs et le suc de scille jusqu'à les convertir en mousse, puis sur un plat on manipule cette mousse avec la matière grasse jusqu'à ce que le tout soit parfaitement incorporé. »

§ 6. — DU MOYEN DE SÉPARER L'OR DES CHIFFONS QUI ONT SERVI A LA DORURE.

Nous avons dit (page 266) que le doreur opère toujours sur une caisse, afin d'y recueillir toutes les parcelles d'or qui se détachent pendant son travail ; et qu'il jette dans cette caisse tous les chiffons et le coton en rame dont il se sert pour enlever l'or superflu, lorsque ces chiffons en sont suffisamment chargés, jusqu'à ce qu'il en ait une assez grande quantité pour en extraire le métal précieux. Nous avons ajouté qu'il jette et qu'il conserve dans la *cloche à l'or* (fig. 92) les chiffons et le coton pendant le travail et jusqu'à ce qu'ils soient assez chargés d'or ; il les jette alors dans la caisse. Voici comment on s'y prend pour en séparer l'or et le recueillir en entier.

On met les chiffons dans une terrine de grès ; on introduit le tout dans un poêle, ou bien on place cette terrine sur un feu doux pour bien dessécher les chiffons ; on y met ensuite le feu et on laisse brûler, en ajoutant de nouveaux chiffons au fur et à mesure qu'ils se brûlent. Lorsque le tout est bien réduit en cendre, on y mêle une quantité suffisante de borax en poudre, selon la quantité de cendres qu'on a et l'on plie le tout dans une feuille de papier qu'on lie avec une ficelle. Pendant ce temps, on prépare un bon creuset qu'on met dans un fourneau au milieu des charbons ardents ; on fait rougir le creuset ; ensuite on y jette le paquet de cendre tel qu'il est arrangé, on couvre le creuset, et on pousse le feu jusqu'à rougir le creuset à blanc. Le métal se fond et se rassemble en culot au fond du creuset. Lorsque le tout est froid on retire le métal.

Les laveurs de cendres agissent autrement. Dans un petit moulin en pierre dure, de la forme de ceux dans lesquels on broie l'indigo, on met les cendres avec du mercure coulant et pur, on tourne la meule supérieure, et l'on broie fortement. Le mercure s'empare de tout l'or, et laisse les cendres à nu. Alors on lave bien les cendres, l'amalgame de mercure et d'or se précipite, et lorsque les cendres ont entièrement disparu, le laveur met l'amalgame dans une cornue dont le bec recourbé plonge dans un vase plein d'eau. Après avoir ainsi préparé la cornue, et qu'elle a été posée sur un fourneau, au bain de sable, on allume le feu, qui n'a pas besoin d'être bien actif. Aux premiers degrés de chaleur le mercure se volatilise, et se dirigeant par le bec de la cornue dans l'eau, il s'y condense et reparaît sous la forme et le brillant métalliques, d'où on le retire pour servir dans une autre opération. On trouve l'or en poudre dans le fond de la cornue.

Si l'on a employé du mercure pur, comme nous l'avons prescrit, l'or se trouve aussi dans la cornue à l'état de pureté. On le fond dans un creuset avec du borax, comme dans le premier procédé ; mais l'on n'a pas besoin d'un creuset aussi grand et par conséquent d'une aussi grande quantité proportionnelle de charbon. Si l'or est allié, il faut en faire le départ. Cette opération n'est pas dans les attributions du relieur, ni dans celles du doreur.

§ 7. GAUFRURE.

La GAUFRURE est une sorte d'ornement qu'on emploie beaucoup aujourd'hui sur les plats et sur le dos des volumes. On suppose qu'elle a été inventée par Courteval, au siècle dernier. Dans tous les cas, elle se fait avec des fers et des plaques comme la dorure, mais sans y appliquer de l'or. On peut aussi gaufrer avec des roulettes représentant divers dessins en damier ou en mosaïque, mais cela ne se pratique guère à raison de la lenteur et des difficultés. Entremêlée assez avec de l'or, elle produit de forts jolis effets. Enfin, elle fait partie de la dorure, et entre dans les attributions du doreur sur cuir. C'est elle qu'on désigne, comme nous l'avons déjà dit, sous le nom tout-à-fait impropre de *dorure à froid*.

Gaufrer, c'est graver profondément en relief des dessins plus ou moins compliqués. Lorsque ces derniers sont petits, ils sont poussés à la main avec des fers et des roulettes semblables à ceux du doreur. Quand ils sont grands, ils sont gravés sur des plaques de cuivre doublées de plusieurs cartons laminés, durs, collés ensemble, et ne formant qu'une égale épaisseur, comme pour la dorure, et alors ils se poussent à la presse.

Une presse, dans le genre de celles que représentent les figures 25 et 30, est très-bonne pour cela. Nous décrirons plus loin quelques-uns des appareils puissants, balanciers et autres, au moyen desquels on pousse les gaufrures dans les grands ateliers.

En faisant son travail, le gaufreur doit prendre certaines précautions que nous allons énumérer.

1° Si la gaufrure doit rester mate, et que le glairage se soit extravasé sur des places qui ne doivent pas avoir d'or, et qui ne doivent pas rester brillantes, il faut les laver proprement avec le bout du doigt enveloppé d'un linge fin et mouillé, afin d'enlever le blanc d'œuf.

2° Les fers à gaufrer doivent être seulement tièdes, surtout pour le maroquin. Sans cela, le trop de chaleur ferait brunir et même noircir la peau dans les endroits de la pression.

3° Les coins, les milieux des plats, et surtout les plaques doivent être poussés à la presse, comme pour la dorure ; mais les petits fers se poussent à la main.

Lorsqu'on veut, sur les plats, pousser des raies noires, droites, plus ou moins larges, ce qui fait très-bien, on se sert de plumes en fer, ou mieux de grosses plumes de cigne dont le bec est de la largeur nécessaire ; on les trace à l'aide d'une règle et en employant une de ces encres spéciales qu'on trouve, dans le commerce, toutes prêtes à être employées. S'il était impossible de se procurer un de ces liquides, on pourrait y suppléer en préparant une de ces compositions pour la teinture en noir dont le nombre est si grand, et, par exemple, celle dont voici la recette :

On met tremper dans l'acide pyroligneux très-fort, et pendant un temps suffisant, une certaine quantité de clous neufs, jusqu'à ce que le liquide soit chargé d'une bonne quantité de rouille (*oxyde de fer*) et que l'acide soit d'un jaune foncé. On y mêle une quantité de gomme arabique en poudre pour neutraliser une partie de l'action de l'acide et former une bouillie claire. Alors on passe cette bouillie sur la peau avec la plume, et en séchant, le trait noircit et acquiert une certaine épaisseur. On peut se servir avec avantage d'un tire-ligne qui donne la facilité de faire le trait de la grosseur qu'on désire.

Pour faire ces filets noirs sur le dos du maroquin, on se sert des palettes à filets en fer (on ne doit employer ni le cuivre, ni le laiton). On encre ces palettes ou bien, suivant l'usage ancien, on les charge à la chandelle de noir de fumée qui se dépose ensuite sur le cuir et s'y fixe.

On peut aussi pousser sur le dos un fleuron ou des palettes gaufrées; mais il faut, avant de rien commencer pour la gaufrure, que le dos soit humide également ; ensuite on a un morceau de drap imbibé de suif, on fait chauffer le filet, on le pose sur le drap suiffé, et puis sur le dos du volume, à la place que l'on a compassée ou tracée; on recommence plusieurs fois jusqu'à ce que ce filet soit bien noir et bien marqué. Le fleuron se fait de même, et c'est toujours un malheur lorsqu'on est obligé d'y revenir à plusieurs fois, car on court le risque de doubler le dessin.

Il faut une grande habitude pour apprécier la chaleur que doivent avoir les fers, et beaucoup d'exercice dans l'exécution. Si la peau est d'une couleur claire, et qu'on veuille que le dessin paraisse noir, c'est à la flamme d'une chandelle que l'on noircit très-également un fer bien évidé et d'un dessin assez délicat. Une fois ceci terminé, on prépare, avec des petits pinceaux à plume, les places où il doit y avoir de l'or. On peut aussi se servir de l'encre dont nous avons parlé à la page précédente.

La gaufrure exige donc les mêmes manipulations que la dorure à la seule différence près que, pour la gaufrure proprement dite, on n'emploie pas d'or.

§ 8. EMPLOI DANS LA RELIURE DES PERCALINES GRENÉES OU GAUFRÉES.

On fait actuellement beaucoup de reliures et surtout de cartonnages de livres courants en toiles gaufrées à l'avance, que le relieur n'a plus qu'à appliquer sur les volumes. Le gaufrage des toiles a même pris un développement si étendu qu'il est aujourd'hui l'objet d'une industrie particulière dont les produits sont infiniment variés et élégants. Les toiles gaufrées imitent, en effet, le chagrin, le galuchat, la peau de truie, le maroquin, et peuvent recevoir une infinité de dessins et de couleurs qui en rendent l'emploi très-étendu et procurent à un prix modéré des reliures élégantes et légères.

L'emploi de la toile percaline a été d'abord indiqué par l'industrie anglaise pour la reliure des livres; aujourd'hui elle est préparée, pour le même objet, avec un grand perfectionnement en France.

Cette toile, après avoir été vernie, peut recevoir la dorure sans les préparations qu'exige ordinairement la dorure sur cuir. Elle offre donc, au point de vue économique, un grand avantage sur la peau, dont le prix est toujours plus élevé.

Nous allons décrire, d'après M. Berthe, les préparations qu'on lui fait subir pour la grener et pour la rendre propre à être employée dans la reliure et dans le cartonnage.

On commence par préparer une colle composée de pieds de mouton, qu'on fait bouillir pendant huit heures dans de l'eau de rivière (1 demi-kilogramme de pieds pour 4 litres d'eau), et auxquels on ajoute peu à peu 9 décagrammes d'alun en poudre, en ayant soin de bien remuer le mélange.

Pour les couleurs tendres ou faciles à se détériorer, on remplace les pieds de mouton par de la colle de peau et de la gomme arabique.

Ces préparations sont passées au tamis fin et tenues constamment à un degré de chaleur convenable; on les applique sur les étoffes avec une éponge, une brosse ou un pinceau. Lorsque l'apprêt est sec, on le lisse par les mêmes procédés que ceux qu'on emploie pour lisser le papier, ce qui lui donne le lustre nécessaire. Au moment de grener ou gaufrer les toiles, on les humecte au moyen d'une dissolution de gomme.

Le gaufrage s'opère, soit à l'aide d'une plaque de cuivre grenée ou gravée, qu'on applique sur le tissu et qu'on soumet ensuite à une forte pression, soit avec un rouleau ciselé, guilloché ou grené, selon le genre de dessin qu'on veut produire.

Les étoffes ainsi préparées se collent avec de la colle de Flandre, de la gomme ou de l'empois fort sur carton, bois, etc., pour recouvrir tous objets de reliure, de cartonnage et autres, en remplacement du papier et de la peau.

Nous terminons par ce chapitre les principales opérations de la reliure qui sont exécutées à la main ; nous allons nous occuper maintenant du travail fait au moyen des machines.

CHAPITRE VII

Reliure mécanique.

Au moyen de procédés mécaniques, on est parvenu à diminuer notablement le prix de la main-d'œuvre et la durée des opérations. L'application de ces procédés a donné naissance à la reliure dite *industrielle*, qui, ne se préoccupant que d'une manière très-secondaire, de la question de solidité, cherche surtout, d'une part, à faire vite et à bon marché, d'autre part, à donner à ses produits un extérieur riche et élégant. On conçoit qu'elle n'est possible que là où l'on a constamment des milliers de volumes semblables à relier à la fois. La reliure sérieuse lui emprunte souvent quelques-uns de ses moyens d'action plus particulièrement ceux qui servent à la dorure et à la gaufrure.

Comme dans toutes les branches de l'Industrie, on a cherché à remplacer la main d'œuvre par des machines, que l'on a perfectionnées avec le temps ; cette partie de la reliure a pris, de nos jours, une importance considérable. Nous devons donc déclarer, avant d'entrer en matière, que notre travail ne peut former un ensemble complet ; à notre grand regret, nous sommes obligé de nous borner à la description des machines-types et des appareils les plus simples, d'après lesquels les constructeurs ont établi des machines plus compliquées et plus parfaites, dont quelques-unes ont été adoptées dans les grands ateliers.

Nous comblerons, à une nouvelle édition, cette lacune excusable dans un travail d'ensemble aussi minutieux, tant au moyen des notes que nous avons déjà prises dans ce but, que par les communications que les industriels voudront bien nous adresser.

§ 1. — MACHINES A BATTRE.

Le battage est une opération trop longue pour qu'on l'effectue dans la reliure industrielle; on s'y contente de cylindrer légèrement les volumes. On a cependant essayé d'exécuter le battage mécaniquement. Tel a été l'intention de l'inventeur de la machine représentée en perspective par la figure 14. Toutefois, dans l'idée de son auteur, elle était spécialement destinée à préserver les ouvriers du danger des hernies, auquel ils sont exposés quand ils n'ont pas la précaution de rapprocher suffisamment les jambes l'une de l'autre.

« Cette machine, est toute entière en fonte et en fer.

« Elle se compose d'un bâti très-solide sur lequel s'élèvent, au milieu de sa longueur, deux jumelles qui supportent les tourillons de deux forts cylindres roulant sur des coussinets de bronze. Ce grand bâti est désigné par les lettres *a*, *a*, etc. Les deux cylindres *b b'* sont supportés chacun séparément par de doubles coussinets en bronze, de même que les cylindres d'un laminoir.

« Ces cylindres ont un mètre de longueur, abstraction faite de leurs tourillons; leur diamètre est d'environ 27 centimètres ou un tiers de la longueur du cylindre. La force motrice ne s'exerce directement que sur le cylindre inférieur; le cylindre supérieur n'est mis en mouvement que par le contact médiat ou immédiat du cylindre inférieur, comme on va le voir dans un instant.

« Le cylindre supérieur est supporté par ses deux coussinets à l'aide de deux vis *o*, *o*, qui s'engagent par une de leurs extrémités dans les écrous taraudés dans ses coussinets. Ces vis sont rivées par leurs extrémités supérieures, au centre de deux roues *f*, *f*, à dentures hélicoïdes, dans lesquelles engrènent des vis sans fin, à simple filet et du même pas, portées toutes les deux par le même axe *g*. Une manivelle *h*, qu'on tourne à la main, fait monter ou descendre de la même quantité les deux tourillons à la fois, de sorte que les deux cylindres s'approchent ou s'éloignent toujours parallèlement entre eux.

« L'ouvrier qui fait mouvoir la machine s'exerce sur la manivelle *i*; il fait tourner l'arbre *m*, *m*, en entraînant le volant *k*, *k*. L'arbre *m*, *m* porte un pignon *n* qui, engrenant dans la roue *p*, fait tourner le pignon *q*, lequel, en même temps engrenant dans la roue *r*, la fait tourner; cette roue étant fixée sur le tourillon du cylindre inférieur *b*, lui imprime un mouvement de rotation très-lent.

« Rarement on a besoin d'employer plus d'un homme pour force motrice, mais dans le cas où un second serait nécessaire, on a ménagé à gauche, au bout de l'arbre *m*, *m* une tige carrée sur laquelle on place la manivelle additionnelle *l*, fig. 15 ; alors on a une force double ; mais jusqu'à présent on n'a pas eu besoin de l'employer.

« Vers le milieu de la grosseur du cylindre inférieur *b'*, environ à la hauteur du trait *s*, est solidement fixée sur le bâti, une planche ou tablette que la figure ne représente pas, afin de ne cacher aucune des pièces qui se trouvent dessous, mais que le lecteur concevra facilement. Cette tablette sert de table à l'ouvrier, qui se place de ce côté pour introduire les feuilles entre les deux cylindres, comme on va le voir. Cette planche, qui a 2 1/2 centimètres d'épaisseur, couvre en entier, et excède même de quelque chose toute la surface supérieure du bâti. C'est devant cette table que se place, sur une chaise suffisamment élevée, l'ouvrier qui introduit les feuilles de papier entre les deux cylindres. Cet ouvrier est, par conséquent, placé en X, la face tournée vers les cylindres.

« Sur le côté opposé est fixée, immédiatement au-dessus du bâti, une autre table de même dimension que la première, devant laquelle se place un enfant de dix à douze ans, la face tournée vers les cylindres. Cet enfant, assis en Y, sur une chaise suffisamment élevée, n'est occupé qu'à recevoir les feuilles au fur et à mesure qu'elles s'échappent de dessous le laminoir, et à les entasser dans le même ordre qu'elles tombent.

« La machine bien comprise, voici comment on opère.

« Nous désignerons les deux ouvriers par X et Y.

« L'ouvrier X, à qui l'on remet les volumes l'un après l'autre, dont les feuilles sont bien pliées selon leur format, et collationnées, et par conséquent en cahiers, prend un cahier l'un après l'autre, et l'introduit par l'angle du dos entre les deux cylindres, en commençant vers sa droite, et le soutient jusqu'à ce qu'il soit engagé.

« On conçoit qu'avant d'introduire le premier cahier, on a réglé l'écartement des deux cylindres, en tournant plus ou moins la manivelle *h*, et que cet

19.

écartement varie selon l'épaisseur à laquelle on veut réduire le papier.

« Aussitôt que l'ouvrier X a introduit le premier cahier, il en engage un second sur la gauche, puis un troisième, etc., toujours en continuant sur la gauche, jusqu'à ce qu'il ait parcouru et couvert tout le cylindre. Alors le premier cahier qu'il avait introduit est tombé du côté de l'ouvrier Y, dont nous allons bientôt nous occuper. L'ouvrier X continue toujours de même jusqu'à ce qu'il ait terminé ce volume, puis il en commence un autre, et continue toujours de même.

« Pendant ce temps, le petit ouvrier Y ramasse les cahiers au fur et à mesure qu'ils tombent sur la table, et les entasse dans le même ordre, c'est-à-dire en renversant les cahiers sens dessus dessous, afin qu'ils soient dans l'ordre naturel lorsqu'on les retourne. Il sépare les volumes et les pose sur une table à côté de lui.

« La roue *r* a soixante-douze dents, et pendant qu'elle fait un tour, le pignon *q*, qui a douze dents, fait six tours.

« Le pignon *q* porte la roue *p*, qui a quatre-vingt-dix dents, laquelle engrène dans le pignon *n*, de dix-huit dents, auquel elle fait faire par conséquent cinq tours. Ainsi cinq tours de manivelle font faire un tour à la roue *p*, mais chaque tour de la roue *p* fait faire, par le pignon *q*, de douze dents, six tours à la roue *r*, et cette dernière roue, de même que le cylindre *b'* fait un tour par chaque trente tours de manivelle.

« Les ouvriers battent à la main deux exemplaires par heure, et la machine en lamine quatorze. Le batteur est payé à raison de 3 francs 25 centimes par jour, et la mécanique emploie trois personnes qui coûtent ensemble 4 francs 50 centimes. Il résulte de là que la mécanique fait pour 4 francs 50 centimes l'ouvrage qui nécessiterait sept ouvriers coûtant ensemble 22 francs 75 centimes; elle procure donc chaque jour un bénéfice de 18 francs 25 centimes.

« La machine anglaise à battre opère plutôt un satinage qu'un battage proprement dit, et il est présumable que cet effet n'échappe pas à un œil exercé. Dans tous les cas, elle peut très-bien servir à battre des ouvrages courants et où l'on ne cherche pas la beauté du travail, ou bien à accélérer le travail du battage qu'on reprend ensuite à la main pour les objets soignés.

« Dans l'état actuel de la mécanique, rien ne serait plus facile que de construire une machine sur le modèle des marteaux-pilons des forges, ou semblable à celle dont se servent actuellement plusieurs batteurs d'or à Paris, et qui servirait à battre les livres par un procédé tout à fait semblable à celui qui se pratique à la main, avec une perfection remarquable et sans fatigue ni danger pour l'ouvrier.

« Une machine de ce genre expédierait moins d'ouvrage que la machine anglaise, mais aussi le travail en serait plus parfait, elle coûterait moins de première acquisition et ne nécessiterait pour son service qu'un seul ouvrier qui la ferait mouvoir avec le pied.

« Dans les grands établissements de reliure ou dans des ateliers spéciaux de battage, la machine serait manœuvrée par la vapeur, et alors, comme avec le marteau-pilon, on pourrait la faire battre en commençant avec une extrême légèreté, et à mesure que le travail avancerait, augmenter la force des coups jusqu'à ce qu'on aurait atteint le but désiré. »

§ 2. — MACHINES A GRECQUER.

Ces machines se composent de deux parties principales supportées, l'une et l'autre, par un bâti. L'une consiste en un étau dont les mâchoires peuvent être rapprochées ou écartées au moyen d'une pédale ou autrement. L'autre est formée d'un axe horizontal tournant sur lequel sont montées un nombre de petites scies circulaires égal à celui des grecques que l'on veut produire. Cet arbre peut tourner en dessus, en dessous ou sur les côtés de l'étau. Dans tous les cas, les choses sont combinées de telle sorte qu'une fois le volume placé dans l'étau, et l'arbre tournant mis en mouvement, les scies pratiquent dans le dos du livre, en un temps souvent inappréciable, tant il est court, des grecques d'une régularité absolue et dont la profondeur ne dépasse jamais les limites qui ont été tracées. Il est inutile d'ajouter que le nombre et l'écartement des scies varient, suivant les formats, à la volonté du conducteur de la machine.

§ 3. — MACHINES A COUDRE.

Sauf pour les ouvrages communs, la couture se fait à la main, sur le cousoir.

Parmi les machines, en assez petit nombre, imaginées pour effectuer cette opération, celle de Th. Richards, relieur anglais, présente quelques dispositions ingénieuses. En l'inventant, cet industriel a voulu atteindre plusieurs buts :

Réunir ensemble par une sorte de tissage des fils de la couture, des feuilles ou des cahiers, pour en former un livre, au lieu de les coudre à la main ;

Etablir une combinaison pouvant permettre à une table animée d'un mouvement de va-et-vient, d'alimenter, de feuilles ou de cahiers, les organes couseurs à mesure qu'ils travaillent ;

Disposer des mécanismes propres à mettre en mouvement les aiguilles portant le fil qu'on destine à la couture des feuilles ou des cahiers à mesure que ceux-ci sont présentés ; établir une série de doigts ou pinces pouvant avancer et saisir les aiguilles, les faire passer à travers les cahiers, et les rendre à leurs mécanismes respectifs après la couture de ces cahiers ;

Enfin, établir des espèces de bras ou des leviers pouvant déposer chaque feuille régulièrement sur la pile ou le tas de celles qui ont été assemblées précédemment pour former un volume.

« La figure 17 représente la machine en élévation, vue par devant. La figure 18 en est une section transversale prise par la ligne A B de la figure 17, et la figure 19, une vue en élévation de l'extrémité sur laquelle sont placés les organes de mouvement.

« Deux joues ou poupées *a, a*, boulonnées à une hauteur convenable sur les montants *b b* du bâti, servent de support aux coussinets des arbres respectifs *c, d* et *e*. Parmi eux, *c* est l'arbre moteur à l'extrémité duquel est calée une poulie *f* mise en action par une courroie sans fin provenant d'une roue placée à la partie inférieure ou autrement.

« Sur cet arbre sont fixés à clé deux excentriques *g, g* qui ont pour fonction de lever et de baisser le châssis *h, h* qui glisse dans des coulisses verticales en V, *i, i* pratiquées dans les poupées *a, a*. A ce châssis *h* est attachée la barre longitudinale *k, k* sur laquelle sont fixés à vis les ressorts *l, l, l* qui forment ensemble une série de doigts ou pinces lorsque ces ressorts sont pressés et repoussés sur la barre *k*, ce qui s'effectue par l'entremise de la came *m* (fig. 18) lorsque l'arbre *d* fait tourner le rail demi-cylindrique en forme de D, *n*, *n* d'une portion de tour par l'entremise des bielles *o*, *o*. Ce rail est porté par le châssis *h* et maintenu en contact parfait avec les doigts à ressort *l* par les presses *p*, *p*.

« Sur l'arbre aux cames *e*, il y a trois sortes d'organes de ce genre, savoir : les cames *q* et *r* qui ont pour fonction de faire travailler les barres aux aiguilles *s* et *s'*, suivant un mouvement alternatif déterminé par la nature du travail, en agissant sur les queues *t*, *t'* attachées respectivement à ces barres à aiguilles qui glissent dans les coulisses en V horizontales *u*, *u* pratiquées dans les poupées *a*, *a*, et les lames indiquées par *v*, *v* qui ont pour but de lever et abaisser la presse *w*, *w* dans laquelle on a découpé des entailles pour permettre aux aiguilles de passer, et qui sert à presser les feuilles sur les pointes des aiguilles, et à les conduire ensuite plus bas par une combinaison de leviers *x* et *x'*.

« Un bouton de manivelle *y* (fig. 19), fixé sur une grande roue dentée *z* qui tourne sur un bout d'arbre établi sur une des poupées *a*, fait manœuvrer la table 1, sur laquelle est placée la feuille qu'il s'agit de coudre, suivant un mouvement de va-et-vient sur les rails 2 2, avec l'assistance d'un système de leviers 3, 3, 3 en forme de parallélogramme.

« Tous ces mouvements sont coordonnés symétriquement entre eux, et avec la poulie motrice, au moyen de pignons d'angle 5,5 et de l'arbre diagonal 6.

« Chacune des feuilles qu'on veut coudre pour former un volume étant pliée suivant le format, on introduit longitudinalement sur la marge de fond un fil gommé dont les extrémités sont ensuite passées à travers le pli et ressortent par le dos à peu de distance du haut et du bas, ainsi que le représente la ligne 7,7, fig. 20.

« La couture alterne que doit exécuter la machine se fait ensuite de la manière suivante.

« Supposons que la courroie fasse tourner la poulie *f* dans la direction de la flèche fig. 19. A mesure que cette poulie tourne, le pignon extérieur 4 monté sur l'arbre *c*, étant en prise avec la roue dentée *z*, oblige la manivelle *y* à amener la table 1, avec un cahier contenant dans le pli le fil longitudinal dont il a été question, jusqu'à ce qu'elle rencontre un arrêt, ce qui permet à cette table de placer le dos du pli du papier exactement au-dessus de la série des aiguilles de l'une des barres à aiguilles *s* (l'autre barre ou série d'aiguilles n'étant pas alors en prise et se trouvant repoussée en arrière), pour qu'en s'abaissant sur le cahier, la barre fixe en même temps le fil longitudinal du pli, ainsi que les fils verticaux piqués par les aiguilles.

« Les cames *v*, *v*, en tournant, ont abaissé les leviers verticaux *xx*, qui sont en contact avec elles, et élevé aussi, par l'entremise des leviers *x*' *x*', la presse *w w* exactement au-dessus de la feuille pliée, ainsi qu'on le voit dans la figure 17; puis fait descendre cette même presse, et par conséquent presser le cahier sur la pointe des aiguilles et le maintenir fortement sur la barre *s*, de façon que les aiguilles percent au travers du papier. Au même instant, les excentriques *g*, *g* que porte l'arbre *c*, ont fait descendre le châssis *h*, *h* jusqu'à ce que les doigts à ressort *l*, *l* viennent saisir les aiguilles. La came *m*, au moyen du levier *o*, *o*, faisant alors tourner le rail demi-cylindrique *n*, *n*, celui-ci presse sur les doigts à ressort, les ferme sur les aiguilles, en maintenant toute la série de celles-ci entre les doigts et la barre postérieure *x*.

« L'action continue des excentriques *g*, *g* entraîne alors le châssis *h*, *h* avec les doigts qui tiennent fermement les aiguilles, et les soulève ainsi que les fils qui sont passés à travers le cahier, tandis que les ressorts 8, 8, agissant sur les queues *t*, *t*, repoussent légèrement en arrière la barre aux aiguilles *s* et la mettent hors de prise avec la presse *w*. Cette presse descend alors par l'entremise des leviers *x*, *x*, en échappant à la grande levée des cames *v*, *v*, et par conséquent presse ou abaisse la feuille cousue, en la déposant sur le tas déjà cousu placé au-dessous. La table 9, sur laquelle sont ainsi réunis les uns sur les autres les cahiers cousus, est disposée de telle sorte qu'on peut l'ajuster à la longueur des fils à mesure que les feuilles s'accumulent.

« Le diamètre extérieur des lames *r*, *r* ramène alors la barre aux aiguilles *s*, puis les excentriques *g*, *g* abaissant de nouveau le châssis *h*, *h*, remettent en place les aiguilles; le levier *o* s'échappant de la came *m*, tourne alors la face aplatie du rail *n*, *n* vers les doigts à ressort *l*, *l*, leur permettant ainsi de s'ouvrir et de lâcher les aiguilles à mesure que le châssis *h*, *h* descend.

« On voit qu'il y a deux barres à aiguilles *s* et *s'*, avec une série distincte d'aiguilles pour chacune d'elles, et disposées de telle façon que les aiguilles alternent réciproquement. Cette disposition a été imaginée pour qu'il n'y ait que chaque cahier alterne qui soit cousu au même endroit, et que le cahier intermédiaire soit piqué dans les intervalles. En conséquence, l'une des séries de fils verticaux passe à l'intérieur du fil longitudinal dans le cahier, et l'autre série passe à l'extérieur ou du côté du dos de ce même cahier, et alternativement ainsi pour la couture de tous les cahiers.

« Ce point étant le caractère principal de ce mode de couture, et s'effectuant entièrement par l'action alternative des barres à aiguilles *s* et *s'*, on s'en formera une idée plus exacte à l'inspection de la figure 21, dans laquelle *a a a* indiquent les feuilles pliées de papier, dans le pli desquelles le petit point rond représente le fil longitudinal tel qu'on le verrait en coupe, et qui a été préalablement placé au fond de ce pli, les traits à points longs, la marche de l'un des fils introduits par l'un des systèmes d'aiguilles *s*, et enfin les traits pleins, la marche de l'autre fil, conduit par l'autre système *s'*, qui complète une couture alterne ou tissée où chaque feuille se trouve assujettie séparément.

« A mesure que la table 1 s'avance avec une autre feuille de papier pliée qu'il s'agit de coudre, les cames *q* et la queue *t'* poussent en avant l'autre système de barre aux aiguilles *s'*, et alors les mêmes opérations s'exécutent sur cette feuille comme sur la première, à l'exception seulement que la série des fils est cousue ou piquée au travers du nouveau cahier dans les intervalles laissés par les piqûres faites dans le précédent, par suite du changement de système de la barre aux aiguilles.

« Lorsque la série d'opérations semblables a été exécutée par la machine sur un certain nombre de cahiers, et que ceux-ci, accumulés sur la table inférieure 99 sont en assez grande quantité pour former un volume, ce volume est enlevé et soumis aux autres opérations du cartonnage ou de la reliure, en laissant les fils d'une longueur suffisante pour remplacer les bouts de ficelle qui, dans la couture ordinaire, servent à assembler le dos du livre avec les cartons de la couverture. »

Une autre couseuse, due à l'allemand Brehmer, coud avec du fil de fer étamé ou du fil de laiton, qui est fourni par une bobine. En pénétrant dans la machine, le fil subit un laminage qui le change en un ruban infiniment mince et flexible, après quoi des organes spéciaux s'en emparent et le découpent en tronçons. Ces tronçons sont repris aussitôt par d'autres organes qui les convertissent en des espèces d'agrafes, lesquelles s'accrochant entre elles finissent par former plusieurs chaînettes dont les maillons emprisonnent tout à la fois des nerfs en ruban de fil et une bande de canevas qu'une couche de colle forte fixera plus tard sur le dos du volume.

§ 4. — MACHINES A ENDOSSER.

Nous avons décrit ailleurs une petite machine ou presse à endosser. Parmi celles dont on a encore signalé les bons offices, nous citerons d'abord celle de M. Pfeiffer, mécanicien à Paris.

Cette machine consiste en une large table ou plateau rectangulaire dont on peut régler la hauteur à volonté à l'aide de vis placées à chaque extrémité et qui le supportent, le tout disposé dans un solide bâti en fer.

A la partie supérieure de ce bâti est attaché par des charnières un cadre ou châssis dont les dimensions sont les mêmes que celles du plateau. Ce cadre est lui-même pourvu d'une vis à chaque extrémité, en sorte qu'il forme une espèce de presse dans laquelle les livres à endosser sont soumis à une pression.

Pour faire l'endossage, on place entre chaque volume une plaque en tôle de fer, en ayant soin, s'ils sont de dimensions différentes, de faire supporter les plus petits par des cales en bois. On met ensuite le tout en presse, et l'on endosse avec le marteau comme à l'ordinaire.

Le cadre qui contient les livres en presse est muni de charnières, afin qu'on puisse lui faire exécuter un demi-tour et renverser ainsi le système pour présenter tous les dos des livres à un feu léger, dans le but d'obtenir que le collage sèche plus rapidement.

La machine Pfeiffer, malgré tous ses mérites, n'a pas eu le succès pratique de celle des Américains Sauborn et Carter, dont l'invention doit être considérée comme un véritable progrès dans l'art de la reliure, et qui est généralement désignée sous le nom d'*endosseuse américaine*,

Cette machine (figure 30, planche II) consiste principalement en une presse ou plutôt un étau à longues mâchoires, soutenues par un bâti. Au-dessus de l'étau est un cylindre de fer qui se rapproche ou s'éloigne de lui au moyen de vis, et qui peut obéir à un mouvement d'arrière en avant et d'avant en arrière que lui imprime une poignée verticale.

Quand le premier encollage du volume est sec, le livre est placé dans l'étau, le dos dépassant au-dessus des mâchoires de toute sa hauteur, plus celle qu'on veut donner au mors. Lorsqu'il est fortement serré, le cylindre en est rapproché par les vis, et l'ouvrier saisissant la poignée lui donne deux ou trois mouvements d'arrière en avant. La pression opérée par ce cylindre sur le dos du livre l'arrondit, et, en même temps, écrase suffisamment les bords sur les arêtes des mâchoires, pour former des mors bien prononcés et bien nets.

§ 5. — MACHINES A COUPER LE CARTON.

Dans les grands ateliers, le débitage du carton est une opération qui ne manque pas d'importance et pour l'exécution rapide de laquelle on a senti le besoin de machines spéciales. Ces machines sont très-nombreuses et leur construction appartient à différents systèmes. Toutefois, en ne considérant que la disposition de leur outil tranchant, les unes sont des cisailles de dimensions très-variables, tandis que les autres sont des combinaisons de scies circulaires.

Dans tous les cas, une fois qu'on les a mises en mouvement, soit à la main, au moyen d'une manivelle, soit à l'aide de la vapeur, il suffit de leur présenter successivement les feuilles de carton pour qu'elles les coupent pour ainsi dire instantanément et avec une netteté que le travail manuel serait incapable d'obtenir.

Nous décrirons, à titre d'exemple, celle que présente la figure 22, pl. 2 ; elle est tout en fer.

« Sur les deux flasques *a*, *a*, qui sont maintenues entre elles par les traverses *b* et *c*, est boulonnée une table *d*, sur le devant de laquelle la presse *e* est maintenue sur les guides par deux ressorts à boudin disposés sur les côtés et qu'on peut faire descendre au moyen de la tringle *g* et de la pédale *h*.

« Sur la traverse *c* est montée à vis la lame fixe en

acier *i* qui, avec la lame courbe mobile *k*, dont le point de centre est placé en *l*, constitue la cisaille ; *m* est un contrepoids qu'on peut ajuster pour donner plus de mobilité à la lame *k* et moins de fatigue à l'ouvrier. La traverse *b* forme coulisse pour recevoir le coulisseau *n*, qui peut être mu dans un sens ou dans l'autre par la tige *o* et la roue à manivelle *p*.

« Sur le coulisseau *n* s'élève le portant *q* qui, lorsqu'on tourne la roue à manivelle *p*, peut se rapprocher ou s'éloigner de la coulisse. Afin de pouvoir disposer bien parallèlement ce portant, on a monté dessus une règle *r* qu'on peut ajuster à l'aide de vis *s*.

« Sur la table *d* sont établies des équerres *tt*, glissant dans des coulisses qui se croisent à angle droit pour pouvoir ajuster de grandeur le morceau de carton qu'on veut détacher. Enfin les équerres *t* portent des vis *u* qui, par un quart de tour, serrent les écrous qui retiennent ces équerres sur les coulisses.

« Pour faire usage de cette presse, on ajuste la feuille de carton sur la table, on élève le portant de manière que ce carton appuie bien exactement sur sa règle, puis on rabat la lame mobile dans l'espace laissé libre entre la lame fixe et la règle, et on sépare ainsi une plaque de carton de la grandeur déterminée par l'ajustement des équerres.

« Nous donnerons encore, mais sans la décrire (fig. 23) tant elle est facile à comprendre, la figure d'un autre modèle de machine à couper le carton construite par MM. Heim, et qui est également toute en fer.

« Les machines à couper le carton sont surtout destinées à couper les cartons épais ; mais comme elles sont d'un prix assez élevé, on peut les remplacer, quand il s'agit de cartons peu épais, par une *pointe à rabaisser* représentée dans la figure 24.

« Cet outil se compose d'une planche *aa* sur l'un des côtés de laquelle est vissée une coulisse *h* travaillée avec soin. Dans cette coulisse se meut un coulisseau qui s'y adapte très-exactement, et sur lequel est vissée la pièce *c* qui est percée d'un trou carré dans lequel glisse une règle *d*, graduée si l'on veut. A l'une des extrémités *e* de cette règle, est insérée une lame ou une pointe *f* qui, au moyen d'une vis de pression *i*, peut être arrêtée à la distance où l'on veut opérer la section.

« Supposons que le carton doive avoir une hauteur de 15 centimètres, on porte la pointe *f* à cette distance du bord *h* de la coulisse, et on l'arrête en ce point par la vis *g ;* puis on pose le carton sur la planche, un des côtés appuyé sur le bord de la coulisse, on l'y maintient avec la main gauche, tandis que de la main droite on presse sur la pièce *c* en même temps qu'on la fait glisser dans la coulisse *h*, ce qui marque, à une profondeur suffisante, la ligne où le carton doit être coupé, et même, en remplaçant la pointe par une lame tranchante, sert à le couper de la grandeur exactement voulue pour en couvrir un livre, lorsque ce carton n'est pas trop épais. »

§ 6. — MACHINES A ROGNER.

Anciennement, dans toutes les industries qui ont besoin de rogner le papier, on n'employait pas d'autre instrument que le rognoir du relieur. On a vu que, pour se servir de cet outil, le papier est placé verticalement dans une presse, et que l'ouvrier est obligé de tourner à la main le manche de la vis du fût afin de faire avancer le couteau progressivement, de sorte qu'il peut, faute d'habitude ou par distraction, avancer le couteau plus qu'il ne devrait, et qu'alors la résistance que présente le papier est trop grande, ce qui produit des déchirures ou d'autres graves inconvénients.

Dans le *rognoir mécanique* dont nous allons donner la description, tous ces défauts ont disparu, et le travail se fait avec plus de régularité.

« Les figures 38, 39, 41, 42 et 43 montrent l'instrument dans tous ses détails. Les mêmes lettres indiquent les mêmes objets dans toutes les figures. Sur une table très-épaisse A A, montée sur quatre forts pieds B B, assemblés à tenons et mortaises, sont fixés à pattes, par derrière, deux montants C C, D D, en fer forgé, épais de la moitié de leur largeur.

« Ces deux montants servent de support à la machine. Sur le devant de ces deux montants est solidement fixée une plaque de fonte E E, ouverte de deux grands trous F F, dans la vue de la rendre plus légère.

« En G G et H H, sont rivées deux bandes de fer forgé, parallèlement entre elles, et présentant sur la plaque E E, une coulisse pour y recevoir le fût (fig. 38), dont nous allons parler dans un instant.

« Au-dessus de cet appareil est une forte pièce de bois J J, dont on voit l'épaisseur (fig. 41), mêmes lettres J J. Cette pièce de bois est traversée, à droite, par le montant D D, boulonné de ce côté ; elle est traversée sur la gauche par un autre montant en fer K L, avec lequel elle est boulonnée.

« Il faut faire attention à la description des pièces qui vont suivre, et qui servent à fixer le papier ou les volumes à rogner. On voit que le montant K L est boulonné d'abord avec la pièce de bois J J, ensuite avec la pièce de fer forgée M N, et enfin avec le levier en fer R, S, I. Ces trois boulons permettent aux trois pièces un petit mouvement de rotation, comme une charnière.

« Le levier R, S, I a son point d'appui sur le boulon I. Il est formé en fourche au point I, et dans l'intérieur de cette fourche, et sur le même boulon, se meut la pièce T I, qui n'est autre chose qu'un cliquet, comme on va le voir. Avant de passer à la description d'autres pièces, voici comment on parvient à fixer le papier ou les livres.

La barre de fer M N, que la figure 42 représente à part, est formée en fourche au point M, et embrasse la pièce K L; de même que la pièce K L embrasse en L le levier R, S, I. On aperçoit que cette barre de fer M N a en O (fig. 39 et 42), une saillie intérieurement : cette saillie est destinée à appuyer fortement, par le milieu de l'appareil, sur une plaque de bois dur P P, fig. 43, précisément au point Q. qui est plus épais, et dont les extrémités Q P, sont en plan incliné, afin que l'effort se distribue sur toute l'étendue de l'objet pressé.

« Lorsqu'on a placé le papier ou les livres sur la table AA, au-dessous du point O, et sur une feuille de carton épais, on met dessus la pièce de bois P, Q, P ; on appuie fortement sur l'extrémité R du levier R S ; il fait descendre tout à la fois la barre J J et la barre de fer M, dont l'autre extrémité N appuie contre le dessous du boulon V. On fait descendre le point M jusqu'à ce que la barre MN soit parfaitement horizontale, et que, par le point O, elle appuie fortement sur le point Q de la pièce de bois P, Q, P (fig. 43). Alors, en appuyant toujours sur le bras du levier R, sans lui permettre un retour en arrière, on pousse avec l'autre main, le cliquet T I, et on l'engage dans une des dents de la crémaillère S I, qui le retient parfaitement, de manière que rien ne peut bouger.

« Dans le cas où l'on n'aurait pas assez de papier pour remplir l'intervalle entre le point O et la table A A, on y suppléerait par des plateaux de bois plus ou moins épais, de la largeur et de la longueur de la planche P, Q, P, afin d'obtenir une pression suffisante, comme nous l'avons expliqué.

« Voyons actuellement l'action du *rognoir :*

« Au-devant de la plaque E E est placé le *rognoir* (fig. 38), dans les coulisses G G, H H. Il est dessiné à part dans cette figure, afin de rendre la figure 39 moins confuse. Les lettres *a a* indiquent deux anses cylindriques en bois, portées par des armatures en fer *m m*, dont un seul ouvrier se sert pour faire marcher la machine, en prenant d'une main celle qui lui est la plus commode.

« L'effort à faire est si faible, qu'il ne faut jamais qu'un ouvrier. Au milieu de cette pièce est fixée une boîte *b*, qui contient le couteau *f*, semblable à celui du relieur, et qui reçoit un mouvement vertical par la vis *d*, qui est à sa partie supérieure. Le *rognoir* est retenu dans les coulisses G G, H H (fig. 39) par les parties *g g*, *h h* (fig. 38).

« La vis *d* du rognoir est surmontée d'un chapeau *c* triangulaire, tel qu'on le voit en *c* (fig. 41). Au-dessous de la pièce J J (fig. 39) sont fixés deux petits litéaux de bois *r s*, l'un plus long que l'autre, portant chacun une cheville en fer *t*, *u*, qui engrènent avec les trois dents du chapeau alternativement aux deux extrémités opposées du même diamètre, de sorte qu'elles font tourner ce triangle dans le même sens, afin de faire avancer le couteau d'un tiers de pas de la vis, à chaque mouvement de va-et-vient.

« On conçoit actuellement avec quelle régularité s'opère cet enfoncement progressif, et combien de précision et de célérité doit présenter cet instrument, dont le relieur intelligent peut tirer un grand avantage.

« M. Cotte a perfectionné cette machine qui travaille avec une célérité étonnante : il fait marcher le couteau à l'aide d'un engrenage. Une roue placée verticalement à côté de la machine, engrène dans un pignon qui porte un excentrique, et imprime au rognoir un mouvement de va-et-vient. La première roue porte un volant, et est mue par une manivelle ; le pignon porte aussi un volant. Cette machine n'exige qu'une très-faible force. »

Mais la presse à rogner, malgré les perfectionnements de détail qu'on a pu y apporter, ne répond pas aux besoins de la grande industrie. Il a donc fallu imaginer des appareils autrement puissants, et ce sont ces appareils qu'on appelle proprement *machines à rogner*.

Parmi les machines de ce genre, une des plus populaires en France est celle de M. Massiquot, mécanicien à Paris, dont le nom est même devenu celui des coupeuses construites sur le même principe. Indiquons sommairement en quoi consiste un *massiquot*. Il se compose des parties essentielles suivantes :

1° Une table en bois sur laquelle glisse un plateau mobile. On fait avancer ou reculer ce plateau au moyen d'une chaîne de Galle fixée en dessous à ses deux extrémités, et venant engrener avec un pignon denté que porte un arbre disposé sur la table et qu'on met en mouvement en tournant une manivelle;

2° Un bâti en fonte établi à demeure sur la table. Ce bâti se compose de deux pièces symétriques et verticales, qui laissent entre elles un espace vide, dans lequel est placé un couteau en fonte garni à sa partie inférieure d'une lame d'acier tranchante. Ce couteau porte deux coulisses inclinées dans lesquelles sont engagés des galets dont les tourillons sont fixés dans le bâti. Ce couteau porte à sa partie supérieure une crémaillère inclinée parallèlement aux coulisses, et avec laquelle vient engrener un pignon qui est actionné par une manivelle montée sur un volant, et par l'intermédiaire de deux pignons et de deux roues.

On multiplie ou diminue le nombre des engrenages selon les dimensions de la machine et la résistance des objets qu'on veut couper.

Au-dessus du plateau mobile se trouve une forte règle en fonte, qui peut recevoir, par le moyen d'un volant, un mouvement de haut en bas ou de bas en haut. Elle sert à presser et à maintenir le papier ou les volumes à couper.

Sur les côtés de la table sont placées deux règles divisées, qui portent, à leur partie inférieure une crémaillère dans laquelle viennent engrener des pignons qu'on met en mouvement avec une manivelle.

Aux extrémités de ces deux règles est fixé un arrêt qu'on peut soulever et mettre de côté quand on le désire, car il est mobile autour de deux articulations.

Cet arrêt est indépendant du plateau mobile; il a pour destination de régler la grandeur des feuilles à couper, grandeur que donnent deux petits indices, et qu'on peut faire varier à volonté en avançant ou reculant les règles.

La manière de se servir du massiquot est des plus simples. On place le papier ou les volumes à couper sur le plateau; on fixe avec l'arrêt la dimension des feuilles qu'on veut obtenir, après quoi on fait avancer le plateau. Le papier vient appuyer contre l'arrêt, on abaisse la règle, on fait descendre le couteau, et l'on retire le papier coupé en faisant tourner la règle autour de ses articulations. Le papier enlevé, on remet l'arrêt en place, et l'on recommence comme on vient de le dire.

Nous allons maintenant décrire les machines à rogner qui figurent sur les planches.

1° Machine Perkins.

« M. J.-Th. Perkins est inventeur d'une machine à rogner qui coupe, selon lui, avec une telle perfection et donne une tranche si unie et si nette qu'on peut procéder immédiatement à la marbrure ou à la dorure.

« La figure 44, pl. 2, est une vue en élévation de cette machine. La figure 45, même pl., en est une vue en élévation latérale.

« A, A, deux flasques en fonte, reliées entre elles par des traverses horizontales *a*; B, B, montants venus de fonte sur les flasques A A. Au centre de ces montants existe une coulisse *b* pour recevoir les extrémités du plateau mobile C, lequel est pourvu d'une vis *c*, fonctionnant dans un écrou *d*, établi dans le chapeau ou traverse supérieure D. Un balancier, monté sur la tête de la vis *c*, sert, en lui imprimant un mouvement de rotation, à faire descendre le plateau C, afin de presser et maintenir en place avec fermeté sur le sommier de la machine le livre qu'on veut rogner.

« EE, consoles boulonnées sur le côté du bâti et destinées à porter l'arbre horizontal F et la manivelle G. Sur l'une des extrémités de cet arbre sont enfilées deux poulies *ee*, l'une fixe, l'autre folle, et sur l'autre un bras de manivelle *f*. On peut de cette manière communiquer le mouvement à la machine soit à l'aide de la vapeur ou de tout autre moteur, soit à bras d'homme.

g, roue dentée, calée sur l'arbre F qui engrène dans le pignon *h* monté sur l'arbre à manivelle G ; *i*, volant sur cet arbre pour régulariser les mouvements de la machine.

« L'arbre à manivelle G, au moyen de la bielle K, communique un mouvement horizontal à la scie ou au couteau H, qui fonctionne entre des guides dans les montants BB. De chaque côté de ces guides sont insérées à vis des tiges qui s'avancent dans les coulisses et viennent buter sur la scie ou le couteau H, afin de lui donner un mouvement ferme et régulier.

« I, sommier sur lequel est placée une table pour porter le papier ; ce sommier repose en outre sur un chariot qui glisse sur les deux côtés du bâti. En avant de ce bâti et fonctionnant dans ses appuis propres, est un arbre horizontal *k*, portant deux segments dentés *ll* qui engrènent dans des crémaillères verticales *qq*, glissant sur des barres de guide *pp* et reliées dans le bas par la traverse *rr*, aux deux bouts de laquelle sont articulées les bielles *ss* qui l'assemblent avec le couteau. Au milieu de la longueur de l'arbre *k*, est calée une poulie à poids *m*; sur ce même arbre, il existe une roue à rochet *n* dans les dents de laquelle tombe, à certaines époques de l'opération, le cliquet *n'* et enfin le levier *o* pour le service indiqué ci-après.

« Voici comment on fait fonctionner la machine:

« Avant de placer le livre qu'il s'agit de rogner dans la machine, il faut d'abord relever le couteau H, ce que l'on fait en abaissant le levier *o* sur l'arbre *k* qui agit sur les segments *l* et relève les crémaillères *q*, la barre *r* et les bielles verticales, et par conséquent le couteau qui s'y trouve articulé. Le livre est alors placé sur la table, en position convenable sous le couteau; on abaisse le plateau C sur ce livre et on serre. En cet état, on imprime un mouvement de rotation à la roue dentée *g* au moyen du bras *f* ou de la poulie *e*, et le pignon *h* engrenant dans cette roue *g*, fait agir la manivelle G qui communique le mouvement alternatif nécessaire au couteau H.

« Si l'on trouve que le poids de la lame du couteau et des pièces qui en dépendent ne suffit pas pour produire la pression nécessaire pour couper la matière sur laquelle on opère, comme par exemple quand on veut couper du carton, on applique un poids à la poulie *m*, ainsi qu'on le voit dans les deux figures.

« Lorsque la lame a pénétré jusqu'au fond de la masse de papier, on suspend son mouvement alternatif en rejetant la courroie de transmission sur la poulie folle, ou en cessant de tourner le bras *f*. On relève alors le plateau C en faisant tourner la vis *c* en sens contraire, on soulève la lame, ainsi qu'il a été expliqué ci-dessus, et on la maintient dans cette position à l'aide du cliquet n' qu'on met en prise avec l'une des dents de la roue à rochet m.

« Pour faire avancer le livre ou le papier pour qu'il soit rogné en tête ou en queue ou sur l'autre rive bien parallèlement à la première, on se sert de l'appareil représenté dans la figure 46 et qui consiste en une tringle t montée sur le côté extérieur du bâti, portant à l'une de ses extrémités une petite manivelle u, et légèrement conique à l'autre sur une certaine longueur, afin de pouvoir glisser dans une douille mobile v.

« A cette douille est attachée une barre w qui s'étend sur toute la largeur de la machine et est pourvue à son autre bout d'une autre douille x, au travers de laquelle passe une seconde tringle y fixe sur le bâti et servant de guide pour assurer la marche ferme et correcte de la barre w dans ses mouvements en avant et en arrière.

« A cette barre w est attachée une planchette qui, amenée en avant quand on fait tourner la manivelle sur la tringle t, pousse le livre ou le papier vers la partie antérieure de la machine en la maintenant constamment parallèle au couteau. Arrivé dans la position convenable sur la table, on abaisse le plateau C sur l'objet et on fait fonctionner le couteau.

« On peut aussi construire la machine, comme l'indique la figure 47, c'est-à-dire monter les montants BB séparément du bâti en les y fixant à charnière. Alors le couteau fonctionne dans des guides distincts des montants et la partie supérieure de la machine, qu'on appelle la *presse*, peut être rabattue dans une position horizontale après que le livre ou le papier a été rogné, afin de pouvoir en marbrer ou dorer la tranche sans l'enlever de dessus la machine.

« La figure 48 représente le couteau le plus propre à rogner le papier ou couper le carton, et la figure 49 celui à tranchant droit qui convient davantage pour couper les peaux ou les matières en laine ou en coton, car la machine peut servir à ces divers usages. »

2° Machine Delamarre.

« La machine à rogner le papier de M. Delamarre, qui a reçu successivement plusieurs perfectionnements, se distingue par plusieurs dispositions heureuses, et en ce que le coupage ou le rognage du papier ou du livre s'y opère non plus dans le sens horizontal, mais dans le sens vertical et par un mouvement angulaire du couteau. Elle est représentée dans son état actuel dans les figures suivantes : fig. 50, vue en élévation de face ; fig. 51, vue en coupe par les lignes 1 et 2 de la figure 50 ; fig. 52, vue en plan du couteau ; fig. 53, vue en coupe verticale de ce couteau, toutes pl. III.

« L'appareil se compose du couteau A fixé par des vis dans un châssis en fonte ou en fer B, lequel se trouve assujetti dans trois de ses points par trois leviers de manœuvre; le premier C, monté sur l'arbre D, est celui qui reçoit le mouvement ; les deux autres C'C' sont ajustés sur des goujons *aa* placés sur une même ligne horizontale. Le bâti en fonte se compose de deux jumelles E E supportant à la fois le mécanisme du couteau et de la commande qui se trouvent suffisamment élevés par un banc ou établi GG en bois ou en fonte.

« Les feuilles à rogner reposent sur le bloc H et y sont pressées par un plateau en fonte I. On peut manœuvrer ce plateau de la partie inférieure, soit par une vis à volant J, faisant monter ou descendre le balancier K et les tringles *bb* qui le retiennent, soit par une pédale.

« Voici comment s'effectue le coupage ou le rognage des feuilles ou des livres soumis à l'action de la machine de M. Delamarre :

« Supposons que ce soient des livres. Ces livres sont placés sur le bloc en bois qui surmonte l'établi, puis, au moyen de deux ou trois tours du volant J, sont serrés au degré convenable par le plateau I qui est solidaire avec les tringles *bb* et guidé dans son ascension par les rainures *d*. On comprend que la vis de ce volant, butant contre le socle ou écrou L, ne peut pas changer de place et par conséquent qu'il force le balancier, dont il a été question, à monter ou descendre et à produire le résultat qui vient d'être annoncé.

« Le serrage des livres étant ainsi effectué, on fait agir le couteau, qui descend toujours perpendiculairement en affleurant le bord du plateau. On obtient ce résultat en agissant sur la manivelle M, qui commande par son pignon N, la roue P et son pignon Q, montés sur le même axe *e* ; ce dernier pignon engrenant dans un secteur denté R monté sur l'arbre central D, tend à faire décrire à celui-ci un espace angulaire d'autant plus grand que l'épaisseur des matières est plus considérable, et par suite à entraîner les trois leviers C C' et C''. C'est le jeu de ce mécanisme qui produit la coupe très-régulière du papier, car ces leviers se mouvant par leur partie supérieure autour d'un axe fixe, décrivent à leur partie inférieure et font, par conséquent, décrire au couteau un arc de cercle qui est, comme on sait, utile et même indispensable à un rognage propre et satisfaisant.

« La cheville *g*, qui relie le châssis B et le levier C, fait saillie sur le devant de la machine, pour s'engager dans une coulisse *h* qui dépend du secteur R et mener le couteau d'une manière plus régulière et plus invariable.

« Afin de pouvoir affûter ou rentrer et fixer la lame A à son châssis B, on a rapporté sur ce dernier des vis *fff* qui permettent de la manœuvrer et de la serrer à volonté, suivant l'usure, les cassures ou le gauche qui surviennent assez habituellement. »

3° Machine Pfeiffer.

« La machine à rogner de M. Pfeiffer est très-expéditive. Elle se distingue des autres appareils de ce genre, en ce qu'elle peut aussi *rogner la gouttière* des livres, en lui donnant la forme concave qu'on a l'habitude d'appliquer à la tranche, opération assez délicate que peu de relieurs pratiquent avec un plein succès, et que cette machine au contraire exécute d'une manière parfaite et avec célérité. En voici la description, toutes les figures se trouvant sur la même pl. et les mêmes lettres désignant les mêmes parties.

« Fig. 54. Vue de face de la machine.

« Fig. 55. Vue de profil.

« Fig. 56. Profil et vue de face partielle du couteau à lame courbe.

« Fig. 57. Détail relatif au mouvement du couteau à lame courbe.

« Fig. 58. Vue debout de la machine.

« Fig. 59. Section verticale perpendiculaire au plan de la figure 54.

« Fig. 60: Profil du couteau à lame droite.

« Fig. 61. Détail relatif au mouvement du couteau à lame droite.

« Cette machine accomplit deux opérations distinctes, celle qui consiste à rogner les tranches planes des livres et celle qui a pour but de rogner circulairement la tranche longitudinale, c'est-à-dire de pratiquer ce qu'on nomme la *gouttière.*

« Chacune de ces opérations étant faite au moyen d'organes spéciaux, entièrement séparés, bien que portés par les mêmes bâtis, il est important de les décrire séparément.

« Les dessins montrant la machine disposée pour la seconde opération, nous décrirons celle-là la première.

« *Rognage circulaire.* — X X, bâtis en fonte parallèles, supportant tous les organes de la machine ; ils sont reliés par trois tirants boulonnés *y;* A, table principale sur laquelle se font les opérations ; elle est boulonnée sur les bâtis X. V[1] est le volume sur lequel doit être pratiquée la gouttière ; on voit sa position fig. 59. B B, mâchoires entre lesquelles on place plusieurs volumes lorsqu'il s'agit de rogner des tranches planes ; mais, lorsqu'il s'agit, comme ici, de rogner circulairement, opération qui ne permet d'agir que sur un seul volume à la fois, on ajoute aux mâchoires BB, qui occupent toute la largeur de la table A, de petites mâchoires mobiles *bb* moins larges, qui s'y adaptent au moyen de goujons se logeant dans des trous correspondants. Pour soutenir la petite mâchoire supérieure *b*, on opère un serrage au moyen de deux petites vis à poignées *o,o,* fig. 58.

« Les mâchoires BB sont montées sur des vis verticales C à filets opposés, disposées de l'un et de l'autre côté de la table A (fig. 56, 57 et 58) et dont le mouvement permet d'éloigner ou de rapprocher à volonté les mâchoires suivant l'épaisseur sur laquelle le serrage doit être opéré. DD, roues d'angle fixées à la partie inférieure des vis C. *dd*, pignons coniques engrenant avec les roues D et calés sur l'arbre E porté par les bâtis. C'est à l'aide du volant à poignées F qu'on communique le mouvement au système.

« G (fig. 59) est le couteau a lame courbe qui sert à pratiquer la gouttière; la figure 56 en donne à une plus grande échelle une section verticale et une vue partielle de face. La lame, qu'on peut changer à volonté, forme une portion de cylindre dont le rayon est égal à celui que doit avoir la concavité de la tranche, suivant la dimension du volume. H est le porte-couteau auquel le couteau est solidement vissé (fig. 59). I, secteur denté au centre duquel est fixé le porte-couteau, et servant à imprimer à la lame courbe un mouvement de rotation de haut en bas. *j*, pignon transmettant le mouvement au secteur I. K, grand volant à poignées commandant le pignon *j* au moyen des engrenages 1 et 2.

« Le mouvement circulaire n'est pas le seul que le couteau G reçoive ; il doit être animé en même temps d'un mouvement de glissement horizontal, en sorte que la résultante des deux mouvements est, pour ainsi dire, une hélice suivant laquelle le rognage est opéré, condition essentielle pour éviter les bavures. Or, ce second mouvement est obtenu de la manière suivante : Le porte-couteau H, se prolongeant du côté du volant K, est relié à un système indiqué en coupe longitudinale, fig. 57, qui se compose d'un arbre L enfermé dans un manchon et forcé de se déplacer horizontalement par suite d'un artifice produisant un mouvement excentrique. Cet artifice est obtenu au moyen d'une vis *v*, dont la queue est engagée dans une rainure hélicoïdale *r*. Enfin, l'arbre L porte un engrenage 3 qui reçoit son mouvement de la roue 1 calée sur l'axe du volant K.

« Par suite de ces dispositions, lorsque le volant K est mis en mouvement, le couteau G est animé à la fois d'un mouvement circulaire et d'un mouvement de translation alternatif horizontal.

« Tout le système que nous venons de décrire est porté par un chariot M pouvant glisser à volonté sur la table A, qu'on approche du volume lorsqu'il s'agit de pratiquer la gouttière, et qu'on recule à l'extrémité de la table lorsqu'on doit procéder au rognage des tranches planes. Les dessins représentent l'appareil au moment où la gouttière venant d'être faite, le volume est encore en place et le chariot M a été reculé. Ce charriot est mis en mouvement au moyen de deux pignons d'angle *ii* placés à droite et à gauche (fig, 54, 55 et 59), et à l'axe desquels il est relié. Les pignons *i* engrènent avec d'autres pignons *n* calés sur un même arbre et commandés par le volant à manivelle SS'.

« *Rognage des tranches planes.* — Supposons maintenant qu'il s'agisse de rogner les tranches planes: ici l'opération peut être pratiquée facilement sur plusieurs volumes à la fois.

« N est une table mobile qui est relevée, ainsi que l'indiquent les dessins (fig. 55 et 59), lorsque le couteau à lame courbe opère et qu'on abaisse, après avoir reculé le chariot M, pour venir recevoir les volumes qu'on serre en nombre quelconque entre les mâchoires BB. (Pour cette opération les petites mâchoires *bb* doivent être enlevées.)

« *gg* sont deux tringles horizontales placées à droite et à gauche, et qu'on pousse, lorsque la table N est abaissée, jusqu'à ce qu'elles viennent loger leurs extrémités dans des trous correspondants ménagés dans cette table.

« La plaque verticale de fond de la table N est mobile et, par conséquent, peut être avancée ou reculée, suivant la dimension des volumes qui viennent y appuyer la tranche opposée à celle qui doit être rognée. *hh* (fig. 54 et 58), règles verticales mobiles servant à équerrer les volumes.

» Le mouvement vertical de la table N est obtenu au moyen de deux crémaillères PP qui y sont fixées, et engrènent avec deux pignons *pp*, placés sur un même axe horizontal. Ces pignons *pp* sont commandés par un petit volant Q, au moyen des roues d'angle 4 et 5 (fig. 58 et 59). G est une roue à rochet calée sur l'axe du volant Q, avec levier d'encliquetage R, et servant à maintenir la table N à son point d'arrêt lorsqu'elle a été remontée.

« T, couteau à lame droite occupant horizontalement toute la largeur de la machine. Il se compose d'une partie fixe et d'une partie mobile, la lame, laquelle pouvant être changée à volonté, s'adapte dans une rainure de la partie fixe, et y est serrée au moyen de quatre boulons (fig. 54 et 60).

« VV, coulisses jumelles en fonte, assemblées verticalement sur la table A, réunies en une seule arcade, et entre lesquelles glisse le couteau T dans son mouvement de montée ou de descente. Ce mouvement est en outre guidé au moyen de deux règles obliques *xx*, formant parallélogramme, et reliées, d'une part, à l'arcade VV, et d'autre part, au couteau lui-même.

« Bien qu'il opère toujours dans un plan vertical, ce couteau n'agit pas perpendiculairement à la tranche des livres qu'il doit rogner; mais il descend obliquement et opère, en quelque sorte, un sciage. Ce résulat est obtenu à l'aide des dispositions suivantes :

« Z est une vis à direction oblique, dont l'axe fait avec l'horizon un angle égal à celui que décrit le couteau T dans sa course. Elle est reliée à ce couteau par deux bras en fonte. Sur l'axe de la vis Z est un écrou *u* visible, fig. 61, lequel est enfermé dans un manchon qui porte une roue d'angle 7.

« W est un volant à manivelle à l'aide duquel on imprime le mouvement à la roue 7, et par conséquent à l'écrou *u* par l'intermédiaire des engrenages 8, 9, 10 et 11 (fig. 55). Il suffit donc de tourner ce volant dans un sens ou dans l'autre, pour faire descendre ou monter obliquement le couteau. »

4° Machine à rogner la gouttière.

« On doit à MM. G. Trink et L. Heitkamp, de New-York, l'invention, en 1862, d'une machine à rogner la gouttière des livres dont le croquis, fig. 62, suffira pour donner une idée suffisante.

« Cette machine se compose d'un établi *a* sur la surface duquel repose une table *b* qu'on cale au moyen de vis *dd*, pour lui donner une position bien horizontale. C'est sur cette table qu'on dispose le volume dont on veut faire la gouttière. Une petite presse à vis *e* qui surmonte la table, maintient fermement ce volume à sa place, et un ais à gorge *f* qu'on place derrière le dos, et que serrent aussi les vis de calage, contribuent à le rendre immobile.

« Dans cet état, on en approche le couteau *g*, qui a une structure particulière. Ce couteau se compose d'une lame dont le biseau est placé dessous, et dont le dos est arrondi, suivant la courbure qu'on veut donner à la gouttière. Cette lame est arrêtée par des vis sur une monture dont les extrémités présentent la même courbure que le dos de la lame, ou plutôt en sont la continuation.

« En outre, le tranchant de ce couteau a une forme un peu courbe d'une extrémité à l'autre, et le dos en est poli avec beaucoup de soin. Ce couteau avec sa monture peut tourner sur un axe qui forme le point de centre de sa courbure, et est manœuvré par un levier *h*. Enfin il est mobile et en coulisseau, comme le couteau ordinaire, dans des coulisses de la table parallèles à la longueur du volume.

« Pour opérer avec cette presse, on place le volume sur la table, le couteau touchant le point où doit commencer la gouttière. On l'arrête un moment à ce point, comme il a été dit, puis on fait voyager en va-et-vient devant soi le couteau qui commence à en couper les feuillets. Aussitôt que l'ouvrier sent que le couteau ne mord plus, il le fait tourner doucement au moyen du levier *h*, ou à l'aide d'un autre moyen plus délicat, et continue ainsi jusqu'à ce que le couteau, dans son mouvement partiel de rotation, ait rogné la gouttière sous la forme qu'elle doit recevoir.

« On fera remarquer que non-seulement le couteau rogne la gouttière, mais que, de plus, par son dos parfaitement lisse et uni, il la polit à l'intérieur et lui donne de l'éclat et du brillant.

« Cette machine est fort ingénieuse et mérite qu'on

on fasse l'essai en France; seulement, quand on voudra lui donner toute la précision et l'utilité convenable, il sera peut-être nécessaire d'en compliquer un peu le mécanisme.

« Nous ferons en outre remarquer qu'un seul couteau ne peut pas rogner correctement les gouttières de livres d'épaisseurs différentes,et qu'on est peut-être obligé d'avoir une série de couteaux à lames et montures de courbures diverses pour ces différentes épaisseurs: mais dans les cas assez fréquents où l'on a à relier un grand nombre de volumes de même format et de même épaisseur, la machine à un seul couteau peut faire un bon service.

« Il serait possible, il est vrai, de rendre mobile au besoin le point de centre autour duquel tourne le couteau, et de l'ajuster à la courbure qu'on veut donner à la gouttière, et déjà une vis *i* sert à le mettre de hauteur; il faudrait en outre qu'on pût faire varier la longueur du bras de levier du couteau. Dans tous les cas, la courbure de la gouttière ne correspondrait plus avec celle du dos, et celui-ci ne lisserait plus bien cette gouttière.

« L'affûtage de ce couteau doit aussi être fait avec un certain soin, pour ne pas altérer la courbure ou le poli du dos.

« Enfin, il nous semble, quoique l'inventeur garde le silence à ce sujet, qu'on peut rogner aussi avec cet appareil le volume en tête et en pied, et qu'il suffirait pour cela, avec quelques légères modifications, de pouvoir rendre le couteau fixe dans une position déterminée, et, au contraire, le volume, bien maintenu, mobile dans deux sens, l'un transversal devant le couteau, et l'autre d'élévation, à mesure que le rognage ferais des progrès. »

§ 7. — MACHINES A DORER ET A GAUFRER.

Les machines de cette catégorie sont, pour la plupart, des presses à genou ou à balancier, d'une construction particulière, du moins quant aux détails, et qui, suivant les dimensions, sont mues par des manivelles ou par la vapeur. C'est avec elles et des plaques de cuivre gravées en relief, que s'obtiennent ces ornements dorés ou simplement gaufrés, qui décorent la couverture, plats et dos, des ouvrages d'étrennes ou de fantaisie, dont la mode est aujourd'hui si répandue, et qui, presque toujours, seraient d'une exécution radicalement impossible, si l'on en était réduit au travail si lent et si coûteux du doreur aux petits fers.

Quelle que soit la disposition, quant à certains détails, des machines à dorer, la plaque gravée est toujours fixée à la partie inférieure de la vis, sous une boîte creuse dans laquelle circule un courant de vapeur fourni par le générateur de l'atelier. Inutile d'ajouter que lorsqu'on tire à froid, le courant de vapeur est supprimé. Dans ce dernier cas, pour imprimer, en noir ou en couleur, des dessins gaufrés, on se sert d'une machine semblable, mais dont le dessous de la vis est encré par un système de rouleaux encreurs qui, animés d'un mouvement de va-et-vient, vient frotter dessus au moment convenable.

En enlevant la plaque gravée et mettant à la place des fers appropriés, on produit avec la même facilité les nerfs et les titres des livres, et toujours avec une pureté et une précision mathématique. On parvient aussi, en ajustant à la vis une plaque polie, exécuter, dans les conditions les plus favorables, l'opération de la polissure, la pression se trouvant ainsi substituée au frottement.

La figure 101 représente une machine à dorer et gaufrer à balancier. Comme le montre le dessin, elle « repose sur une plaque de fondation boulonnée sur un gros bloc de bois. Sur cette plaque de fondation s'élèvent deux colonnes massives en fonte HH, reliées entre elles dans le haut par une traverse C renflée en son milieu qui est percé et taraudé pour recevoir la vis B qu'on manœuvre à l'aide du balancier AA.

« Cette vis roule dans le bas dans une crapaudine D et porte sur la platine EE, à laquelle elle transmet l'action du balancier. Des tiges FF, qui portent sur cette platine sont, par un écrou *e*, assemblées avec la vis et le balancier de manière que leur mouvement est solidaire de celui de ce balancier, et pour être certain que la pression sera ferme et s'exécutera bien verticalement, l'inventeur a disposé sur la platine deux guides GG, appliqués très-exactement sur les colonnes H H, et qui, par conséquent, pendant que cette platine monte ou descend, ne lui permettent pas de se déverser soit à droite, soit à gauche, et, au contraire, d'appliquer une pression bien uniforme dans toute son étendue.

« La platine de pression EE opère sur une plaque ou table en fer I, sur laquelle on place l'objet qu'on veut dorer ou gaufrer, et pour fixer cet objet, c'est-à-dire pour pouvoir le placer d'une manière invariable déterminée sur la table I, celle-ci porte de nombreuses chevilles sur lesquelles on arrête les objets au moyen des plaques ou matrices, disposition fort utile, surtout lorsqu'on a un grand nombre de pressions ou de dorures à appliquer les unes après les autres. D'ailleurs, la presse étant établie pour pouvoir tirer en avant la table I, après chaque pressée, sur les coulisses KK et les guides *ff*, puis la remettre en place, on conçoit qu'on doit prendre des précautions pour que cette table revienne toujours exactement à sa place.

« Quand on fait usage de cette presse, on introduit dans la platine par les bouches LL, fermées par des tampons, des boulons ou barres de fer rougies au feu, et pour entretenir la température convenable, il suffit de remplacer ces corps chauds toutes les 15 ou 20 minutes. Toutefois, ce moyen de chauffage est aujourd'hui complétement abandonné dans tous les ateliers bien montés. Comme nous l'avons dit plus haut, c'est par un courant de vapeur qu'on chauffe les machines à dorer et à gaufrer.

« La presse de la figure 102 est organisée d'après le même système que la précédente et appliquée plus particulièrement à la dorure et au gaufrage des grandes pièces ; elle en diffère en ce qu'elle est pourvue d'un volant AA qu'on fait tourner à la main au moyen des poignées BB pour donner le coup de balancier, de manière qu'un seul ouvrier peut, sans développer un grand effort, donner une pression très-énergique.

« On fait aussi usage pour la dorure ou le gaufrage de presses à levier établies à peu près sur le modèle de la presse typographique. Nous en avons représenté un modèle, dû à M. Queva, d'Erfurth, dans la figure 103.

« On peut faire sur cette presse, dont il est inutile de donner une description détaillée, les travaux les plus variés en dorure et gaufrage, avec un faible déploiement de force et une précision remarquable. La platine inférieure peut, par une disposition commode, être ramenée aisément et remise en place de manière à enlever la plaque qui la couvre et la remplacer par une autre. Celle du haut ou de pression peut de même être changée d'une manière prompte et simple, et l'on parvient ainsi à dorer ou à gaufrer soit de simples cartons, soit des plats de livres plus ou moins épais. »

CHAPITRE VIII

Reliures diverses

§ 1. RELIURE DITE ARRAPHIQUE.

Tandis que de nombreux et importants perfectionnements ont successivement amélioré plusieurs branches de la reliure, la partie spécialement relative à la réunion des feuilles, à la confection du dos et à l'ouverture des livres et des registres, est restée stationnaire. En effet, dans la reliure, même la mieux soignée, les livres et les registres, en s'ouvrant, forment une sorte de gouttière au milieu, et ont besoin d'être fortement retenus pour rester ouverts. Cela provient de ce que jusqu'à présent les feuilles étant réunies par cahiers, il faut de toute nécessité les coudre ensemble. Ces cahiers étant réunis entre eux et attachés au dos du livre, empêchent celui-ci de s'ouvrir.

Par la nouvelle méthode proposée, tous ces inconvénients disparaissent, puisque les livres et les registres, même les plus épais et du plus grand format s'ouvrent sur une surface tellement plane, que l'on peut écrire sur un grand livre d'un côté à l'autre avec autant de facilité que l'on écrirait sur une simple feuille. On conçoit, en effet, que chaque feuille étant réunie séparément une à une, on obtient un seul plan pour les deux pages, et comme le dos est fait *sans fil ni couture*, on évite la gouttière formée par la marge intérieure de toute espèce de livres ou de registres reliés d'après l'ancien système.

Ce procédé de reliure convient, d'après l'inventeur, aux albums de dessins, aux atlas de géographie ou à ceux qui accompagnent des volumes, aux volumes ou aux partitions de musique, enfin aux collections de lettres, de journaux, de manuscrits, même en feuillets séparés, qui n'auraient pas de marges intérieures, et à tous les documents qu'il faudrait rogner pour les relier d'après la méthode ordinaire.

La matière employée a, en outre, l'avantage de détruire les insectes produits par l'humidité et les changements de température, bien différente en cela de la colle, qui engendre les vers. Dans les latitudes les plus élevées, on parvient ainsi, suivant l'inventeur, à préserver les registres et les livres des ravages auxquels ils sont sujets. Enfin, les changements de température n'ayant aucun effet sur cette matière, on ne craindra pas de déformer un livre en lisant près du feu.

Dans ce mode de reliure, les feuillets ne sont pas réunis par cahiers au moyen d'une couture appropriée, suivant la reliure ordinaire ; ils sont collés l'un à l'autre par la tranche à l'aide d'une dissolution de gomme élastique ou caoutchouc, on en forme une couche fort tenace et assez épaisse par des applications successsives.

On conçoit dès lors que les deux feuillets ainsi collés ne forment aucune gouttière et s'étendent à volonté sur une surface plane. On conçoit aussi que la matière agglutineuse ne soit pas du tout susceptible d'engendrer des insectes et des vers.

On conçoit également que cette méthode est excellente pour relier ainsi des cartes ou des gravures, qu'elle a le grand avantage de ne pas exiger qu'on les unisse par cahiers au moyen d'un surjet, que la marge se conserve, de cette façon, bien large, bien nette, et que toutes les tranches étant bien saisies par la matière agglutinative, il y a en même temps solidité, propreté, élasticité complètes.

Mais il se présente une importante difficulté quand il s'agit d'appliquer le procédé arraphique à un livre ordinaire. En effet, les feuilles dont il devra se composer, sont pliées en cahiers, et ce sont ces cahiers qu'il faut réunir par la gomme élastique. Il est clair qu'alors le centre du cahier ne serait pas fixé ou le serait du moins d'une manière très-imparfaite. Pour obvier à ce grave inconvénient, il n'est qu'une ressource qui est elle-même une sujétion et un nouvel inconvénient. En effet, il est indispensable de couper la feuille d'impression en feuillets pour réunir ceux-ci deux à deux à l'aide du caoutchouc, tenu en dissolution. Or, cette disposition qui oblige à mettre ainsi les feuilles en morceaux, a quelque chose d'étrange et d'extrêmement désagréable, quoiqu'en définitive dans la reliure ordinaire, la feuille soit bien coupée forcément sur toutes les tranches, excepté celle qui est cousue, et qu'il importe peu qu'elle soit aussi coupée sur cette tranche s'il est impossible de le soupçonner, et si ce sacrifice ajoute à la solidité et à l'agrément de la reliure.

Les procédés à l'aide desquels on dissout le caoutchouc sont trop connus pour qu'il soit nécessaire de les décrire ici. Nous terminerons donc en disant que le froid doit donner une espèce de raideur aux reliures arraphiques, ainsi qu'il rend raides et dures toutes les préparations en gomme élastique. Nous ajouterons enfin qu'un livre relié par cette méthode, d'ailleurs assez ingénieuse, ne peut plus être relié par les anciens procédés, et que Lesné, si fort indigné contre Delorme, qui rognait les livres par le dos, et remplaçait la couture par la colle forte, aurait tonné contre la reliure arraphique, laquelle, quoiqu'en dise l'inventeur, est un véritable vandalisme et n'a été, que nous sachions, pratiquée par aucun relieur intelligent.

§ 2. — APPAREIL DE RELIURE, PAR M. GIRARD, DE BORDEAUX.

« La boîte en métal 1, fig. 104, peut être faite en tôle mince ou tout autre métal ; sa profondeur est de 11 millimètres.

« Les deux coulisses 2 servent à presser les écrous en cuivre 6.

« Deux arbres ronds, en fer ou en cuivre 3, sont maintenus à leurs extrémités par un épaulement, et rivés à un trou pratiqué dans le bord de la boîte ; ils sont percés dans leur épaisseur d'une coulisse assez longue pour laisser mouvoir la bascule en fer qui les traverse et garnis chacun d'un ressort à pompe formé d'un fil en acier trempé. Ces deux ressorts servent de moteurs à tout la machine.

« Les deux bascules en fer 4 ont 1 millimètre d'épaisseur ; elles sont tenues à la boîte par les vis 5, et s'appuient en glissant à l'autre extrémité dans la rainure pratiquée sur les écrous 6.

« Les écrous 6 sont en cuivre ou épaulés carrément, de manière à entrer juste dans les coulisses 2, jusqu'à la face extérieure de la boîte ; une rainure y est aussi pratiquée pour recevoir le bec des bascules 4 ; les mêmes écrous reçoivent aussi les vis 22 et 23, fig. 105.

« Le ressort à paillette 7 est coudé carrément à son extrémité supérieure, de manière à former un mentonnet qui sort au dehors de la boîte par la mortaise 15, fig. 105. Il est aussi percé pour recevoir le pied-de-biche de la détente ; il est tenu à sa base, au corps de la boîte, par deux rivures.

« Le coulisseau 8 est soudé au bord de la boîte, et sert à empêcher la tête de la détente de dévier de sa mortaise.

« La détente 9 forme à sa base un pied-de-biche qui remplit juste la fente pratiquée dans le ressort à paillette où elle est tenue par son extrémité ; sa queue s'élève jusqu'à la surface du bord de la boîte où elle se termine par une tête carrée de la grandeur de l'intérieur du coulisseau.

« L'intérieur de la boîte est parfaitement uni et d'équerre en tous sens ; il n'a qu'un seul rebord indiqué par 16.

« Le mentonnet 15 sert à agrafer la tringle mouvante 20, en entrant dans la mortaise 23.

« Le rebord extérieur 16 est adhérent à la boîte ; sa largeur est de 10 millimètres ; il est percé de deux trous pour recevoir les deux vis 19.

« La tringle en fer 17 a 9 millimètres de largeur,

elle est percée de sept trous dont neuf servent à la tenir au rebord 16, par le moyen des deux vis 19, et les autres servent à y fixer les cinq broches 18.

« Les broches 18 servent à coudre le papier ; elles sont percées sur le côté, à leur extrémité supérieure, de manière que les trous se trouvent placés horizontalement vis-à-vis l'un de l'autre, pour recevoir l'épingle 25 qui sert à clore le volume achevé.

« La tringle mouvante 20 est en fer plat et coudée d'équerre dans sa longueur ; elle a deux trous à sa partie supérieure, pour la fixer à la boîte par les deux vis 22 qui se vissent dans l'écrou en cuivre 6. Le rebord inférieur de cette tringle est percé de cinq trous, dans lesquels passent les broches 18; les deux bouts 21 sont placés à ses extrémités pour servir à la soulever.

« Les six trous indiqués par 24 sont ainsi pratiqués à chaque bord dans la longueur de la boîte, et servent à coudre et à fixer le mécanisme entier au dos du livre.

» L'enveloppe du livre est conforme à celle des registres ordinaires, à l'exception que le dos intérieur est en bois mince et non en carton, et que les bords de la boîte à mécanisme s'y placent dans une rainure pratiquée à cet effet; ladite boîte y est, en outre, cousue par les trous 24, à deux bandes en toile qui sont collées moitié sur le dos en bois, et moitié au carton qui forme la couverture.

« Pour se servir de cet appareil, il faut le placer, fermé sur une table, de manière que le dessous du livre soit en dessus, le dos devant soi, et le haut du livre à droite ; appuyant ensuite les deux pouces sur les extrémités du côté du dos, qui est en dessus, on place l'index de chaque main sous les deux bouts en cuivre de la tringle mouvante ; on élève ainsi ladite tringle jusqu'à ce qu'elle s'agrafe, par sa mortaise 23, au mentonnet du ressort à paillette 15. On relève ensuite devers soi la couverture de manière que le livre reste ouvert ; prenant le papier que l'on veut relier, on met le commencement de l'écriture en dessous et le haut à droite, et on place ainsi le bord dans l'espace qui se trouve entre le bout des broches 18 et le dessous de la tringle mouvante, en ayant soin d'en faire toucher le haut au talon du bout en cuivre de droite, afin que chaque papier soit toujours à la même hauteur. Pesant ensuite légèrement avec le pouce sur la tête de la détente 14, la tringle, chassée par les ressorts à pompe, descend alors avec force, entraînant avec elle le papier qu'elle coud, par le moyen des broches qui passent dans les cinq trous de ladite tringle.

« Plaçant ensuite le livre dans sa position naturelle, on peut numéroter l'écrit que l'on vient de coudre, et le classer au répertoire qui est au commencement dudit livre.

« On continue à l'occasion, comme il vient d'être expliqué, jusqu'à ce que le nombre de feuilles garnisse entièrement les broches. Pour clore alors le volume, il suffit d'agrafer la tringle mouvante, de passer dans les trous des broches l'épingle 25, de relever, sur le côté non couvert dudit volume, le deuxième côté de sa couverture qui, déjà, est placée la première dans les broches, et après l'avoir piquée par le bout des broches, en laissant libres les trous qui y sont placés, d'y passer de nouveau l'épingle 25, et tout est terminé pour un volume.

« Pour en recommencer un autre les tringles à broches, conformes à 17-18, seraient disposées à bien peu de frais, avec couverture et répertoire, et se replaceraient comme la première par les deux vis 19; ces nouveaux volumes se feraient comme le premier.

§ 3. RELIURE MOBILE, PAR MADAME FRICHET.

Cette reliure, où tout le mécanisme se trouve dans le dos, permet de relier provisoirement toute espèce de recueils périodiques, journaux, musique, etc., et même des livres brochés ou réunion de gravures, qu'on voudrait lire ou feuilleter avant de les faire relier définitivement. On évitera ainsi le froissement de ces recueils, dont la couverture en simple papier n'offre jamais aux feuilles qui les composent un soutien capable d'empêcher qu'elles ne soient bientôt cassées ou chiffonnées.

Le dos se compose de deux baguettes en fer méplat : les angles du côté intérieur sont abattus en chanfrein, et diminuent d'autant, surtout vers le milieu, la largeur de la baguette, qui présente alors un angle; ces deux baguettes retiennent ainsi plus facilement les feuillets qu'elles sont destinées à serrer; l'action de ces baguettes sur le bord de ces feuillets en fait même relever un peu la partie qui dépasse et va se loger dans le dos, de sorte que cette partie, en buttant contre les baguettes, donne une solidité de plus à la reliure en retenant davantage les feuillets qui composent le recueil. Les baguettes tiennent à chacune des deux feuilles de carton qui complètent la reliure par des toiles formant charnières, et collées sur le papier qui recouvre la baguette de fer, lequel papier est préparé de manière à pouvoir adhérer à ladite baguette; ces toiles permettent ainsi aux baguettes d'avoir un mouvement qui produit le même effet qu'un dos brisé. La toile peut aisément se remplacer par du parchemin, de la peau, etc.

Chaque baguette est arrondie à ses extrémités, dont l'une porte un canon en cuivre fraisé dans toute sa longueur, et l'autre est percée d'un œil fraisé à demi-épaisseur pour recevoir le collet de la vis de pression; cette vis sert à diminuer ou à augmenter l'écartement ou la largeur du dos, selon la nécessité imposée par la plus ou moins grande épaisseur du recueil qu'on veut introduire dans cettte reliure. Toutefois, comme la longueur du canon pourrait être un obstacle à ce qu'on pût employer cette reliure pour des quantités peu considérables de feuillets, l'addition d'une ou de deux baguettes en bois, évidées de manière à pouvoir s'appuyer sur les baguettes en fer, vient remplir l'espace non occupé par les feuillets.

Pour garantir le dos des feuillets introduits, une bande de papier, de peau, etc., est collée à l'une des baguettes de fer; elle vient rabattre sur le dos des feuillets, qu'elle garantit du frottement, et se trouve ainsi fixée par la même pression que celle qui agit sur les feuillets pour les retenir.

La tête des deux vis se trouve évidée pour l'introduction d'une clef destinée au service de pression; ces évidements peuvent être remplacés par des trous, ainsi que cela se pratique aux têtes des compas.

La clef dont il est question est faite comme celles qui servent à ce dernier objet.

Les baguettes, ainsi que la couverture, les canons, les vis, etc., peuvent subir des modifications, soit dans le choix de la matière, soit dans leur coupe ou leurs entailles, selon les différentes applications de cette reliure, qui peut s'appliquer à tous les formats de n'importe quel genre de publication imprimée, gravée, lithographiée et même aux manuscrits; mais l'économie de l'invention sera toujours la même puisqu'elle réside dans l'emploi des baguettes, ainsi qu'il vient d'être dit, dans leur réunion par un canon traversé par une vis de pression, et dans l'assemblage de ces pièces à une couverture.

§ 4. — RELIURE DE M. GAGET.

Cette reliure se compose :

1° D'une suite de réglettes, dont on peut augmenter ou diminuer le nombre à volonté ;

2° De crampons, dont une partie, traversant la feuille qu'il s'agit de fixer, va s'accrocher dans les réglettes ;

3° De deux feuilles de carton fixées par une bande de toile, l'une à la réglette de tête et l'autre à la réglette de queue, et qui sont destinées à former couverture.

Des réglettes. — Toutes les réglettes s'adaptent l'une à l'autre sur leur longueur, au moyen d'une coulisse : chaque réglette porte avec elle, par conséquent et dans toute sa longueur, moins l'extrémité supérieure, d'un côté, une partie saillante dite *la queue*, et de l'autre côté une partie creuse dite *la rainure*. La queue, la rainure et la partie pleine, en tête de chaque réglette, sont disposées de telle façon que, si l'on glisse de bas en haut, la queue de la seconde réglette, dans la rainure de la première, et ainsi de suite jusqu'à la fin, toutes les réglettes se tiennent ensemble par leur largeur et butent l'une contre l'autre par le même bout, dans leur hauteur.

La partie droite et pleine, qui existe à l'extrémité

supérieure de chaque réglette, est munie d'un crochet qui, se tournant à volonté pour s'engager d'une réglette dans l'autre, en commençant par la première, empêche les réglettes de se séparer, en glissant dans leur longueur de tête en bas.

Ces réglettes, ainsi réunies et assujetties de manière à ne pouvoir se déranger, si l'on ne tourne pas les crochets, forment le dos de la reliure mobile.

La réglette de tête n'a qu'une rainure et celle de queue qu'une queue ; ni l'une ni l'autre n'ont de crochets. La première réglette est fixée à celle de tête par une vis, et le crochet de la dernière réglette s'engage dans la réglette de queue au moyen d'une entaille pratiquée dans celle-ci.

Entailles des réglettes. — Toutes les réglettes moins celles de tête et de queue, ont, sur champ et dans la partie intérieure du dos qu'elles forment par leur réunion, une, deux ou trois entailles destinées à recevoir la partie saillante *ou queue* des crampons qui vont être décrits. Le nombre de ces entailles à chaque réglette est subordonné au nombre de crampons nécessaires pour fixer solidement chaque feuille au dos de la reliure, et le nombre de ces crampons dépend lui-même de la grandeur du format, dans lequel la reliure mobile peut être exécutée.

Chaque entaille est faite en forme de queue d'aronde ; elle est garnie, d'un côté, d'une joue en métal fixée à demeure, et, de l'autre côté, d'un crochet mobile, de façon que la queue des crampons passés dans les feuilles, étant placée dans l'entaille et le crochet fermé, ces queues ne puissent plus sortir, même lorsque chaque réglette serait isolée.

Des crampons. — Chaque crampon, fait en métal ou autre matière résistante, est droit dans toute sa longueur, pour bien plaquer sur le pli des feuilles qu'il doit fixer. Il est armé au milieu, et d'un seul côté, d'une partie saillante, ou *queue*, découpée en queue d'aronde.

Cette partie, qui traverse les feuilles, est destinée à se loger dans les entailles ci-dessus décrites de chaque réglette.

De la couverture. — Une moitié de la couverture est attachée à la réglette de tête et l'autre moitié à la réglette de queue ; elle est faite dans la forme ordinaire des couvertures des livres.

Indications pour l'usage de la reliure. — Toutes les réglettes étant déplacées, moins la première, qui doit rester fixée à celle de tête, on pose devant les entailles de cette première réglette les feuilles qu'on veut fixer, et on les marque avec un poinçon ou la pointe d'un canif en face du milieu des entailles : on fait ceci de façon que la piqûre pénètre jusqu'au milieu du cahier. On ouvre ensuite les feuilles ou le cahier, puis on les perce dans le pli avec un canif, à l'endroit indiqué par la première piqûre, et l'on introduit dans cette couverture la partie saillante, ou queue des crampons.

On place enfin la queue des crampons dans les entailles des réglettes, puis, quand les entailles d'une réglette sont suffisamment remplies par la superposition des crampons, on ferme le crochet, qui empêche les queues des crampons de s'échapper, et l'on continue de procéder de même avec une seconde réglette et une troisième, selon le besoin, et d'après le nombre de feuilles ou cahiers qu'on veut fixer de suite.

En dernier lieu, et quand on n'a plus de feuilles à poser, on glisse, sur la dernière réglette employée, la réglette de queue, portant la seconde partie de la couverture, et l'on tourne les crochets de tête pour assujettir le tout ensemble.

Lorsqu'au lieu d'un cahier, ou d'une simple feuille, on n'a que des demi-feuilles, ou des gravures à réunir, on fait à la première un onglet dans un sens, à la seconde un autre onglet en sens inverse, puis on met les deux onglets l'un dans l'autre, et l'on place ensuite le crampon dans le double pli, comme s'il s'agissait de deux feuilles entières mises l'une sur l'autre, ou d'un cahier plié in-4°.

Quand plusieurs réglettes sont réunies et portent des feuilles, on peut détacher l'une d'elles et en ôter les feuilles, sans être obligé de tout démonter : pour ce faire, il suffit de tourner les deux crochets de tête qui lient la réglette à ôter avec les réglettes voisines de droite et de gauche, puis à faire glisser cette réglette dans sa longueur de haut en bas.

§ 5. — RELIURE DES LIVRES, PAR M. NICKELS.

Le mode dont il s'agit consiste dans l'emploi de la gutta-percha sous différents états, au lieu des matières dont on se sert ordinairement pour cet objet. Il y a cinq moyens différents de faire entrer la gutta-percha dans l'art du brocheur et dans celui du relieur.

1° On s'en sert en solution, au lieu de colle, pour réunir les feuilles des ouvrages imprimés, au lieu de coudre et endosser, en opérant comme on le fait déjà avec le caoutchouc. Pour cela, on coupe les feuilles en pages ou bien on impose par demi ou par quart de feuille ; on bat, on passe une râpe sur le dos, et l'on donne une ou plusieurs couches d'une solution de gutta-percha; en ajoutant, si cela est nécessaire, une bande de toile collée également à la gutta-percha, ou enfin opérant comme dans la reliure ordinaire.

La solution de gutta-percha est, dans la plupart des cas, appliquée chaude, et l'on n'ajoute une nouvelle couche que lorsque la précédente est sèche, ou qu'on a interposé une substance.

2° On fait usage de la solution de gutta-percha au lieu de colle, de blanc d'œuf, de gomme, etc., toutes les fois qu'on emploie ces dernières substances dans la reliure.

3° La solution de gutta-percha est également employée comme véhicule des couleurs, pour marbrer les tranches, colorer les couvertures, etc.

4° On se sert encore de la gutta-percha en feuilles, au lieu de vélin, basane, veau, toile, etc., dans la reliure des livres, en imprimant dessus des ornements ou en coulant une solution de cette substance sur des surfaces gravées en creux ou en relief. On peut aussi grainer les feuilles ou les étendre en une couche mince à l'état plastique sur des tissus, des matières quelconques, ou enfin en faire un enduit en la faisant dissoudre.

5° Enfin, on substitue au carton, pour relier et couvrir, des lames formées d'un mélange de gutta-percha et de pulpe de papier, de tontisse de laine, de coton ou de toute autre matière fibreuse.

Si l'on désire un degré de flexibilité un peu plus grand que celui que possède la gutta-percha, on peut y mélanger une petite quantité de caoutchouc dans la proportion d'une partie de ce dernier pour quatre de la première.

Nous n'avons pas besoin d'ajouter que le procédé de reliure du § 1 est aussi barbare que la reliure arraphique décrite plus haut et ne doit pas être pratiqué.

§ 6. — RELIURE DE M. LEVYS.

M. Levys a indiqué une reliure métallique, ou en partie métallique, et qui s'applique au livre, soit fixée comme les reliures ordinaires, soit indépendante du livre ; dans ce dernier cas, c'est une boîte dans laquelle on enferme le livre.

Les reliures métalliques ou en partie métalliques sont du reste fort anciennes, et elles sont appliquées encore aujourd'hui pour certains livres d'église ou de prières d'un haut prix, pour des registres, etc.

§ 7. — RELIURES MOBILES DE M. WEBER.

La mobilité de la reliure de M. Weber ne consiste que dans la disposition de certaines pièces de l'intérieur, toute la partie extérieure étant fixe et ayant l'avantage de pouvoir être assimilée, tant pour la forme que pour la solidité, aux reliures ordinaires.

On monte d'abord, sur les onglets d'un papier mince et nerveux, les feuilles simples et doubles que l'on veut collectionner, puis on les assemble et l'on serre la masse des onglets entre deux languettes placées à l'intérieur et contre le dos de la reliure. La première de ces languettes, taillée à gorge, est fixée à demeure ; la seconde, dont la face comprimante se trouve légèrement arrondie, est entièrement libre. On les serre l'une contre l'autre au moyen de vis tournant dans des écrous métalliques et qui traversent les onglets entaillés préalablement à des distances convenables.

La simplicité de cette opération permet, comme on peut le voir, de mettre aisément en reliure telle quantité de feuilles qu'on voudra, depuis une seule jusqu'à une limite marquée par la grosseur du volume.

On voit combien il est facile d'en ajouter, d'en ôter, d'en déplacer, sans dommage ni perte sensible de temps. On comprend surtout combien ce genre de reliure est utilement applicable aux collections destinées à être chaque jour examinées, feuilletées, étudiées et augmentées.

Nous terminons ici ce chapitre sans avoir épuisé le sujet que nous avons entrepris de traiter ; il est tellement vaste qu'il pourrait fournir à lui seul la matière d'un volume spécial accompagné de nombreuses figures. Le cadre de ce Manuel nous impose l'obligation de ne parler que des machines principales ; quant aux autres, nous sommes forcé de renvoyer nos lecteurs aux Albums illustrés des constructeurs-mécaniciens, dans lesquels ils en trouveront un choix considérable.

CHAPITRE IX

Renseignements divers

RELIURE DES GRANDS JOURNAUX.

La reliure des grands journaux est une opération très coûteuse et surtout assez difficile, quand on l'exécute par les procédés ordinaires, c'est-à-dire au moyen de la couture. Pour la rendre plus simple et plus économique, on ne coud pas les feuilles entre elles et l'on s'y prend de la manière suivante :

Aussitôt après l'assemblage, on fixe solidement le volume dans la presse à rogner en ayant soin de laisser dépasser le dos d'une quantité égale à la largeur des marges intérieures, ou un peu moins. Cela fait, avec une scie quelconque, on pratique dans la partie du dos qui est en saillie, un certain nombre de fentes obliques, puis on glisse dans chacune de ces fentes, un ruban de fil préalablement enduit de colle forte et dont on laisse dépasser les bouts d'environ quatre ou cinq centimètres. Il ne reste plus alors qu'à passer une couche ou deux de la même colle sur toute la longueur du dos, et l'on termine comme à l'ordinaire, les rubans jouant le rôle de nerfs pour fixer les cartons de la couverture.

RELIURE DE QUELQUES GROS LIVRES.

Les gros volumes d'église qu'on place sur les lutrins, pour servir aux choristes à chanter l'office, et les grands registres de bureaux, présentent quelques différences dans la reliure. Nous devons les faire connaître, afin de ne rien négliger de ce qui peut compléter cet ouvrage. En 1820, Naissant s'était fait une juste réputation pour la reliure de ces gros livres.

On doit observer que, comme ces volumes sont extrêmement grands et très-lourds, on est obligé, pour les rendre solides, de faire une couture très-soignée. En outre, comme ils ont besoin de s'ouvrir parfaitement, il faut les faire à dos brisé, et par la même raison, les coudre à la grecque. Toutefois, comme cette couture n'offre pas toute la solidité qu'ils exigent, il vaut mieux les coudre sur de forts lacets de soie, ou au moins sur de forts lacets étroits de fil. On ne devrait pas regarder à une légère dépense de plus pour employer le lacet de soie : le volume en serait incomparablement plus solide.

On met à ces gros livres, à l'imitation des relieurs anglais, des nerfs d'environ 1 centimètre de largeur, et deux ou trois fois plus épais que les nerfs ordinaires. Les nerfs se décollent facilement lorsqu'on arrondit le faux dos, à moins qu'on n'ait la précaution de placer celui-ci sur le livre, de l'y fixer entre les nervures, et d'y coller les nerfs. Alors les faux-dos et les faux-nerfs prennent justement la forme du dos, et ne courent pas le risque de se décoller en ouvrant.

On ne saurait apporter trop de solidité à de pareils livres; aussi convient-il d'imiter à leur égard les procédés des anciens relieurs, qui garnissaient le dos de chaque cahier d'une bande de parchemin, afin que le grattoir et le frottoir n'altérassent pas le papier. Grollier faisait même rouler du parchemin sur la corde dont il se servait comme d'un nerf. Cette corde excédait la largeur de la tranchefile de 3 centimètres par chaque bout, et ce bout de corde, appointé comme un nerf, était collé sur le carton en dedans. Cela serait très-bon pour les gros livres.

On couvre les antiphonaires en entier avec du bon veau noir, et les registres de bureau avec du mouton vert chamoisé, le côté de la chair en dehors. Quelquefois le dos seulement de ces derniers est en parchemin vert, mais le plus souvent on les couvre en entier avec de la peau chamoisée.

Nous avons fait observer qu'après la rognure, et au moment de coller la peau sur le dos, on met une carte, qui est collée sur le dos, mais n'est point collée sur le volume, ce qui permet à celui-ci de se détacher du dos pour s'ouvrir parfaitement. Le procédé est ici le même; la seule différence consiste à substituer à la carte une tôle battue, à laquelle on a donné auparavant la forme du dos et l'on en couvre cette tôle de peau ou de parchemin. Pour les registres de bureaux, on emploie une feuille de laiton ayant également la forme du dos, mais qu'on laisse à découvert. Inutile d'ajouter qu'avant de placer la feuille métallique, il faut coller solidement sur le dos du volume une forte toile.

On fait la coiffe en tête et en queue en cuivre jaune ou laiton, qu'on attache sur la tôle, après qu'elle est couverte en peau ou en parchemin, avec des petits clous du même métal, dont la tête est en dehors, que l'on rive par derrière.

Autrefois on faisait les couvertures en bois, mais il y a longtemps qu'on a abandonné cette méthode, parce que les vers s'y mettaient, et les feuillets du volume étaient souvent rongés. Aujourd'hui on emploie le carton battu et laminé, dont on colle plusieurs épaisseurs l'une sur l'autre, jusqu'à ce qu'on lui ait donné une consistance suffisante.

On arme tous les angles de coins en cuivre jaune ou laiton. De plus, lorsqu'on veut donner encore plus de solidité à la couverture, on en enchâsse les bords, tout autour, dans de doubles bandes du même métal, ce qui forme un cadre métallique parfait. Ces bandes se placent d'abord et se fixent avec des clous aussi de cuivre. Les coins se posent après et couvrent les bouts des bandes ; ils sont également assujettis avec des clous semblables, dont les têtes sont toujours en dehors et à rivures en dedans. On met encore sur les plats de la couverture, à égale distance des coins, ce qui forme un carré long, quatre plaques carrées qui sont emboîtées dans le milieu, et présentent une bosse demi-sphérique de

3cent. de diamètre. Ces plaques qui s'appellent *bosses*, se fixent sur les plats comme les coins, par des clous dont la rivure est en dessous. C'est sur ces bosses que les gros livres d'église reposent et frottent sur le lutrin ; de sorte que la couverture est garantie par elles. Elles servent aussi à arrêter les bandes de cuir garnies de laiton au moyen desquelles on tient le livre fermé, lorsqu'il ne sert pas.

Les registres de bureaux n'ont jamais de bosses et assez rarement des bandes sur les bords des cartons ; mais ils ont des coins en laiton. Ces garnitures sont unies et sont fixées aux couvertures de la même manière que ci-dessus.

L'on voit que, par cette construction, la tranchefile est inutile, aussi l'a-t-on supprimée ; cependant pour ne rien laisser à désirer, nous allons indiquer les procédés qu'on employait autrefois pour garantir les dos de ces livres.

La tranchefilure des antiphonaires ne ressemble nullement à celle que nous avons décrite ; elle se divise en simple et en double. On se sert de lanières de peau passée en mégie, qu'on coupe, autant qu'il se peut, assez longues pour pouvoir tranchefiler avec une seule lanière sans être obligé d'en ajouter ; on enfile cette lanière *a* dans une aiguille *b*, fig. 64 ; on place le volume dans la presse à tranchefiler qu'on pose devant soi, la gouttière tournée de ce côté. On perce, avec un fort poinçon, le dos de dedans en dehors, et le plus près qu'on peut du mors ; on retire le poinçon, et dans ce même trou on substitue l'aiguille, qu'on fait sortir au point *c* ; on laisse pendre un bout de la lanière en dedans ; on pique, avec le poinçon, un second trou à côté du premier en *d*, on ramène la lanière, de *c* en *f*, en lui faisant couvrir le bout qu'on a laissé pendre, et qu'on a rabattu sur le dos en dehors; on fait entrer son aiguille dans un second trou *d*, en la faisant sortir de dedans en dehors au point *d*; on croise l'aiguille sous la première passe *c*, comme on le voit en *b*, pour lui faire former le nœud ou chaînette *c*; on ramène la lanière de *d* en *h*, pour la faire sortir par le point *i*; on forme un nouveau nœud ou chaînette, et ainsi jusqu'à ce qu'on soit arrivé à l'autre mors du livre. Alors on fait entrer le bout de la lanière en dedans, et on l'y colle contre le carton. On recouvre les nœuds ou chaînettes, du bout de la lanière qui sort par un mors, embrasse le livre dans l'épaisseur du dos, et est collé en dedans du carton à l'autre mors.

Toute la différence de la tranchefilure double, consiste dans la seconde chaînette, qui se fait de même que la précédente, mais qui est placée de manière qu'elle touche la tranche des feuillets.

Cette construction n'a plus lieu aujourd'hui, parce qu'on les relie à la grecque ; elle serait utile seulement pour soutenir la tête et la queue du volume, et garantir les ornements du dos, qui s'useraient bien vite par le frottement. Depuis qu'on a imaginé de se servir des *bosses*, elles soutiennent suffisamment le dos en l'air pour qu'on n'ait pas besoin de ces sortes de tranchefiles, qui, quoi qu'en aient dit les anciens, et quoi qu'en disent quelques modernes, déparaient plutôt le volume qu'elles ne l'ornaient. Ces ornements étaient placés après que la reliure était entièrement terminée, le dos doré et poli, de sorte que l'ouvrage était toujours sali avant d'être rendu.

DÉMONTAGE DES LIVRES.

Cette opération ne peut être faite que par un véritable artiste, connaissant à fond son métier. Un relieur qui rétablit ainsi des chefs-d'œuvre s'honore et honore la nation à laquelle il appartient.

Lorsqu'un livre précieux survit à sa reliure, et qu'un amateur veut le conserver; lorsqu'on veut aussi faire remplacer une reliure défectueuse ou mesquine par une reliure meilleure, le relieur doit commencer par démonter l'ouvrage, en observant préalablement comment il a été confectionné.

Il reconnait d'abord que les anciens livres sont à cet égard d'un bien plus facile travail que des livres infiniment plus modernes. Car alors on garnissait le dos de chaque cahier d'une bande de parchemin, afin que le grattoir et le frottoir n'altérassent pas le papier; puis en collant la garde de papier sur le carton, on y collait aussi la partie de parchemin qui passait en dedans, ce qui donnait aux reliures une telle solidité, que lorsque les nerfs se cassaient, les cartons tenaient encore et même fort longtemps après les livres.

De nos jours c'est bien différent. Les quelques ouvriers qui passent en parchemin le font seulement à la tête, à la queue, au milieu peut-être, puis ils coupent ce qui passe en dedans des cartons au moment où ils coupent les gardes. D'autre part, certains relieurs grattent, piquent et frottent si bien les dos, où ils réduisent le papier en une espèce de pâte, et de cette manière usent si pernicieusement les cahiers, qu'on aperçoit les fils de la couture. Quand on démonte de tels livres, quelques précautions que l'on prenne, ils sont bien près d'être perdus.

Manière de découdre un livre relié. On commence par déchirer les gardes dans les mors, sans attaquer la partie du cahier contre laquelle est collée la garde ; puis on lève le veau ou la basane, ou l'étoffe de la couverture. Cela fait, on coupe soigneusement tous les fils qui se trouvent sur le dos, surtout les chaînettes (parties du fil de la couture qui paraît aux deux bouts, sur le dos du volume) de tête et de queue, ainsi que les ficelles qui tiennent les cartons ; on sépare ensuite les cahiers, en commençant par le premier, et tenant le volume à plat sur la table, le recto en dessus, on appuie la main droite sur les cahiers qui suivent celui qu'on veut détacher. Lorsque les cahiers sont séparés, on les ouvre l'un après l'autre, pour en ôter les fils et les ordures qui se trouvent entre chaque feuille, et l'on nettoie celle-ci avec de la mie de pain rassis. On termine par enlever s'il y a lieu, par les moyens indiqués précédemment, les taches qui peuvent s'y rencontrer.

En résumé, pour bien démonter un livre et le remonter avec intelligence, il faut ménager le dos, enlever doucement les nerfs, détacher légèrement cahier par cahier, défriser les pages cornées, enlever les taches, et s'il s'agit d'un ouvrage ancien et qui ait été lavé, collationner par les chiffres et non par la signature, car ces anciens livres fourmillent de fautes de pagination.

Il faut en outre bien examiner l'état des marges qu'une reliure défectueuse oblige souvent à rogner : il faut du moins ménager les marges le plus possible puis appliquer à ces vieux ouvrages les procédés les plus propres à les soutenir.

Tout cela exige beaucoup de soin, d'intelligence et de patience.

NETTOYAGE DES LIVRES.

On rencontre souvent des volumes couverts de certaines taches très-désagréables, qui fatiguent l'œil de celui qui est jaloux de la propreté, et un relieur ne doit pas ignorer l'art de les faire disparaître.

La blancheur du papier s'altère de deux manières différentes, ou par la vétusté, surtout lorsqu'il est exposé au grand air et à la poussière, comme les cartes géographiques, qui ne sont pas ordinairement sous verre; ou par des taches d'huile, de graisse ou d'encre. Dans le premier cas, le papier devient roux, il prend une teinte plus ou moins jaunâtre, il est comme enfumé; dans le second cas, tout le monde connaît l'impression désagréable que causent les trois sortes de taches que nous avons signalées.

Les papiers écrits sont ou manuscrits ou imprimés : nous ne connaissons aucun moyen assuré pour enlever sur les manuscrits la teinte jaunâtre que la vétusté leur communique ; on s'apercevra que les procédés que nous ferons connaître pour blanchir les papiers imprimés, tendent tous, ou à faire disparaître l'encre ordinaire, ou à la dissoudre de manière à former sur le papier des nuances partielles plus désagréables que n'était, avant l'opération, la couleur jaunâtre dont il était teint.

Le seul moyen qui nous ait quelquefois réussi, c'est le *soufrage*. Nous disons quelquefois, car il nous est souvent arrivé, ou qu'il a été impuissant, ou qu'il a affaibli considérablement la teinte de l'encre, quoique nous ayons opéré de la même manière

Quant au papier blanc ou au papier imprimé, soit livres, estampes ou cartes géographiques, le procédé qui nous a le mieux réussi et que nous recommandons à nos lecteurs, pour nettoyer ces objets, consiste dans l'emploi judicieusement fait de l'*acide oxalique*, qui enl ve parfaitement l s taches des encres à base de gallate de fer. Cet agent est surtout précieux pour les livres dont les marges sont chargées d'écritures qu'on désire enlever, parce qu'il n'attaque pas l'encre d'imprimerie.

On place la feuille tachée sur une feuille d'étain, du côté de la tache, et on l'humecte abondamment avec une forte dissolution de sel d'oseille, puis on relève le papier, qu'on lave ensuite à grande eau pour éviter les cernes ou cercles qui se produiraient à l'endroit qui a été traité. On étend le papier, on le laisse sécher, puis on le satine entre des cartes ou des zincs, par les procédés ordinaires.

Il arrive quelquefois que le papier est sali par des taches de rouille. On les enlève en leur appliquant d'abord une solution d'un *sulfure alcalin*, qu'on lave bien ensuite, puis une solution d'*acide oxalique*. Le sulfure enlève au fer une partie de son oxygène, et le rend soluble dans les acides affaiblis.

Presque tous les acides enlèvent les taches d'encre sur le papier; mais il faut choisir de préférence ceux qui attaquent le moins son tissu. L'*acide chlorhydrique*, étendu de cinq à six fois son poids d'eau, peut être appliqué avec succès sur la tache; on la lave au bout d'une ou deux minutes, et l'on répète l'application jusqu'à ce que la tache ait disparu.

L'emploi du chlore, sous forme d'*acide chlorhydrique*, de *chlorure de potasse* ou *de chaux*, est toujours une opération très délicate parce qu'il détruit les fibres du papier et le brûle. Aussi doit-on en neutraliser l'effet, autant que possible, en lavant le papier à grande eau, pour n'en laisser subsister aucune trace.

On se sert encore, pour détacher les papiers, d'une combinaison liquide de chlore et d'alcali caustique, très connue sous le nom d'*eau de javelle* (chlorure de potasse), étendue d'eau dans la proportion d'une partie sur neuf parties d'eau ; mais ce procédé, malheureusement trop employé à cause de sa simplicité, n'est pas à recommander. On peut atténuer les effets destructifs de l'eau de javelle en immergeant le papier traité dans un nouveau bain d'*hyposulfite de soude*, puis en le passant dans un troisième bain d'eau de pluie. La mauvaise qualité des papiers fabriqués actuellement les rend peu propres à supporter ces lavages successifs.

Le seul avantage sérieux que présente l'emploi du chlore, c'est de blanchir le papier et de le détacher, en une seule opération. On peut donc utiliser cette double action, pourvu qu'on agisse avec prudence et qu'on l'élimine entièrement par les lavages que nous venons d'indiquer.

Dès 1860, on a appliqué avec succès l'*ozone* à l'état de gaz saturé de vapeur d'eau ou d'*eau oxygénée* au nettoyage des livres et des vieilles gravures.

L'encre d'impression n'est pas sensiblement attaquée par l'ozone quand on ne prolonge pas le traitement ; il est sans action sur les taches de graisse et de moisissure. Les couleurs métalliques n'éprouvent pas de modification, tandis que les couleurs végétales sont complètement détruites. Par contre les encres à écrire sont presque toutes effacées par l'ozone. Il suffit d'un traitement très peu prolongé pour enlever l'écriture et pour rendre au papier toute sa blancheur.

Il est vrai de dire qu'après quelque temps l'encre ainsi enlevée reparaît d'une couleur jaune pâle et qu'on peut la fixer de nouveau sur le papier par les réactions de l'oxyde de fer. Mais si, après avoir traité par l'ozone le papier taché, on le passe dans une eau acidulée par quelques gouttes d'acide chlorhydrique, on empêche entièrement la réapparition de l'encre.

M. J. Imison a indiqué un procédé facile à exécuter pour enlever les taches de graisse sur les livres et les estampes. Après avoir légèrement chauffé le papier taché de graisse, de cire, d'huile, ou de tout autre corps gras, ôtez le plus que vous pourrez de cette graisse avec du papier brouillard ; trempez ensuite un pinceau dans l'huile de térébenthine presque bouillante (car froide elle n'agit que faiblement), et promenez-le doucement des deux côtés du papier, qu'il faut maintenir chaud. On doit répéter l'opération autant que la quantité de graisse ou l'épaisseur du papier l'exige. Lorsque la graisse a disparu, on a recours au procédé suivant, pour rendre au papier en cet endroit, sa première blancheur. On trempe un autre pinceau dans l'esprit-de-vin très-rectifié, et on le promène de même sur la tache, et surtout vers ses bords, pour enlever tout ce qui paraît encore. Si l'on emploie ce procédé avec adresse et précaution la tache disparaîtra totalement, le papier reprendra sa première blancheur ; et si la partie du papier sur laquelle on a travaillé était écrite ou imprimée, les caractères n'en auront nullement souffert.

La *benzine* et le *sulfure de carbone* sont également d'un bon usage.

Une faible dissolution de potasse ou de soude caustique enlève avec facilité les taches huileuses ou graisseuses sur les papiers, les estampes, les livres;

mais il faut que ces derniers soient en feuilles, sans cela on aurait beaucoup de peine à les dégraisser parfaitement, et l'opération ne se ferait jamais avec propreté.

Il nous suffit de dire que la dissolution de potasse ou de soude doit marquer un degré et demi à l'aréomètre de Baumé. Le procédé de M. Imison doit être préféré lorsque les taches ne sont pas considérables, et qu'on peut les enlever sans découdre le volume.

Le relieur est quelquefois sujet, en faisant ses marbres, de tacher les feuilles avec les couleurs nommées *écailles*, que beaucoup d'entre eux croient qu'il est impossible de faire disparaître. L'*eau de javelle* les enlève entièrement, de même que le chlorure de chaux. Il suffit de plonger la feuille dans un de ces deux liquides, jusqu'à disparition de la tache, ce qui n'existe que peu de temps; ensuite de la plonger dans l'eau ordinaire, pendant un temps double à peu près qu'elle n'est restée immergée dans le liquide.

Il arrive quelquefois qu'on laisse tomber de l'encre sur un feuillet d'un volume relié, et qu'on craint de ne pas l'enlever proprement par les moyens que nous avons indiqués, parce que la tache est près de la couture. Voici le procédé que nous avons vu employer avec succès par M. Berthe : cet artiste mouille un gros fil plus long que le volume ; il le passe sous le feuillet près de la couture, et le promène dans sa longueur. Le papier d'impression, qui est ordinairement sans colle, est bientôt humecté dans cette place, en sorte qu'il cède au moindre effort. Alors on détache le feuillet, on le nettoie, on passe un peu de colle sur son épaisseur, on le remet en place adroitement et la réparation ne paraît pas du tout.

MOYENS DE PRÉSERVER LES LIVRES DES INSECTES ET DES VERS.

Chacun sait combien les rats et les souris peuvent causer de dégâts dans une bibliothèque ou dans une librairie; mais chacun connaît aussi les moyens de se délivrer de ces animaux incommodes, qui sont peut-être plus redoutables, parce que, malgré tous les soins, ils s'introduisent et se multiplient avec une extrême facilité.

Les vers, ces autres ennemis des livres, ne sont pas aussi faciles à attaquer. Aussi, le relieur qui connaîtrait des moyens éprouvés pour les écarter ou les détruire, qui les emploierait avec discernement et les ferait connaître à l'amateur de livres, compléterait son art, rendrait de grands services et verrait ses produits recherchés avec empressement, confiance et considération.

La chaleur, le voisinage d'un jardin ou de plantations d'arbres multiplient les insectes et les vers. En abaissant la température, en éloignant les bibliothèques des jardins, il y a presque impossibilité d'éviter complétement les ravages des vers. Néanmoins, il existe plusieurs préservatifs et moyens de destruction que l'expérience a sanctionnés.

Le premier et le meilleur consiste dans une propreté constante et presque minutieuse. Il ne faut jamais laisser séjourner la poussière, même dans les coins les plus cachés; il faut battre tous les volumes, au printemps et à l'automne, ou du moins une fois par an, dans le mois de juillet et d'août, car les papillons recherchent, pour déposer leurs œufs, la poussière qui en favorise le développement. Pendant toute l'année, d'ailleurs, on doit placer derrière les livres des morceaux de drap fortement imbibés d'essence de térébenthine, de benzine, de camphre ou d'une infusion de tabac à fumer, et les renouveler dès que l'odeur s'en affaiblit. L'acide phénique est encore préférable.

Le choix du bois employé au corps de bibliothèque contribue aussi pour beaucoup à les préserver des vers. Plus il est dur et serré, moins il les attire, et le chêne bien sain et bien sec est préférable, sous tous les rapports, aux autres bois de nos climats.

Le genre de la reliure a aussi une grande influence. Les anciennes reliures en bois, même quand elles sont couvertes de peau ou d'étoffe, sont les berceaux des vers et des insectes ; aussi convient-il de les reléguer, sans nulle exception, dans l'endroit le plus écarté de la bibliothèque. Le même danger est à craindre des reliures pour lesquelles on a employé la colle de pâte, qui est une sorte de nourriture recherchée par les vers. Les relieurs entendus préfèrent se servir de colle forte, à laquelle ils ajoutent une quantité convenable d'alun. Ils ajoutent aussi du sel ammoniac au blanc d'œuf dont ils se servent avant de polir la dorure. Au contraire, les reliures en cuir de Russie ou en parchemin, celles dont les cartons sont faits de vieux cordages de vaisseau imprégnés de goudron, ont non-seulement le mérite d'une solidité pareille à celle du bois, mais encore l'avantage d'écarter les vers pour de longues années. Une autre reliure peu élégante, mais presque impénétrable aux vers, est celle qui est en usage dans les anciennes bibliothèques d'Espagne, de Portugal et d'Italie. Elle consiste seulement en une couverture de parchemin sans carton, et recourbé sur la tranche. Ce n'est, à vrai dire, qu'une brochure battue, cousue sur nerfs et recouverte de parchemin. L'expérience de quatre siècles a prouvé que, sans le voisinage de reliures en bois ou en carton, aucun des livres reliés de la sorte n'eût été attaqué des vers.

MOYENS DE PRÉSERVER LES LIVRES DE L'HUMIDITÉ.

Sans qu'il soit besoin de le dire, on sait que l'air et la chaleur sont les moyens par excellence de combattre l'humidité. On aura donc soin d'en procurer aux bibliothèques autant que la saison, la température et le local le permettront. A cet effet, on ouvrira les fenêtres toutes les fois qu'il fera un temps sec et vif, en ayant bien soin de les refermer avant le coucher du soleil, parce que les papillons déposent leurs œufs après cette heure..

Un excellent préservatif de l'humidité, est d'élever les corps de bibliothèque d'au moins 16 à 17 centimètres du parquet, et de les éloigner des murs d'environ 6 centimètres, afin de faciliter partout la circulation de l'air. Dans le cas où cette disposition préservatrice serait impossible, et qu'on serait forcé de placer les rayons près d'un mur, on diminuera beaucoup le danger en donnant au mur plusieurs couches d'huile bouillante, et en le recouvrant ensuite, à l'aide de petits clous, de feuilles de plomb laminé.

Il est également nuisible de trop serrer ou de trop écarter les livres sur les rayons. L'une de ces deux méthodes les déforme et favorise l'introduction des vers et de la poussière dans l'intérieur, au moyen des faux plis ; l'autre empêche l'air de pénétrer, et permet ainsi à l'humidité d'attaquer les reliures.

Quand on trouve la trace de ces dégradations sur les livres, soit par l'aspect terni et moite de la reliure, soit par des moisissures plus ou moins marquées, il faut sur-le-champ les nettoyer avec grand soin, les frotter avec un morceau de drap ou de toute autre étoffe de laine, puis les exposer à la chaleur et à l'air jusqu'à ce qu'ils soient tout à fait secs.

De tous ceux dont l'exécution typographique demande des précautions particulières contre l'humidité, les livres imprimés sur parchemin ou sur vélin exigent le plus de précautions. Le relieur ne les travaillera donc que lorsque l'impression et la peau seront d'une siccité parfaite, et encore il aura soin de mettre du papier joseph entre chaque feuillet, pour empêcher que l'encre ne tache. De son côté, le bibliophile aura soin, lorsqu'il se servira de livres de cette sorte, de ne les laisser exposés à l'air que le temps nécessaire aux recherches; car le vélin perd son lustre et jaunit avec une rapidité fâcheuse, et se crispe à la moindre humidité, ou à la trop grande chaleur.

Le *vélin* proprement dit n'est autre chose que la plus belle qualité du parchemin; on l'emploie très rarement de nos jours et on le réserve pour les ouvrages de grand luxe. On le confectionne avec les peaux de veaux et surtout avec celles des *vélots* ou veaux mort-nés, qu'on extrait du ventre des vaches pleines, mortes de maladie ou égorgées dans les abattoirs. Le parchemin est fabriqué avec les peaux de moutons ou de chèvres, qui sont plus petites que celles des veaux. Le parchemin vierge, qui se rapproche le plus du vélin, est fait avec les peaux des agneaux morts-nés extraits du ventre des brebis. Ces peaux sont chères, ce qui en limite l'emploi dans l'impression aux ouvrages de grand prix; le relieur a donc bien rarement l'occasion de les travailler.

IMITATION DES RELIURES ÉTRANGÈRES.

Il serait sans doute désirable d'appliquer les reliures étrangères à leurs livres respectifs, mais il ne faudrait point, par exemple, s'engouer des reliures anglaises de manière à en imiter les défauts. Ainsi les Anglais ne parent point ou très-peu leurs peaux en général. Au travers de la garde collée sur le carton, on aperçoit souvent les contours inégaux qu'elle y empreint, et ces bosses formées par le cuir produisent l'effet le plus désagréable. Quand les amateurs remarquent cette défectuosité dans les ouvrages des relieurs français, ceux-ci croient répondre, sans laisser de réplique, par ces paroles : « C'est le genre anglais. »

Les reliures étrangères diffèrent entre elles, pour la plupart, par la dorure, les marbres ; d'autres se distinguent par l'endossure, les mors, la division des nerfs ou filets, si ce sont simplement des reliures à la grecque. Il faudrait être bien peu connaisseur pour ne pas reconnaître les reliures anglaises, hollandaises, allemandes, italiennes et espagnoles, à la seule inspection des dos. Un véritable amateur s'y trompe rarement. Quant aux cartonnages, les Allemands négligent d'amincir sur les bords et de battre la portion de carte qui forme le faux dos, et qui est collée en dedans des cartons. Le cartonnage terminé présente tout le long du mors en dedans une épaisseur surabondante, déjà très-disgracieuse, et qui le devient davantage en ce qu'elle se loge dans celle du livre, et paraît souvent à trois ou quatre cahiers. En revanche, les Allemands forment une jolie rainure en dehors du livre le long du mors. Sa profondeur doit être égale à l'épaisseur du carton, le papier doit y être collé jusqu'au fond, et non pas, comme dans la plupart de nos cartonnages, courir le risque d'être crevé lorsqu'on y appuie la moindre chose.

En copiant trop servilement les étrangers, on s'égare. Delorme d'abord, puis Bozerian jeune, et Courteval l'ont bien prouvé. Simier et Thouvenin eux-mêmes, sont tombés trop souvent dans le gothique, dit Lesné, pour avoir trop cherché à calquer les doreurs anglais. La seule chose bonne à copier dans leurs reliures, c'était la bonne façon des mors, la justesse des filets, et celle des encadrements.

Les Anglais couvrent leurs livres classiques d'une toile enduite de colle forte, ou plutôt d'une espèce de cirage. Cette reliure, assez laide d'ailleurs, est solide, économique ; elle convient bien aux livres de classe, qu'elle soutient suffisamment, car elle est souple et peut facilement supporter tous les efforts des enfants. On l'a adoptée dans quelques colléges, en coupant les angles des cartons. De cette manière, la reliure s'écorne moins en tombant. Il vaudrait peut-être mieux que les coins fussent arrondis en quart de cercle; mais cette reliure n'est bonne qu'autant que le livre est cousu solidement. Ce perfectionnement, conseillé par Lesné, est trop onéreux, dit-il, pour tous les livres classiques, et convient particulièrement aux dictionnaires.

Les Anglais rétrécissent généralement les titres, qu'allongent outre mesure les Allemands.

L'époque de l'introduction des dos brisés en France est très-incertaine. Mais il y a fort à croire qu'elle s'est établie il y a cent ans. Les reliures de Hollande en auront probablement donné l'idée. Les bons ouvriers du temps, tels que De Rome, ne firent ces reliures qu'avec répugnance, parce qu'ils voyaient combien il était facile de supprimer une infinité d'opérations, et de passer légèrement sur les autres; qu'enfin, ils prévoyaient que ce genre, une fois adopté, entraînerait la ruine de l'art. Ils en firent toutefois, mais avec des modifications solides. Ils continuèrent à passer la tête et la queue en parchemin fort, et le milieu en parchemin très-mince, et revêtirent les dos de toile à la hollandaise. Les ouvriers du 2e ordre supprimèrent la toile; ceux du 3e les parchemins et la colle forte, et ces derniers plurent malheureusement beaucoup au public.

Procédé de MM. V. Parisot et J. Girard, pour donner aux reliures l'odeur et l'aspect du cuir de Russie.

On fabrique aujourd'hui en France les cuirs parfumés qu'on importait autrefois de Russie. L'odeur particulière de ces cuirs, qui les fait rechercher, est due à une huile essentielle contenue dans l'écorce du bouleau, à laquelle on a donné le nom de *bétuline*. Nous allons en indiquer la préparation, bien que ce ne soit pas le relieur qui l'extraie et qui s'en serve pour donner à son cuir l'odeur et l'apparence du véritable cuir de Russie.

« On prend 1,500 grammes d'écorce externe de bouleau. Après l'avoir séparée de l'écorce interne et l'avoir divisée convenablement avec des ciseaux, on la place dans un alambic avec 10 litres d'alcool à 33°. On laisse macérer pendant deux heures, on fait ensuite chauffer au bain-marie jusqu'à ce qu'on retire deux litres d'alcool; on arrête le feu, puis on laisse refroidir, mais incomplétement; on filtre la liqueur encore un peu chaude, et l'on traite le résidu à trois reprises différentes de la même manière ; la quatrième fois on fait macérer l'écorce avec l'alcool chaud pendant vingt-quatre heures. Au bout de ce temps, on chauffe de nouveau, et l'on filtre comme dans les opérations précédentes.

« Les liqueurs provenant de ces diverses opérations étant rassemblées, une grande quantité de bétuline se précipite par le refroidissement, la liqueur surnageante est introduite dans un alambic et soumise à la distillation au bain-marie jusqu'à ce qu'on retire la plus grande partie de l'alcool ; le résidu est versé immédiatement dans un vase en porcelaine. Par le refroidissement, la liqueur se prend en une masse semblable à la gelée. Cette masse est une nouvelle quantité de bétuline ; le tout est placé sur un filtre, afin de séparer les dernières portions du liquide qu'elle peut contenir, et ensuite placée à l'étuve pour en déterminer la dessiccation. Des 1,500 grammes d'écorce employée, on obtient 350 grammes de bétuline.

« Nous avons vu, comme MM. Duval-Duval l'avaient déjà remarqué, qu'on ne pouvait extraire complétement toute la bétuline contenue dans l'écorce de bouleau.

« On emploie, pour préparer les 350 grammes de bétuline, 10 litres d'alcool ; et l'on retire 7 litres et demi, ce qui fait un quart de perte.

« On a dépensé, pour combustible, 1 franc, ce qui fait revenir les 350 grammes de bétuline à 6 francs 65 c. Toutefois, nous devons faire observer que si l'on opérait en grand, le prix de la bétuline serait moindre.

« On a pris 15 grammes de bétuline, qu'on a introduit dans une cornue à laquelle on avait adapté un récipient ; ceci fait, on a porté la cornue à une chaleur modérée qu'on a augmenté successivement ; la bétuline a commencé par se liquéfier, puis la chaleur augmentant, elle s'est décomposée. Il a passé à la distillation, sous forme de vapeurs d'un jaune clair, une huile d'abord fluide qui est devenue plus épaisse à la fin de l'opération, les vapeurs étaient plus jaunes et plus abondantes.

« Il resta dans la cornue un produit charbonneux.

« Le produit obtenu de cette distillation pesait 10 grammes ; il avait une consistance oléagineuse, il était d'un brun foncé, d'une odeur forte et insupportable, insoluble dans l'eau, dans l'alcool, mais soluble en très-grande quantité dans l'éther sulfurique.

« Le prix de ces 10 grammes obtenus se composait ainsi qu'il suit :

15 grammes de bétuline, à 10 c. le gram.	1 fr. 50
Cornue et récipient........................	80
Combustible................................	10
Total..........	2 fr. 40

« Nous avons fait dissoudre 2 grammes de cette huile de bétuline dans 20 grammes d'éther sulfurique, puis, avec cette liqueur, nous avons opéré de la manière suivante pour enduire la reliure de cette substance. Lorsque le livre est relié et qu'on va appliquer sur le carton la peau qui doit le couvrir, on enduit ce carton des deux côtés au moyen d'un pinceau avec l'huile de bétuline dissoute dans l'éther ; on laisse évaporer l'éther, puis on recouvre avec la peau comme dans la reliure ordinaire, on colle les gardes. Plusieurs livres ainsi reliés ont une odeur agréable de cuir de Russie : 2 grammes ont suffi pour un volume in-8°.

« Voulant nous assurer si nous pouvions employer l'huile empyreumatique d'écorce de bouleau, nous avons agi de la manière suivante :

« Nous avons pris 100 grammes d'écorce externe de bouleau, divisée convenablement ; nous les avons introduits dans une cornue à laquelle nous avons adapté un récipient pour recueillir les produits volatils ; nous avons placé cette cornue ainsi disposée dans un fourneau à réverbère, puis nous avons chauffé ; elle se décomposa et fournit des vapeurs blanches, épaisses, qui vinrent se condenser dans le récipient que l'on avait fait plonger dans un vase contenant de l'eau froide.

« Peu à peu ces vapeurs devinrent plus épaisses, plus colorées ; la liqueur qui s'écoulait dans le récipient était plus dense. Au bout de deux heures, la décomposition était complète ; il restait dans la cornue un charbon volumineux. Le produit de la distillation pesait 64 gram. ; mais il était formé de deux couches, une supérieure épaisse, ayant l'odeur d'huile de bétuline, odeur altérée par l'acide pyroligneux provenant de la décomposition du bois qui sert de support à la bétuline : la couche inférieure était colorée en jaune foncé, pesant 4 grammes : elle était formée par de l'eau contenant une petite quantité d'acide pyroligneux en dissolution.

« Cette seconde couche fut séparée de la première qui fut conservée pour nous servir dans les opérations suivantes. Une certaine quantité de cette huile empyreumatique fut saturée par la craie (carbonate de chaux) délayée dans une petite quantité d'eau, puis laissée en contact pendant un jour, en ayant soin d'agiter de temps en temps. Au bout de ce laps de temps, on laissa déposer et l'on décanta de manière à séparer les deux couches. La couche supérieure fut conservée. Nous avons pris 2 grammes de cette huile saturée et 2 grammes d'huile non saturée ; nous avons fait dissoudre chacune de ces huiles dans 20 grammes d'éther, comme nous l'avons fait pour l'huile de bétuline pure, puis fait relier des livres avec chaque liqueur. Nous avons alors reconnu qu'avec l'huile empyreumatique saturée par le carbonate de chaux, on obtenait une reliure dont l'odeur se rapprochait de celle fournie par l'huile de bétuline pure. Quant à la reliure faite avec l'huile empyreumatique, elle avait une odeur désagréable d'acide pyroligneux. Comme on le voit, on pourra se procurer des reliures qui auront l'odeur de cuir de Russie, à un prix peu élevé, avec l'huile empyreumatique de l'écorce de bouleau saturée par la craie.

« On pourra, si l'on veut, se servir de l'huile pure de bétuline pour obtenir une reliure qui aura une odeur plus agréable de cuir de Russie. On pourra aussi, de cette manière, conserver les livres sans altération.

« Cette huile peut non-seulement s'appliquer sur les livres reliés en peau, mais encore en papier ; elle ne tache pas la reliure et n'empêche en aucune façon le travail du relieur. »

La peau qui convient le mieux pour fabriquer le cuir de Russie artificiel est celle de la vache, bien tannée, puis lavée à plusieurs reprises et enfin teinte en rouge. Cette peau acquiert un aspect très agréable quand, au moyen d'une éponge, on l'humecte, du côté coloré, avec de la gélatine dissoute dans l'eau. Seulement, cette eau gélatineuse ne doit pas être trop concentrée, et l'on ne doit pas l'appliquer sur le cuir dans une trop forte proportion.

CHOIX DES RELIURES ET CONSERVATION DES LIVRES.

Nous considérons, dans cet article, le relieur comme l'associé du bibliophile, ou même comme le guide des amateurs qui veulent se former une bonne bibliothèque. Les sages conseils qui suivent sont presque tous empruntés au *Manuel de Bibliothéconomie* (1).

1. *Assortiment et qualités des diverses reliures.* La reliure est à la fois pour les livres un moyen de conservation matérielle et d'ornement; mais il importe qu'elle soit choisie et graduée d'après la nature et l'importance des ouvrages; car il serait aussi déplacé de couvrir en beau maroquin enrichi de dorures, un pamphlet éphémère, que de revêtir de basane ou de cartonnage un chef-d'œuvre de la science ou des arts. Qu'un riche amateur ait dans sa bibliothèque un certain nombre de volumes décorés des plus belles ou des plus élégantes reliures, mais que ce soit des livres dignes de cette décoration, et que tout le reste de la bibliothèque soit relié d'une manière solide.

2. Quand l'amateur de livres n'a pas assez de fonds pour faire que la richesse de la reliure réponde au mérite de certains ouvrages, il doit se contenter, pour toute sa bibliothèque, d'une reliure très-simple. Cela vaut infiniment mieux que d'avoir quelques livres précieusement reliés et les autres à l'état de brochure, car ceux-ci sont, en quelque sorte, des livres sacrifiés, et cela fait en outre le plus mauvais effet à l'œil.

(1) *Bibliothéconomie*, arrangement, conservation et administration des bibliothèques, par L.-A. Constantin. 1 vol. orné de figures, faisant partie de l'*Encyclopédie-Roret*.

3. La reliure la plus ordinaire est la basane ; elle convient à toutes les fortunes et à tous les ouvrages. La reliure en veau, en maroquin ou en cuir de Russie convient aux beaux ouvrages et aux bibliothèques riches. On n'exécute que dans des cas exceptionnels les reliures en moire, en velours, en ivoire ou en parchemin.

4. Un genre très-convenable et adopté par beaucoup d'amateurs, est celui de la demi-reliure à dos de veau ou de maroquin, non rogné, avec marges. Posés sur les tablettes, des volumes ainsi reliés sont aussi élégants que les livres reliés en plein ; ils sont d'ailleurs aussi solides. Cette reliure a de plus l'avantage de la modicité du prix, et de la grandeur des marges ; chose si importante aux yeux des bibliophiles qui la paient si cher, et prennent tant de soin pour l'obtenir. Quelques-uns d'entre eux ont si fort à cœur cette conservation des marges, qu'ils font quelquefois recouvrir de la plus belle reliure un livre non rogné et même non ébarbé. C'est au relieur à respecter, à servir cette prétention fort naturelle au fond, malgré l'espèce de ridicule qui parfois s'y attache.

5. La connaissance technique de la reliure (dit en insistant beaucoup sur ce point l'estimable auteur de la *Bibliothéconomie*) est utile pour ne pas s'exposer à des dommages réels. Il faut savoir choisir un bon relieur, pouvoir apprécier son travail et lui en indiquer les défectuosités, sinon on aura des livres mal reliés, ornés sans goût, confectionnés sans solidité ; et tandis que ces reliures défectueuses perdront chaque jour, de bonnes reliures qui n'auront pas coûté davantage se maintiendront, malgré les années, dans toute leur valeur. Une preuve que le travail bien fait

est toujours estimé, c'est que les anciennes reliures des Du Seuil, des De Rome, des Padeloup et autres, sont encore aujourd'hui aussi recherchées que les plus beaux chefs-d'œuvre des fashionnables relieurs de Paris et de Londres.

6. Jusqu'au XVIe siècle, on se servait, pour la reliure des livres, de planchettes de bois en place de carton; mais la manière de les couvrir était, comme et plus qu'aujourd'hui, variable et fort dispendieuse. On y employait des étoffes précieuses brochées d'or et d'argent, ou chargées de broderies : on les enrichissait de perles, de pierres fines, d'agrafes d'or et d'argent; on garnissait les plats et les coins de plaques et de grosses têtes de clous en même métal, pour empêcher le frottement. Depuis, on a remplacé le bois par le carton, ce qui est plus léger, et préserve mieux les livres des vers; on a aussi généralement renoncé aux couvertures d'étoffes, comme trop coûteuses et peu solides. Les reliures en moire, en velours, ne sont, comme nous venons de le dire, relativement aux autres, qu'une chose exceptionnelle.

7. On emploie communément, ainsi que nous l'avons vu, trois sortes de reliures : la reliure pleine, la demi-reliure (l'une et l'autre en veau, basane, maroquin, cuir de Russie, parchemin) et le cartonnage (couvert en papier, en toile, en percale de couleur). La demi-reliure a, sur la première, l'avantage de l'économie jointe à la solidité, à condition d'être bien faite; et, sur le cartonnage, l'avantage de la durée. Cependant les volumes minces, et dont le contenu n'annonce pas un usage très-fréquent, peuvent recevoir un simple cartonnage; mais il importe qu'il soit bien fait.

8. Le besoin d'économiser, besoin qui parfois com-

mande en maître dans la bibliothèque comme dans les autres parties de la maison, force souvent à mettre en oubli les meilleures règles à suivre pour la reliure des livres. Alors cette reliure, qui est toujours une dépense considérable, doit être soumise à cette nécessité, mais elle doit l'être avec ordre, avec intelligence, et le relieur et le bibliophile doivent, d'un commun accord, repousser toute économie mal entendue qui compromet l'existence des livres et la facilité du travail. Or, l'économie la plus mal entendue, la plus déplorable, est de faire relier plusieurs ouvrages en un seul volume, quand même leur contenu serait de même nature. Les subdivisions de la classification des livres en peuvent souffrir, la lecture d'un tel livre est incommode, la copie de divers passages en est difficile ; enfin, s'il s'agit d'une bibliothèque publique, on est souvent obligé de priver plusieurs lecteurs pour en contenter un seul.

Le meilleur moyen d'éviter les inconvénients de ce genre de réunions, consiste à donner à ces minces volumes une brochure solide, et de les réunir dans des boîtes en forme de gros volumes, comme celles dont on se sert dans les grandes bibliothèques pour classer les catalogues en feuilles ou brochés. Si néanmoins on est obligé de laisser ces volumes tels qu'ils sont, on les place suivant le titre du premier ; mais on a bien soin d'inscrire, dans le catalogue et à leur place respective, tous les ouvrages qu'ils contiennent. On adapte, en outre, pour faciliter les recherches, au titre de chacun d'eux, une languette ou *canon* en parchemin. On nomme *canon* un petit signet collé sur la marge, et la dépassant de quelques lignes.

9. Quoique nous ayons indiqué, dans le cours de l'ouvrage, toutes les qualités d'une bonne reliure, en

détaillant les diverses manœuvres indispensables à sa confection, nous reproduirons volontiers l'espèce de résumé ou de nomenclature que donne M. Constantin, des nombreuses opérations d'une bonne reliure. Cette récapitulation ne sera pas inutile au bibliophile et au relieur.

Une reliure réunissant toutes les qualités désirables, est, dit-il, chose bien rare, car cette enveloppe si nécessaire à l'usage, à la conservation des livres, est soumise à tant de manipulations, qu'il y en a presque toujours, au moins quelques-unes, de négligées. Il ne suffit pas qu'un volume soit plié avec précision, bien battu, cousu et endossé avec soin, il faut encore que les tranchefiles soient arrêtées à tous les cahiers; que la gouttière soit bien coupée, le dos arrondi convenablement à la grosseur du volume; le carton d'une force proportionnée au format, et coupé bien juste d'équerre; la peau dont il est recouvert, parée de manière à ne pas faire d'épaisseur sur les coins, et sans être trop mince, afin qu'ils ne s'écorchent pas au moindre frottement; il faut en outre que les côtés soient bien évidés pour que l'ouverture du livre ait lieu facilement, sans risquer de casser ou de déformer le dos; que les ornements et les dorures soient brillants, nets et de bon goût, les marges conservées aussi grandes que possible; les pages préservées de tout maculage, replis, inversions; les planches et les gravures placées avec intelligence; les titres convenablement réduits ou composés avec grâce, suivant les cas : tel est le but auquel doit atteindre tout relieur, afin d'acquérir une réputation honorable et de livrer de bons produits aux connaisseurs.

Faute d'avoir visité les ateliers de reliure, d'avoir bien étudié, bien comparé tous les détails, les amateurs de livres ne pourront examiner les diverses parties d'une reliure ; ils ne sauront point en apprécier les mérites ni les défauts, et se trouveront ainsi à la merci d'un ouvrier de mauvaise foi ou mal habile.

10. Parmi les reproches qu'il est si facile de faire aux reliures, on adresse avec raison, aux reliures anglaises, et plus encore à celles qui sont faites à leur imitation, les dos brisés trop plats et à faux nerfs, la façon des mors, la surcharge des ornements. Deux autres défauts du plus grand nombre de reliures sont de s'ouvrir difficilement et de fermer mal ; l'un empêche de bien lire, et plus encore de travailler, si l'on consulte plusieurs volumes à la fois ; l'autre laisse pénétrer dans l'intérieur du livre la poussière et les vers.

11. Les dos ronds sont, sans doute, moins agréables à l'œil que les dos plats, quand les livres sont rangés sur les tablettes ; mais ils sont plus durables, surtout pour les grands formats. Quant aux in-8° et aux petits volumes, les dos plats peuvent être faits assez solidement, et permettent une plus grande égalité dans la dorure, ce qui flatte la vue quand plusieurs volumes uniformes, et dont les filets sont d'accord, se suivent bien en ligne droite.

12. Il en est de même des nerfs ; les faux nerfs sont seulement un objet de parade, tandis que les nerfs véritables conservent la reliure, et sont aussi nécessaires par leur solidité à un gros et grand volume qu'ils soutiennent en l'ornant, qu'ils sont utiles à sa décoration par le genre de dorure qu'ils permettent. Il faut toutefois que le nombre et la grosseur des nerfs soient en rapport avec le format et la force du livre.

13. Les mors, quand ils sont trop carrés, produisent des plis désagréables au fond des cahiers, et prennent une partie de la marge intérieure; quelquefois même ils sont cause que les premières et les dernières feuilles s'usent et se brisent promptement, surtout aux livres d'un fréquent usage. Il est donc essentiel de sacrifier l'élégance de ces mors carrés aux mors en biseau ou en chanfrein, qui conservent bien mieux les volumes.

14. La dorure, les chiffres, les titres et autres indications réclament les soins d'un relieur intelligent, et l'attention d'un amateur éclairé, car toutes ces choses contribuent singulièrement, les unes à la beauté d'une bibliothèque, les autres à son bel ordre, à sa bonne organisation. Aussi combien est-il à désirer, d'une part, que la bonne composition des fers, qu'un mélange harmonieux d'ornements en rapport avec le contenu des livres, et, d'autre part, que l'entente judicieuse des titres, du nom de l'auteur, de la date de l'édition, du nom de la ville ou de l'imprimeur, viennent fournir les plus nobles embellissements, et procurer la plus grande facilité pour les recherches.

15. Un relieur soigneux auquel on confie des ouvrages précieux, et qui ne peut tout faire par lui-même, ne se contente pas de la collation faite avant la reliure; il ne laisse point passer un livre nouvellement relié des mains de ses ouvriers dans celles du bibliophile; mais il le collationne de nouveau. Il examine s'il n'y a pas de feuilles déplacées; si toutes les gravures s'y trouvent, si elles sont garanties par un papier joseph, si les cartes et les grandes feuilles sont collées sur onglet et pliées de manière que l'on puisse les développer facilement et sans crainte de les déchirer.

VOCABULAIRE

DES MOTS TECHNIQUES

EMPLOYÉS DANS L'ART DU RELIEUR

Affiner. Coller sur le carton des feuilles de papier ou de parchemin, pour lui donner de la fermeté. On dit : *affiner le carton*.

Armes. On donne ce nom à des fers à dorer, ou, pour parler plus correctement, à des plaques sur lesquelles sont gravées en relief des armoiries, qui se tirent avec la presse, et se placent sur le milieu des plats de la couverture.

Assembleur. Ouvrier qui classe les feuilles imprimées, qui doivent former le volume, selon l'ordre des *signatures*.

Astérisque. Signe de convention par lequel les imprimeurs marquent les *cartons*. C'est ordinairement une étoile placée à côté de la *signature*.

Basane. Peau de mouton tannée que les relieurs emploient pour les reliures communes ; on les prépare aujourd'hui avec tant de perfection et imitant si bien le veau qu'on est quelquefois trompé au premier coup d'œil.

Battée. C'est une pincée de feuilles que le relieur prend pour la battre avec le marteau sur la pierre ; le nombre de feuilles de chaque *battée* est indéterminé ; cependant il est d'autant moindre que l'ouvrage doit être plus soigné.

Bosses. On donne ce nom à des plaques de laiton, carrées et bombées dans le milieu en demi-sphère, de 3 centimètres de diamètre. On place quatre de ces bosses sur chaque côté de la couverture des gros antiphoniers ; on les fixe par quatre clous de laiton, dont la tête est en dehors et la rivure en dessous, cachée par la garde qu'on colle dessus. On distribue ces quatre plaques à égale distance des coins, et en forme de carré long; elles servent à garantir la couverture et le dos, puisque c'est sur ces bosses que repose le livre ouvert sur le lutrin. Elles servent aussi à accrocher les bandes de cuir qui maintiennent le livre fermé; dans ce cas, ces bandes sont posées par-dessus les plaques des bosses, et sur l'autre plat les bosses sont surmontées de crochets dans lesquels les bouts des bandes, qui portent une lame de laiton, s'accrochent.

Brassée. Tas de feuilles plus considérable que celui qu'on désigne par le mot de *poignée*.

Brocheuse. Ouvrière qui coud ensemble, selon l'ordre des *signatures*, toutes les feuilles d'un volume, et qui les couvre d'un papier de couleur.

Cambrer. Lorsqu'on termine le volume par la polissure, l'ouvrier passe le fer à polir sur le plat antérieur des cartons, en allant du dos vers la gouttière, afin de leur donner une légère forme convexe qui les force à s'appliquer plus parfaitement sur les feuilles du volume : cela s'appelle *cambrer*.

Camelottes. Ouvrages peu soignés et mal payés. Reliures à la grosse.

Carton. Les imprimeurs donnent ce nom à un feuillet qui renfermait des fautes importantes, et qu'on a réimprimé à part afin de le substituer au feuillet défectueux qu'on doit supprimer ; ce feuillet est toujours marqué d'un *astérisque*.

Casse. Boîte du compositeur typographe, qui renferme toutes les lettres de l'alphabet.

Chaînette. C'est une sorte de boucle que la couseuse fait avec le fil qui sert à coudre les cahiers formés de feuilles, ou bien la brocheuse, en les cousant l'un sur l'autre ; ces chaînettes se trouvent en tête et en queue de chaque volume.

Chasse. Partie du carton dont la couverture est formée, qui excède les feuilles du volume en tête et en queue.

Cisailles. Gros ciseaux dont on se sert pour enlever le superflu des feuilles, afin de donner plus de grâce au volume broché. Une des branches de la cisaille est fixée sur le bord de l'établi, et l'autre a une poignée par laquelle on la fait mouvoir.

Coiffe. C'est la partie du livre, l'espèce de bord qui surmonte le dos. Le relieur dit qu'un livre est bien ou mal *coiffé*.

Coiffer la tranchefile. C'est lorsqu'on fait la coiffe du livre, rabattre la peau sur la tranchefile, en frappant doucement dessus avec le plat du plioir incliné devant soi.

Collationner, collationnement. Cette opération est commune à l'assembleur, à la plieuse, à la brocheuse et au relieur. Lorsque les feuilles sont réunies, on examine si elles sont placées dans l'ordre numérique ou alphabétique des *signatures*, si toutes s'y trouvent, ou s'il n'y a pas de transpositions : dans le cas contraire on répare toutes les fautes.

Corps (*mettre par*). C'est une expression dont l'assembleur se sert pour désigner qu'il réunit toutes les parties d'un volume ou même de tous les volumes d'un ouvrage.

DÉBORDER. Frapper à petits coups avec le marteau sur les bords, en sorte que la main qui le tient soit en dedans du volume pour toucher plus sûrement et éviter de couper les cahiers.

DÉFETS. Ce sont les feuilles qui restent des ouvrages incomplets, après que l'assembleur a réuni tous les volumes complets d'une même édition.

DOREUR SUR CUIR. C'est l'ouvrier qui dore les plats et le dos des volumes.

DOREUR SUR TRANCHES. C'est l'ouvrier qui ne s'occupe que de la dorure de la tranche des volumes.

EGAYER LA DORURE. C'est, en style de mauvais ouvrier, ne pas pousser complétement les filets des mors à leur place; les faire rentrer sur le dos; éloigner les filets des entre-nerfs de chaque nerf qu'il devrait toucher, toutes choses qui produisent un effet détestable. Il y a beaucoup de livres de piété à bas prix ainsi gâchés.

ENCARTATION, ENCARTER, ENCART. Ce sont des termes de brocheuse expliqués page 23 et suivantes.

ETENDOIR OU FERLET. Outil commun à l'assembleur et à tous ceux qui sont obligés de faire sécher du papier sur des cordes; c'est un long liteau en bois, surmonté par un bout d'une traverse d'environ 33 cent. de longueur, assemblée dans le manche à tenon et mortaise. On s'en sert pour porter la feuille sur la corde, et pour l'enlever lorsqu'elle est sèche.

FERS. Outils de cuivre qui servent à imprimer divers ornements sur la couverture des livres. On leur donne des noms différents, selon les places où on les applique. On les appelle *fers à dos, fers à écusson, fers à armes, palettes, roulettes*, etc.

FOUETTER ET DÉFOUETTER. *Fouetter*, c'est serrer le volume couvert, avec des ficelles appelées *fouet*, entre deux ais, afin de bien marquer les nerfs. *Défouetter*, c'est enlever les ficelles.

GARDE. C'est une feuille de papier que l'on place au commencement et à la fin du volume pour garantir le premier et le dernier feuillet. La feuille est quelquefois pliée en deux, chacune de la grandeur du format ; d'autres fois, elle est pliée au tiers et quelquefois moins dans la brochure, mais toujours de manière qu'elle ait la hauteur du format.

GOUTTIÈRE. C'est le côté du volume opposé au dos.

GRATTOIR. C'est une espèce de ciseau armé de dents qui sert à gratter le dos pour faire entrer la colle entre les cahiers.

JASPER, JASPURE. *Jasper*, c'est peindre la tranche ou la couverture d'un livre en couleur de jaspe. La *jaspure* est le nom de ce genre de peinture.

JUSTIFICATION. On désigne par ce mot la longueur des lignes, et la grandeur des pages prises et arrêtées selon le format.

LAVRONS. Plis des feuilles qui ne se trouvent pas rognées.

LIGNES DE PIED. La ligne qui se trouve au bas de la première page de chaque feuille d'impression qui forme un cahier, et sur laquelle est placée la *signature*, quelquefois le titre de l'ouvrage, avec la désignation du tome, se nomme *ligne de pied*.

MACULATURES. Feuilles de papier qui ont servi à recevoir l'excédant d'encre d'impression, et dont on se sert ensuite pour enveloppe. Se dit aussi d'un fort papier de couleur fabriqué spécialement pour envelopper les papiers blancs.

MACULER. Se dit d'une impression trop chargée

d'encre, ou faite avec une encre trop faible, ou qui n'est pas encore assez sèche lorsque l'ouvrier bat les cahiers. Alors cette encre dépose sur la page adjacente, et l'on dit qu'elle *macule*, c'est-à-dire qu'elle marque sur le papier blanc.

Marbreur sur tranches. Ouvrier qui s'occupe de marbrer les tranches des livres, le papier, etc.

Membrures. Ais qui servent à l'endossement des livres ; ils sont plus épais que les ais ordinaires. Il y en a qui sont couverts d'une bande de fer.

Mettre par corps ou parcoriser. Réunir dans une même tournée les divers tomes d'un même ouvrage.

Nerfs. On nomme ainsi les ficelles sur lesquelles on coud les cahiers des volumes, et qui forment de petites éminences dans l'espèce de reliure qu'on désigne sous le nom de *reliure à nerfs*. L'espace compris entre deux de ces ficelles s'appelle *entre-nerfs*. La reliure dans laquelle ces nerfs ne sont pas apparents se nomme *reliure à la grecque*.

Nez. Lorsqu'en cousant un volume, l'ouvrière n'a pas soin de tenir la tête de tous les cahiers dans une ligne parfaitement verticale ; et qu'au contraire ils présentent une ligne oblique à l'horizon, alors le volume présente une pointe, soit vers le commencement, soit vers la fin. Cette pointe se désigne sous le nom de *nez* : c'est un grand défaut qui ne peut pas se corriger, même à la rognure, sans tomber dans un défaut plus grand, qui consiste en ce que les marges de la tête vont toujours en diminuant de largeur.

Nœud de tisserand. Ce nœud est généralement connu. On prend les deux bouts du fil qu'on veut nouer, l'un de la main droite, l'autre de la main gauche ; on les croise sur l'index de la main gauche, en plaçant dessous celui qu'on tient de la main droite, et, sans lâcher ce fil, on en entoure le pouce de la main gauche pliée : en le faisant passer au-dessus de la première phalange, on vient le passer entre les deux bouts de fil éparpillés entre le pouce et l'index ; on lâche la boucle qui était arrêtée sur la phalange du pouce, on passe dans la boucle le bout de fil qu'on tenait d'abord avec la main gauche, on le tient avec le pouce ; on pince l'autre bout entre l'ongle de l'index et le dedans du doigt du milieu ; on tire le long bout du fil qu'on tenait d'abord avec la main droite ; alors serrant bien ce nœud, sans lâcher les deux bouts, le nœud est fait.

Noix. Bosses que, par maladresse, le batteur laisse sur les cahiers en battant le volume.

Onglet. C'est une petite bande de papier qu'on laisse à une feuille pour coller un carton dessus.

Pincée. Petit nombre de feuilles, 10 à 12 au plus, que l'assembleur prend à la fois quand il assemble à *l'allemande*.

Plieuse. C'est l'ouvrière qui plie les feuilles quand elles sont sorties des mains de l'assembleur, pour les livrer à la brocheuse.

Plioir. C'est une espèce de couteau à deux tranchants, en bois, en os ou en ivoire, dont la plieuse se sert pour plier les feuilles.

Pointures. Ce sont deux trous faits dans la feuille imprimée, par deux pointes de fer attachées à la table de la presse de l'imprimeur, et qui servent de repère pour tourner la feuille dans l'opération du retirage ; ces trous servent à guider certains plis que doit faire la plieuse.

Pontuseaux. On nomme ainsi les raies claires qui traversent le papier vergé à 25 ou 30 millimètres de distance, et qui coupent d'équerre d'autres raies très-rapprochées et moins transparentes appelées *vergeures*.

PRESSÉE. Quantité de volumes que contient à la fois la presse.

RABAISSER (Pierre à). C'est une pierre de liais dont la grandeur est à peu près la moitié de la pierre à parer; on frappe sur cette pierre les ficelles qui ont servi à coudre les cartons avec le volume, afin de les faire entrer dans l'épaisseur de ces cartons, et qu'elles ne paraissent pas, soit dans l'intérieur, soit à l'extérieur de la couverture. On devrait appeler cette pierre *pierre à abaisser*, puisqu'elle sert à aplatir les ficelles et non pas à les rabaisser; cependant c'est une expression adoptée par les ouvriers.

RAFFINER LE CARTON. C'est coller du côté du mors, une bande de papier plus ou moins large pour le rendre plus propre et plus dur.

RÉCLAME. Mot qu'on mettait autrefois au bas de la dernière page de chaque cahier et qui était le premier de la page qui commençait le cahier suivant : on n'est plus dans l'usage de mettre des réclames.

ROULETTE. Instrument qui sert à pousser les filets dorés sur les livres.

RELEVAGE. Opération par laquelle l'assembleur retire de dessus les cordes tout ou partie des feuilles qu'il y avait placées pour les faire sécher.

SAUVEGARDE. C'est une bande de papier de la longueur du volume, qu'on plie en deux et qu'on coud avant la garde du commencement, et après la garde de la fin de chaque volume; elles servent à garantir les gardes : on les enlève avant de terminer la reliure et au moment de coller les gardes sur les cartons.

SÉCHAGE. C'est l'opération qui se fait soit à l'imprimerie, soit chez l'assembleur, pour faire secher les feuilles imprimées.

Signatures. Ce sont, ou des lettres capitales, ou des chiffres, qu'on met au bas de la première page de chaque cahier sur la *ligne de pied*, à droite, pour faire reconnaître l'ordre selon lequel on doit placer les cahiers.

Signet. C'est un petit ruban de faveur qu'on colle par un bout sous la tranchefile, et qu'on laisse pendre dans le volume pour marquer l'endroit où l'on est resté de sa lecture.

Titre-courant. C'est le titre de l'ouvrage qu'on place ordinairement, moitié sur le verso, et moitié sur le recto de chaque page de l'ouvrage, au-dessus du texte, et hors de la *justification*.

Tortiller. C'est l'opération que fait le relieur lorsqu'il veut réunir ou coudre les cartons avec le volume. Après avoir épointé les ficelles, il les mouille avec de la colle, ensuite il les roule sur son tablier avec le plat de la main.

Train. On nomme ainsi un certain nombre de livres reliés à la fois. On dit : il a fait un *train* de 30, 100, 500 volumes, etc.

Tranchefile. C'est la tranche à coudre.

Vergeures. (Voy. *Pontuseaux.*)

FIN

TABLE DES MATIÈRES

PREMIÈRE PARTIE

Brochage.

DEUXIÈME PARTIE

Reliure.

Coulommiers. — Imp. PAUL BRODARD. — 259-1900.

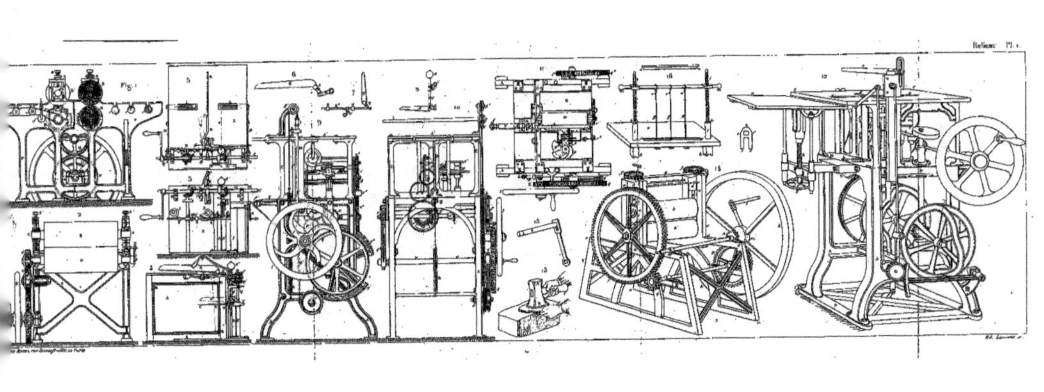

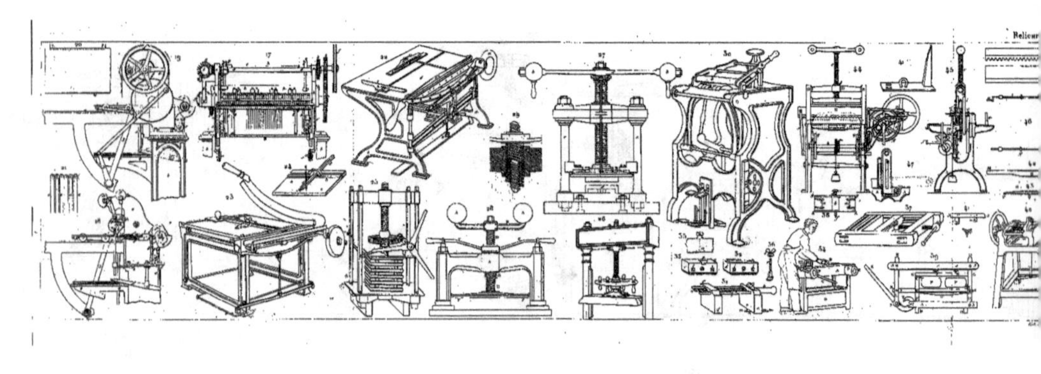
Relieur

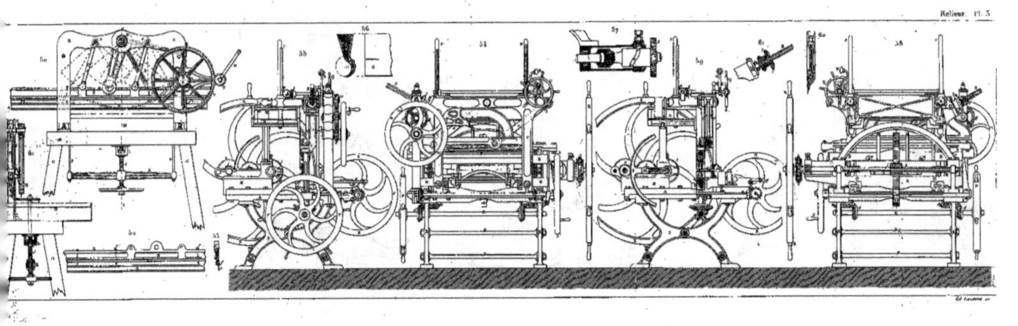

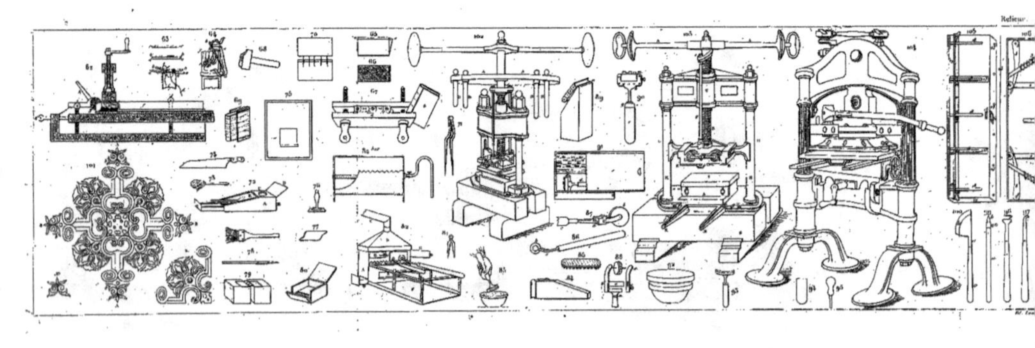

www.ingramcontent.com/pod-product-compliance
Lightning Source LLC
Chambersburg PA
CBHW052102230326
41599CB00054B/3585